高斯投影的复变函数表示

边少锋　李厚朴　著

国家自然科学基金项目（批准号：41631072、41771487、41871376）、
湖北省杰出青年科学基金项目（批准号：2019CFA086）和海军工程
大学科研发展基金自主立项项目（批准号：425317S06）资助出版

科 学 出 版 社
北 京

内 容 简 介

本书深入讨论高斯投影的复变函数表示，全书共分上下两篇：上篇为纬度论，包含第1～7章，借助具有强大符号运算功能的计算机代数系统，导出常用纬度正反解和差异极值的符号表达式；下篇为高斯投影复变函数论，包含第8～13章，系统导出高斯投影复变函数迭代和非迭代表达式，建立极区非奇异高斯投影复变函数表示，进一步丰富和完善高斯投影的理论体系。

本书可供地图制图、地理信息、测绘、航海导航、资源环境、城市规划等专业科研院所、生产单位科研技术人员，高等院校相关专业高年级本科生、研究生阅读参考。

图书在版编目（CIP）数据

高斯投影的复变函数表示/边少锋，李厚朴著.—北京:科学出版社，2021.6
ISBN 978-7-03-068661-9

Ⅰ.①高… Ⅱ.①边… ②李… Ⅲ.①高斯-克吕格投影-复变函数-研究
Ⅳ.①P282.1

中国版本图书馆CIP数据核字（2021）第074496号

责任编辑：杨光华/责任校对：高 嵘
责任印制：彭 超/封面设计：苏 波

科学出版社出版
北京东黄城根北街16号
邮政编码：100717
http://www.sciencep.com
武汉市首壹印务有限公司印刷
科学出版社发行 各地新华书店经销
*
开本：787×1092 1/16
2021年6月第 一 版 印张：12 1/2
2021年6月第一次印刷 字数：300 000
定价：98.00 元
（如有印装质量问题，我社负责调换）

《高斯投影的复变函数表示》
撰写人员

主　笔　边少锋　李厚朴

成　员　李忠美　陈　成　纪　兵

李松林　金立新　金际航

叶　彤　焦晨晨　刘佳奇

前　　言

高斯投影是在大地测量学、地图学、工程测量学等领域得到极其广泛应用的一种地图投影。传统的高斯投影正（反）解公式表示为经差（横坐标）的实数型幂级数形式，虽然有容易理解和直观的优点，但表达式复杂冗长，而且对于正解中子午线弧长的计算，给出的是适用于特定椭球的数值公式，反解中底点纬度则需要迭代求出，较为烦琐；特别是实用中需要分带处理，经常划分为3°带或6°带。

鉴于复变函数与等角投影之间存在的天然联系，利用复变函数表示等角投影具有简单、方便、准确的优点。作者引入复变函数，将子午线弧长展开式进行解析开拓，导出形式上更简单、精度上更精确、理论上更严密的用复变函数表示的高斯投影正反解非迭代公式，与传统的实数型幂级数公式相比，该式形式紧凑、结构简单，彻底消除了迭代运算，同时不再受带宽的限制。在此基础上进一步建立极区高斯投影的复变函数表示，一定程度上丰富和发展地图投影理论。

全书共13章，第1章介绍常用纬度定义，第2章推导常用纬度正解展开式，第3章推导常用纬度反解展开式，第4章推导以地心纬度为变量的常用纬度正解展开式，第5章推导以地心纬度为变量的常用纬度反解展开式，第6章分析以大地纬度为变量的常用纬度差异，第7章分析以地心纬度为变量的常用纬度差异，第8章介绍高斯投影实数表示，第9章研究高斯投影复变函数迭代表示，第10章研究高斯投影复变函数非迭代表示，第11章研究球面高斯投影数学分析，第12章研究极区非奇异高斯投影复变函数表示，第13章导出常用参考椭球高斯投影复变函数表示系数。

本书是在作者指导的多篇博士、硕士学位论文基础上完成的，甘肃铁道综合工程勘察院有限公司金立新高工，海军研究院金际航高工，以及海军工程大学纪兵副教授、李忠美博士、陈成博士、李松林博士研究生、刘备博士研究生、刘佳奇硕士、叶彤硕士研究生、焦晨晨硕士研究生、汪绍航硕士研究生、李晓勇硕士研究生参与了本书的撰写、校对和修改工作。本书在撰写过程中得到了国家自然科学基金委员会地球科学部于晟副主任、冷疏影处长的关心，得到了海军工程大学导航工程系领导和同事的帮助与支持。武汉大学胡毓钜教授、广西壮族自治区测绘地理信息局钟业勋高工、中国人民解放军海军参谋部海图信息中心丁佳波高工、中国人民解放军战略支援部队信息工程大学孙群教授、空军指挥学院任留成教授提出了许多有益的意见与建议，特此表示感谢。本书能够出版，还要特别感谢国家自然科学基金项目（批准号：41631072、41771487、41871376）、湖北省杰出青年科学基金项目（批准号：2019CFA086）和海军工程大学科研发展基金自主立项项目（批准号：425317S06）的资助。

由于作者学识水平有限，书中难免有不足之处，恳请各位读者同仁批评指正，作者的邮件地址是sfbian@sina.com、lihoupu1985@126.com，不胜感激！

作　者

2021年1月于海军工程大学

目　　录

上篇　纬度论

下篇　高斯投影复变函数论

上篇

纬度论

在地球科学和测绘导航计算中，经常会遇到大地纬度、地心纬度、归化纬度、等距离纬度、等角纬度、等面积纬度6种纬度及其变换的计算问题。随着空间技术和计算机技术在测量、制图和导航中应用的发展，这6种纬度及其变换的研究具有更加重要的实用价值。

对于这一问题，国内外许多著名学者如Adams（1921）、Thomas（1952）、方俊（1958）、吴忠性（1989，1979）、华棠（1985）、孙群（1985）、熊介（1988）、杨启和（1989，2000）、Snyder（1987）、胡毓钜（1997）、钟业勋（2007）、Karney（2011）、Peter（2013）、Grafarend（2014）等人曾进行了卓有成效的研究，取得了显著的成果。但由于这一问题涉及非常复杂的数学推导，限于当时的历史条件，尚没有计算机代数系统可资利用，其间许多推导过程大都由人们手工推导完成，展开式的项数不高，有时难免会存在这样或那样的近似甚至小的错误，影响了计算精度；有的表达式复杂冗长，不便于使用，多以具体的数值形式给出，仅适用于我国1954北京坐标系和1980西安坐标系下的解算，不能满足2000国家大地坐标系下的计算需求。

有鉴于此，本篇利用计算机代数分析方法，借助计算机代数系统强大的数学分析能力，全面系统地研究和分析上述6种纬度的变换问题，推导和建立椭球各纬度间正反解与差异极值的符号表达式，改正以往人工导出的正解展开式系数高阶项存在的偏差，将以往反解展开式系数的数值形式改进为椭球偏心率的幂级数形式，适用于任何参考椭球。

第 1 章　常用纬度定义

大地纬度是测量和地球科学计算中最常用的一种纬度，但是在测量和地图投影理论推导中，为满足某种投影性质，也常会用到其他 5 种辅助纬度（地心纬度、归化纬度、等距离纬度、等角纬度和等面积纬度），它们都是大地纬度的函数，实际应用中经常会遇到 5 种辅助纬度和大地纬度的变换问题。本章将介绍以上 6 种常用纬度的定义，给出 5 种辅助纬度与大地纬度的关系式。

1.1　大 地 纬 度

大地坐标系如图 1.1 所示，空间某点 P 的大地坐标是由大地纬度 B、大地经度 L 和大地高 H 来表示的。大地纬度 B 是 P 点处参考椭球的法线 PO' 与赤道面的夹角，向北为正，称为北纬（0°～90°）；向南为负，称为南纬（0°～90°）。大地经度 L 是 P 点与参考椭球的自转轴所在的面 NQS 与参考椭球起始子午面 NGS 的夹角，由起始子午面起算，向东为正，称为东经（0°～180°），向西为负，称为西经（0°～180°）。大地高 H 是 P 点沿该点法线到椭球面的距离，向上为正，向下为负。

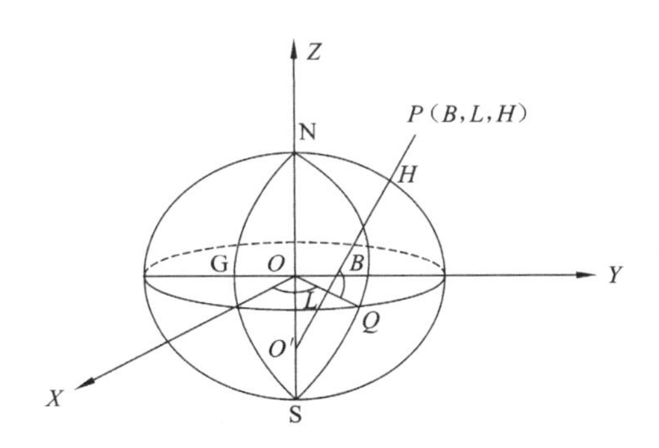

图 1.1　大地坐标系示意图

略去推导，由大地坐标 (B,L,H) 转换为空间直角坐标 (X,Y,Z) 的数学关系式为

$$\begin{cases} X=(N+H)\cos B\cos L \\ Y=(N+H)\cos B\sin L \\ Z=[N(1-e^2)+H]\sin B \end{cases} \tag{1.1.1}$$

式中：$N=\dfrac{a}{\sqrt{1-e^2\sin^2 B}}$ 为卯酉圈曲率半径；a 为椭球长半轴；e 为椭球第一偏心率。

1.2 地心纬度和归化纬度

在一些椭球几何关系推导中，除大地纬度外，还常常使用地心纬度和归化纬度的概念。如图 1.2 所示，设椭球面上 P 点的大地纬度为 B，大地经度为 L。在过 P 点的子午面上，以子午圈椭圆中心 O 为原点，建立 x、y 直角坐标系。设该椭圆的长半轴为 a，短半轴为 b，则椭圆方程为

$$\frac{x^2}{a^2}+\frac{y^2}{b^2}=1 \tag{1.2.1}$$

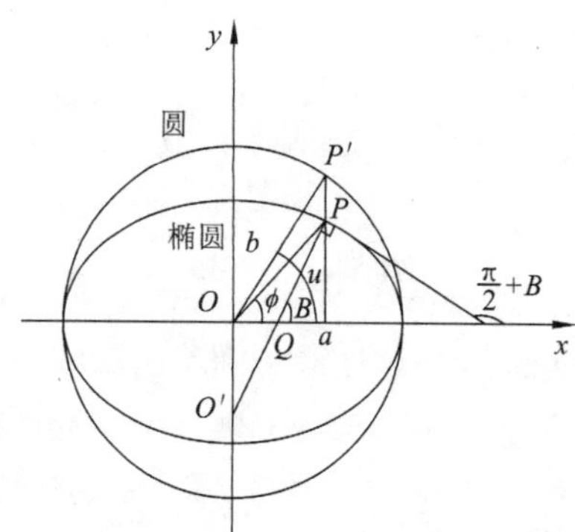

图 1.2　地心纬度和归化纬度的关系图

过 P 点作椭圆的法线，与 x 轴交于 Q 点，与 y 轴交于 O' 点，则 $\angle PQx = B$ 为 P 点的大地纬度。作以原点 O 为中心、半径为 a 的辅助圆，延长 P 点的纵坐标线与圆交于 P' 点，连接 OP、OP'，则 $\angle POx=\phi$ 为 P 点的地心纬度，$\angle P'Ox = u$ 为 P 点的归化纬度。

1.3 大地纬度、地心纬度和归化纬度的相互关系

大地纬度 B 是 P 点椭圆法线与横轴 x 的夹角。因此，由图 1.2 可知

$$\frac{\mathrm{d}y}{\mathrm{d}x}=\tan\left(\frac{\pi}{2}+B\right)=-\frac{1}{\tan B} \tag{1.3.1}$$

椭圆方程式（1.2.1）对 x 求导，并将式（1.3.1）代入，得

$$\frac{\mathrm{d}y}{\mathrm{d}x}=-\frac{b^2}{a^2}\frac{x}{y}=-\frac{1}{\tan B} \tag{1.3.2}$$

顾及 $b=a\sqrt{1-e^2}$，可得

$$y=x(1-e^2)\tan B \tag{1.3.3}$$

将式（1.3.3）代入椭圆方程式（1.1.1），整理后可得

$$\begin{cases} x=\dfrac{a}{\sqrt{1-e^2\sin^2 B}}\cos B \\ y=\dfrac{a(1-e^2)}{\sqrt{1-e^2\sin^2 B}}\sin B \end{cases} \tag{1.3.4}$$

由图 1.2 可知横坐标 x 与归化纬度 u 的关系为 $x = a\cos u$，代入椭圆方程式（1.1.1）可解出纵坐标 y 与 u 的关系，联立可得以归化纬度 u 为参数的椭圆方程：

$$\begin{cases} x = a\cos u \\ y = b\sin u \end{cases} \tag{1.3.5}$$

式（1.3.4）与式（1.3.5）对比，可得

$$\begin{cases} \cos u = \dfrac{\cos B}{\sqrt{1-e^2\sin^2 B}} \\ \sin u = \dfrac{\sqrt{1-e^2}}{\sqrt{1-e^2\sin^2 B}}\sin B \end{cases} \tag{1.3.6}$$

式（1.3.6）两式相除，可得

$$\tan u = \sqrt{1-e^2}\tan B \tag{1.3.7}$$

式（1.3.7）即大地纬度 B 与归化纬度 u 的正切关系式。

由图 1.2 可知

$$\tan\phi = \frac{y}{x} = \frac{b\sin u}{a\cos u} = \sqrt{1-e^2}\tan u \tag{1.3.8}$$

式（1.3.8）即地心纬度 ϕ 与归化纬度 u 的正切关系式。

将式（1.3.7）代入式（1.3.8），可得

$$\tan\phi = (1-e^2)\tan B \tag{1.3.9}$$

式（1.3.9）即地心纬度 ϕ 与大地纬度 B 的正切关系式。

1.4 子午线弧长展开式

子午线弧长正解问题即子午线弧长计算是椭球面测量计算中的一个基本数学问题，在数学上又称为椭圆积分，无分析解，考虑地球椭球的扁率较小，一般的做法是按二项式定理展开后逐项积分（边少锋 等，2004；熊介，1988）。子午线弧长确定（图 1.3）在大地测量和地图制图中有着广泛的用途，如用于推算地球形状大小的弧度测量、地图投影中的高斯投影计算等。

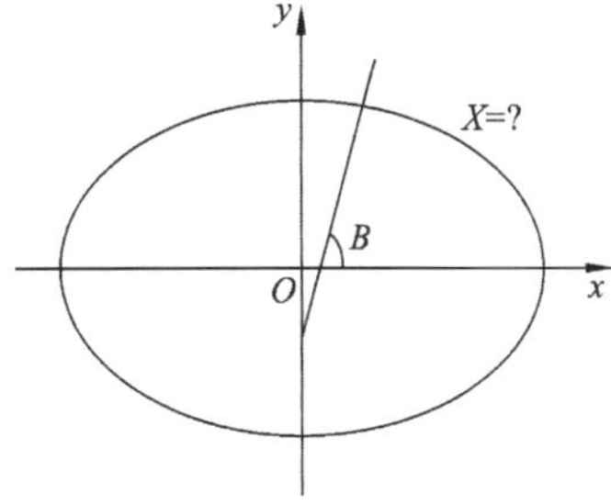

图 1.3　子午线弧长确定

如图 1.3 所示，子午线弧长可表示为如下椭圆积分：

$$X = \int_0^B M\mathrm{d}B = a(1-e^2)\int_0^B (1-e^2\sin^2 B)^{-3/2}\mathrm{d}B \tag{1.4.1}$$

式中：X 为由赤道起算的子午线弧长；a 为参考椭球长半轴；e 为参考椭球的第一偏心

率；B 为计算点处大地纬度；M 为计算点处子午圈曲率半经。

式（1.4.1）不可能用一般的积分方法求出其解，通常的做法是按牛顿二项式定理展开被积函数，再化三角函数的幂形式为倍角形式后逐项积分。这个过程人工来做比较复杂，尤其是在精度要求比较高、展至较高阶数时。但用计算机代数系统来做，则只需要几条指令，就可以实现（边少锋 等，2018）。

（1）用级数展开指令展开被积函数；

（2）用积分指令对展开式逐项积分；

（3）再使用化简指令，化三角函数的幂形式为倍角形式；

（4）使用提取系数指令，提取倍角形式的系数。

略去具体的运算步骤，可得展至 $\sin 10B$ 的表达式为

$$X = a(1-e^2)(k_0 B + k_2 \sin 2B + k_4 \sin 4B + k_6 \sin 6B + k_8 \sin 8B + k_{10} \sin 10B) \tag{1.4.2}$$

式中系数为

$$\begin{cases} k_0 = 1 + \dfrac{3}{4}e^2 + \dfrac{45}{64}e^4 + \dfrac{175}{256}e^6 + \dfrac{11\,025}{16\,384}e^8 + \dfrac{43\,659}{65\,536}e^{10} \\ k_2 = -\dfrac{3}{8}e^2 - \dfrac{15}{32}e^4 - \dfrac{525}{1\,024}e^6 - \dfrac{2\,205}{4\,096}e^8 - \dfrac{72\,765}{131\,072}e^{10} \\ k_4 = \dfrac{15}{256}e^4 + \dfrac{105}{1\,024}e^6 + \dfrac{22\,025}{16\,384}e^8 + \dfrac{10\,395}{65\,536}e^{10} \\ k_6 = -\dfrac{35}{3\,072}e^6 - \dfrac{105}{4\,096}e^8 - \dfrac{10\,395}{262\,144}e^{10} \\ k_8 = \dfrac{315}{131\,072}e^8 + \dfrac{3\,465}{524\,288}e^{10} \\ k_{10} = -\dfrac{693}{131\,072}e^{10} \end{cases} \tag{1.4.3}$$

1.5　等距离纬度

如图 1.4 所示，椭球面上由赤道至大地纬度 B 处的子午线弧长为 X，现假设有一幅角为 ψ、半径为 $R = a(1-e^2)k_0$ 的圆所对弧长与子午线弧长在量值上相等，则有

$$\psi = \frac{X}{R} = \frac{X}{a(1-e^2)k_0} \tag{1.5.1}$$

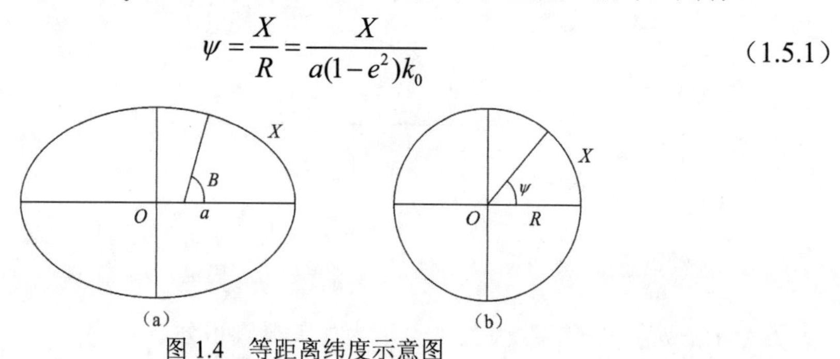

图 1.4　等距离纬度示意图

由于幅角 ψ 所对圆弧与大地纬度 B 所对子午线弧长相等，ψ 一般被称为等距离纬度，在高斯投影中也称为底点纬度。

1.6 等面积纬度

由地图投影理论可知，旋转椭球面单位经差由赤道至纬度 B 所围成的曲边梯形面积为

$$F(B)=\int_0^B MN\cos B\mathrm{d}B \tag{1.6.1}$$

式中：M 为纬度 B 处的子午圈曲率半径；N 为纬度 B 处卯酉圈曲率半径，则有

$$MN=\frac{a^2(1-e^2)}{(1-e^2\sin^2 B)^2} \tag{1.6.2}$$

式（1.6.2）有分析解，积分并化简后得

$$F(B)=a^2(1-e^2)\left[\frac{\sin B}{2(1-e^2\sin^2 B)}+\frac{1}{4e}\ln\frac{1+e\sin B}{1-e\sin B}\right] \tag{1.6.3}$$

将 $B=\dfrac{\pi}{2}$ 代入式（1.6.3），可得

$$F\left(\frac{\pi}{2}\right)=a^2(1-e^2)\left[\frac{1}{2(1-e^2)}+\frac{1}{4e}\ln\frac{1+e}{1-e}\right] \tag{1.6.4}$$

并记

$$A=\frac{1}{2(1-e^2)}+\frac{1}{4e}\ln\frac{1+e}{1-e} \tag{1.6.5}$$

设半径平方为 $R'^2=F\left(\dfrac{\pi}{2}\right)=\alpha^2(1-e^2)A$ 的球面，单位经差由赤道至纬度 ϑ 所围成的面积与 $F(B)$ 相等，则有

$$R'^2\sin\vartheta=F(B) \tag{1.6.6}$$

式中：ϑ 为等面积纬度；$F(B)$ 为等面积纬度函数。

由式（1.6.3）、式（1.6.4）和式（1.6.5），可得

$$\sin\vartheta=\frac{1}{A}\left[\frac{\sin B}{2(1-e^2\sin^2 B)}+\frac{1}{4e}\ln\frac{1+e\sin B}{1-e\sin B}\right] \tag{1.6.6}$$

对式（1.6.6）两端同时取反三角函数，可得

$$\vartheta=\arcsin\left(\frac{1}{A}\left(\frac{\sin B}{2(1-e^2\sin^2 B)}+\frac{1}{4e}\ln\frac{1+e\sin B}{1-e\sin B}\right)\right) \tag{1.6.7}$$

1.7 等 角 纬 度

由地图投影理论可知，椭球面在球面上的一般投影公式为

$$\begin{cases}\lambda=\alpha l\\ \varphi=f(B)\end{cases} \tag{1.7.1}$$

式中：B、l 分别为原椭球面上的纬度（大地纬度）和经差；φ、λ 分别为球面上的纬度和经差；α 为常数，而一般取地球椭球的赤道与球体的赤道面重合，而且中心位置一

致，即 $\alpha=1$。

由式（1.7.1）可知，椭球面上经纬线投影到球面上，仍然保持正交性，即保持主方向不变，双重投影的（极值）长度比为椭球面到球面投影、球面到平面投影长度的乘积，经纬线正交性的保持为双重投影的相关计算提供了方便。

椭球面到球面投影的经纬线长度比 m、n 为

$$\begin{cases} m=\dfrac{R\mathrm{d}\varphi}{M\mathrm{d}B} \\ n=\dfrac{R\cos\varphi}{N\cos B} \end{cases} \tag{1.7.2}$$

式中：R 为球半径；M、N 分别为纬度 B 处子午圈和卯酉圈曲率半径。

椭球面到球面上的等角投影，只需经纬线长度比 $m=n$，即

$$\frac{\mathrm{d}\varphi}{\cos\varphi}=\frac{M}{N\cos B}\mathrm{d}B \tag{1.7.3}$$

式（1.7.3）积分后可得

$$\tan\left(\frac{\pi}{4}+\frac{\varphi}{2}\right)=\tan\left(\frac{\pi}{4}+\frac{B}{2}\right)\left(\frac{1-e\sin B}{1+e\sin B}\right)^{e/2} \tag{1.7.4}$$

式中：e 为椭球第一偏心率；φ 为等角纬度。

$$\varphi=2\arctan\left(\tan\left(\frac{\pi}{4}+\frac{B}{2}\right)\left(\frac{1-e\sin B}{1+e\sin B}\right)^{e/2}\right)-\frac{\pi}{2} \tag{1.7.5}$$

1.8 等 量 纬 度

在椭球面上，采用大地坐标 B、L 为参数的正交参数网时，椭球面上的弧素可以表示为

$$\mathrm{d}S^2=(M\mathrm{d}B)^2+(r\mathrm{d}L)^2 \tag{1.8.1}$$

式中：$r=N\cos B$ 为平行圈半径。

这时，经线弧素

$$\mathrm{d}S_L=M\mathrm{d}B \tag{1.8.2}$$

纬线弧素

$$\mathrm{d}S_B=r\mathrm{d}L \tag{1.8.3}$$

在椭球面上，M、r 是不相等的，当取 $\mathrm{d}B=\mathrm{d}L$ 时，$\mathrm{d}S_L$ 和 $\mathrm{d}S_B$ 也是不相等的。所以这样的经纬网，只能把椭球面划分成无穷小的矩形。

在地图投影中，为方便研究问题，常用等量坐标 q、l 代替大地坐标 B、L，组成正交参数网（熊介，1988）。这里 l 为等量经度，它等于某点经度 L 与零子午线经度 L_0 之差，即

$$l=L-L_0 \tag{1.8.4}$$

于是有

$$\mathrm{d}l=\mathrm{d}L \tag{1.8.5}$$

q 为等量纬度，它是大地纬度的函数，其微分方程为

$$\mathrm{d}q = \frac{M}{r}\mathrm{d}B \tag{1.8.6}$$

将式（1.8.5）和式（1.8.6）代入式（1.8.1），可得

$$\mathrm{d}S^2 = r^2(\mathrm{d}q^2 + \mathrm{d}l^2) \tag{1.8.7}$$

这时，经线弧素为

$$\mathrm{d}S_L = r\mathrm{d}q \tag{1.8.8}$$

纬线弧素为

$$\mathrm{d}S_B = r\mathrm{d}l \tag{1.8.9}$$

当取 $\mathrm{d}q = \mathrm{d}l$ 时，$\mathrm{d}S_L = \mathrm{d}S_B$。这说明以 q、l 为参数的正交参数网，将椭球面划分成无穷小的正方形，这就是把 q、l 称为等量坐标的原因（熊介，1988）。

将 M、r 的表达式代入式（1.8.6），可得

$$\mathrm{d}q = \frac{1-e^2}{(1-e^2\sin^2 B)\cos B}\mathrm{d}B \tag{1.8.10}$$

积分后，可得

$$q = \ln\left[\tan\left(\frac{\pi}{4}+\frac{B}{2}\right)\left(\frac{1-e\sin B}{1+e\sin B}\right)^{e/2}\right] = \operatorname{arctanh}(\sin B) - e\operatorname{arctanh}(e\sin B) \tag{1.8.11}$$

式中：$\operatorname{arctanh}(*)$ 为反双曲正切函数；e 为参考椭球第一偏心率。

当 B 接近 $\frac{\pi}{2}$ 时，$\sin B$ 变化缓慢，式（1.8.11）计算灵敏度较低，可改写为

$$q = \operatorname{arcsinh}(\tan B) - e\operatorname{arcsinh}(e\tan B) \tag{1.8.12}$$

式中：$\operatorname{arcsinh}(*)$ 为反双曲正弦函数。

第 2 章　常用纬度正解展开式

在测量和地图投影中，经常会遇到地心纬度、归化纬度、等距离纬度、等角纬度、等面积纬度和大地纬度间的正反解变换问题。这一过程涉及非常复杂的幂级数展开和复合函数高阶导数的求取，以往大都通过手工推导完成，推导过程复杂冗长，通常只能展至 $\sin 8B$，并且为推导方便采取的某些近似往往导致展开式系数的高阶项存在偏差。借助计算机代数系统的符号运算功能，可以大幅提高推导效率，完成手工推导难以实现的运算过程，同时其程序化设计可以保证结果的准确性（李厚朴 等，2015）。有鉴于此，本章将借助 Mathematica 计算机代数系统（边少锋 等，2018；张韵华 等，2014；Gathen et al.，2013；丁大正，2013；张宝善，2007），对地心纬度、归化纬度、等距离纬度、等角纬度、等面积纬度和大地纬度间的正解展开式进行重新推导，将正解展开式扩展至 $\sin 10B$，系数扩展至 e^{10}，并设计算例分析展开式的精度。

2.1　地心纬度正解展开式

地心纬度传统正解展开式为（熊介，1988）

$$\phi = B - m\sin 2B + \frac{m^2}{2}\sin 4B - \frac{m^3}{3}\sin 6B + \cdots \tag{2.1.1}$$

式中：$m = \dfrac{e^2}{2-e^2}$。

传统公式形式简明，但正弦函数倍角项仅展开至 6 倍，为提高精度，本书借助计算机代数系统将倍角项扩展至 10 倍。

由式（1.3.9），可得

$$\phi = \arctan((1-e^2)\tan B) \tag{2.1.2}$$

式（2.1.2）可展开为 e 的幂级数形式：

$$\phi = \phi\big|_{e=0} + \left.\frac{\partial\phi}{\partial e}\right|_{e=0} e + \frac{1}{2}\left.\frac{\partial^2\phi}{\partial e^2}\right|_{e=0} e^2 + \frac{1}{3!}\left.\frac{\partial^3\phi}{\partial e^3}\right|_{e=0} e^3 + \cdots + \frac{1}{10!}\left.\frac{\partial^{10}\phi}{\partial e^{10}}\right|_{e=0} e^{10} + \cdots \tag{2.1.3}$$

上述过程手工推导费时费力，且容易出错，可以借助计算机代数系统完成，取至 e^{10} 项，整理后可得

$$\phi = B + n_2\sin 2B + n_4\sin 4B + n_6\sin 6B + n_8\sin 8B + n_{10}\sin 10B \tag{2.1.4}$$

式中系数为

$$
\begin{cases}
n_2 = -\dfrac{1}{2}e^2 - \dfrac{1}{4}e^4 - \dfrac{1}{8}e^6 - \dfrac{1}{16}e^8 - \dfrac{1}{32}e^{10} \\
n_4 = \dfrac{1}{8}e^4 + \dfrac{1}{8}e^6 + \dfrac{3}{32}e^8 + \dfrac{1}{16}e^{10} \\
n_6 = -\dfrac{1}{24}e^6 - \dfrac{1}{16}e^8 - \dfrac{1}{16}e^{10} \\
n_8 = \dfrac{1}{64}e^8 + \dfrac{1}{32}e^{10} \\
n_{10} = -\dfrac{1}{160}e^{10}
\end{cases}
\tag{2.1.5}
$$

将我国常用大地坐标系采用的椭球参数代入式（2.1.5），可得展开式中相应的系数值，如表 2.1 所示。

表 2.1　不同椭球对应的式（2.1.5）中的系数值

椭球	n_2	n_4	n_6	n_8	n_{10}
克拉索夫斯基椭球	$-3.357\,948\,895\,354\times10^{-3}$	$5.637\,910\,388\times10^{-6}$	$-1.262\,120\,5\times10^{-8}$	$3.178\,3\times10^{-11}$	-8.4×10^{-14}
IUGG1975 椭球	$-3.358\,433\,824\,300\times10^{-3}$	$5.639\,538\,873\times10^{6}$	$-1.262\,667\,4\times10^{-8}$	$3.180\,1\times10^{-11}$	-8.4×10^{-14}
WGS84 椭球	$-3.358\,431\,302\,725\times10^{-3}$	$5.639\,530\,404\times10^{-6}$	$-1.262\,664\,6\times10^{-8}$	$3.180\,1\times10^{-11}$	-8.4×10^{-14}
CGCS2000 椭球	$-3.358\,431\,319\,214\,81\times10^{-3}$	$5.639\,530\,459\times10^{-6}$	$-1.262\,664\,6\times10^{-8}$	$3.180\,1\times10^{-11}$	-8.4×10^{-14}

注：IUGG 为 International Union of Geodesy and Geophysics，国际大地测量与地球物理学联合会；WGS 为 Word Geodetic System，世界大地坐标系；CGCS 为 China Geodetic Coordinate System，国家大地坐标系。

2.2　归化纬度正解展开式

归化纬度传统正解展开式（熊介，1988）为

$$
u = B - n\sin 2B + \frac{n^2}{2}\sin 4B - \frac{n^3}{3}\sin 6B + \cdots \tag{2.2.1}
$$

式中：$n = \dfrac{1-\sqrt{1-e^2}}{1+\sqrt{1-e^2}}$。

由式（1.3.7），可得

$$
u = \arctan(\sqrt{1-e^2}\tan B) \tag{2.2.2}
$$

采用与式（2.1.4）类似的推导方法，借助计算机代数系统，将式（2.2.2）展开为 e 的幂级数形式，取至 e^{10} 项，略去具体的运算步骤，可得

$$
u = B + m_2\sin 2B + m_4\sin 4B + m_6\sin 6B + m_8\sin 8B + m_{10}\sin 10B \tag{2.2.3}
$$

式中系数为

$$\begin{cases} m_2 = -\dfrac{1}{4}e^2 - \dfrac{1}{8}e^4 - \dfrac{5}{64}e^6 - \dfrac{7}{128}e^8 - \dfrac{21}{512}e^{10} \\ m_4 = \dfrac{1}{32}e^4 + \dfrac{1}{32}e^6 + \dfrac{7}{256}e^8 + \dfrac{3}{128}e^{10} \\ m_6 = -\dfrac{1}{192}e^6 - \dfrac{1}{128}e^8 - \dfrac{9}{1\,024}e^{10} \\ m_8 = \dfrac{1}{1\,024}e^8 + \dfrac{1}{512}e^{10} \\ m_{10} = -\dfrac{1}{5\,120}e^{10} \end{cases} \tag{2.2.4}$$

将我国常用大地坐标系采用的椭球参数代入式（2.2.4），可得展开式中相应的系数值，如表 2.2 所示。

表 2.2　不同椭球对应的式（2.2.4）中的系数值

椭球	m_2	m_4	m_6	m_8	m_{10}
克拉索夫斯基椭球	$-1.678\,979\,180\,655\times10^{-3}$	$1.409\,485\,543\times10^{-6}$	$-1.577\,664\times10^{-9}$	1.986×10^{-12}	-3×10^{-15}
IUGG1975 椭球	$-1.679\,221\,647\,179\times10^{-3}$	$1.409\,892\,668\times10^{-6}$	$-1.578\,347\times10^{-9}$	1.988×10^{-12}	-3×10^{-15}
WGS84 椭球	$-1.679\,220\,386\,381\times10^{-3}$	$1.409\,890\,551\times10^{-6}$	$-1.578\,344\times10^{-9}$	1.988×10^{-12}	-3×10^{-15}
CGCS2000 椭球	$-1.679\,220\,394\,626\times10^{-3}$	$1.409\,890\,565\times10^{-6}$	$-1.578\,344\times10^{-9}$	1.988×10^{-12}	-3×10^{-15}

2.3　等距离纬度正解展开式

将式（1.4.2）表示的 X 代入式（1.5.1），可得

$$\psi = B + \alpha_2 \sin 2B + \alpha_4 \sin 4B + \alpha_6 \sin 6B + \alpha_8 \sin 8B + \alpha_{10} \sin 10B \tag{2.3.1}$$

式中：$\alpha_2 = \dfrac{K_2}{K_0}$，$\alpha_4 = \dfrac{K_4}{K_0}$，$\alpha_6 = \dfrac{K_6}{K_0}$，$\alpha_8 = \dfrac{K_8}{K_0}$，$\alpha_{10} = \dfrac{K_{10}}{K_0}$。

与式（2.3.1）相比，杨启和（1989）将 ψ 展开至 $\sin 8B$，系数表达式仍然为上述形式，使用起来较为不便，而借助计算机代数系统可将系数展开为椭球偏心率 e 的幂级数形式：

$$\begin{cases} \alpha_2 = -\dfrac{3}{8}e^2 - \dfrac{3}{16}e^4 - \dfrac{111}{1\,024}e^6 - \dfrac{141}{2\,048}e^8 - \dfrac{1\,533}{32\,768}e^{10} \\ \alpha_4 = \dfrac{15}{256}e^4 + \dfrac{15}{256}e^6 + \dfrac{405}{8\,192}e^8 + \dfrac{165}{4\,096}e^{10} \\ \alpha_6 = -\dfrac{35}{3\,072}e^6 - \dfrac{35}{2\,048}e^8 - \dfrac{4\,935}{262\,144}e^{10} \\ \alpha_8 = \dfrac{315}{131\,072}e^8 + \dfrac{315}{65\,536}e^{10} \\ \alpha_{10} = -\dfrac{693}{1\,310\,720}e^{10} \end{cases} \tag{2.3.2}$$

2.4　等面积纬度正解展开式

由于偏心率 e 很小，ϑ 与 B 很接近，杨启和（1989）将 $\sin\vartheta$ 在 B 处展成泰勒级数，取近似后得

$$\vartheta = B + \gamma_2 \sin 2B + \gamma_4 \sin 4B + \gamma_6 \sin 6B + \gamma_8 \sin 8B \tag{2.4.1}$$

式中各项系数见表 2.3。

由于在推导过程中使用了 $\sin\vartheta$ 的级数表达式，推导过程变得更加复杂。实际上，存在更准确、更方便的方法，可将式（1.6.7）展成偏心率 e 的幂级数形式：

$$\vartheta(B,e) = \vartheta(B,0) + \left.\frac{\partial\vartheta}{\partial e}\right|_{e=0} e + \frac{1}{2}\left.\frac{\partial^2\vartheta}{\partial e^2}\right|_{e=0} e^2 + \frac{1}{3!}\left.\frac{\partial^3\vartheta}{\partial e^3}\right|_{e=0} e^3 + \cdots + \frac{1}{10!}\left.\frac{\partial^{10}\vartheta}{\partial e^{10}}\right|_{e=0} e^{10} + \cdots \tag{2.4.2}$$

借助计算机代数系统可快捷地求出式（2.4.2）中的各阶导数，并将各偏导数值代入式（2.4.2），经整理并按正弦函数的倍角形式合并后可得

$$\vartheta = B + \gamma_2 \sin 2B + \gamma_4 \sin 4B + \gamma_6 \sin 6B + \gamma_8 \sin 8B + \gamma_{10} \sin 10B \tag{2.4.3}$$

式中系数见表 2.3。

表 2.3　杨启和（1989）与本书推导的等面积纬度正解展开式系数比较

项目	杨启和（1989）推导的系数	本书推导的系数
推导式	$\begin{cases} \gamma_2 = -\dfrac{1}{3}e^2 - \dfrac{31}{180}e^4 - \dfrac{59}{560}e^6 - \dfrac{126\,853}{518\,400}e^8 \\ \gamma_4 = \dfrac{17}{360}e^4 + \dfrac{61}{1\,260}e^6 + \dfrac{362\,244\,7}{940\,896\,00}e^8 \\ \gamma_6 = -\dfrac{383}{43\,560}e^6 - \dfrac{668\,803\,9}{658\,627\,200}e^8 \\ \gamma_8 = -\dfrac{27\,787}{235\,224\,00}e^8 \end{cases}$	$\begin{cases} \gamma_2 = -\dfrac{1}{3}e^2 - \dfrac{31}{180}e^4 - \dfrac{59}{560}e^6 - \dfrac{42\,811}{604\,800}e^8 - \dfrac{605\,399}{119\,750\,40}e^{10} \\ \gamma_4 = \dfrac{17}{360}e^4 + \dfrac{61}{1\,260}e^6 + \dfrac{76\,969}{1\,814\,400}e^8 + \dfrac{215\,431}{5\,987\,520}e^{10} \\ \gamma_6 = -\dfrac{383}{45\,360}e^6 - \dfrac{3\,347}{259\,200}e^8 - \dfrac{1\,751\,791}{119\,750\,400}e^{10} \\ \gamma_8 = \dfrac{6\,007}{3\,628\,800}e^8 + \dfrac{201\,293}{59\,875\,200}e^{10} \\ \gamma_{10} = -\dfrac{5839}{17\,107\,200}e^{10} \end{cases}$

需要说明的是，Adams（1921）手工导出的展开式只展至 $\sin 6B$，与杨启和（1989）导出的展开式相比，本书导出的展开式有更高的倍角项 $\sin 10B$，杨启和（1989）和本书导出的展开式系数在高阶项 e^8 存在偏差，计算机代数系统中的推导不存在近似，导出的系数有更高的准确度。

2.5　等角纬度正解展开式

由地图投影理论可知，等量纬度 q 与大地纬度 B 有如下数学关系：

$$q=\int_0^B \frac{1-e^2}{(1-e^2\sin^2 B)\cos B}\mathrm{d}B=\ln\left(\tan\left(\frac{\pi}{4}+\frac{B}{2}\right)\left(\frac{1-e\sin B}{1+e\sin B}\right)^{e/2}\right) \tag{2.5.1}$$
$$=\operatorname{arctanh}(\sin B)-e\operatorname{arctanh}(e\sin B)$$

椭球面在球面上等角投影关系式为

$$\tan\left(\frac{\pi}{4}+\frac{\varphi}{2}\right)=\tan\left(\frac{\pi}{4}+\frac{B}{2}\right)\left(\frac{1-e\sin B}{1+e\sin B}\right)^{e/2} \tag{2.5.2}$$

式中φ为等角纬度，于是有

$$q=\ln\left(\tan\left(\frac{\pi}{4}+\frac{\varphi}{2}\right)\right)=\operatorname{arctanh}(\sin\varphi) \tag{2.5.3}$$

由式（2.5.2）可解得等角纬度与大地纬度的显式形式为

$$\varphi=2\arctan\left(\tan\left(\frac{\pi}{4}+\frac{B}{2}\right)\left(\frac{1-e\sin B}{1+e\sin B}\right)^{e/2}\right)-\frac{\pi}{2} \tag{2.5.4}$$

由于偏心率 e 很小，可以想象等角纬度与大地纬度相差不大，可将式（2.5.4）展成偏心率 e 的幂级数形式：

$$\varphi(B,e)=\varphi(B,0)+\left.\frac{\partial\varphi}{\partial e}\right|_{e=0}e+\frac{1}{2!}\left.\frac{\partial^2\varphi}{\partial e^2}\right|_{e=0}e^2+\frac{1}{3!}\left.\frac{\partial^3\varphi}{\partial e^3}\right|_{e=0}e^3+\cdots+\frac{1}{10!}\left.\frac{\partial^{10}\varphi}{\partial e^{10}}\right|_{e=0}e^{10}+\cdots \tag{2.5.5}$$

由于被展函数形式比较复杂，Adams（1921）、杨启和（1989）手工推导的展开式只展至 $\sin 8B$：

$$\varphi=B+\beta_2\sin 2B+\beta_4\sin 4B+\beta_6\sin 6B+\beta_8\sin 8B \tag{2.5.6}$$

本书借助计算机代数系统重新进行了推导，将展开式系数扩展至 $\sin 10B$：

$$\varphi=B+\beta_2\sin 2B+\beta_4\sin 4B+\beta_6\sin 6B+\beta_8\sin 8B+\beta_{10}\sin 10B \tag{2.5.7}$$

式（2.5.6）和式（2.5.7）中的系数列于表 2.4。

表 2.4　杨启和（1989）与本书推导的等角纬度正解展开式系数比较

项目	杨启和（1989）推导的系数	本书推导的系数
推导式	$\begin{cases}\beta_2=-\frac{1}{2}e^2-\frac{5}{24}e^4-\frac{3}{32}e^6-\frac{1\,399}{53\,760}e^8\\ \beta_4=\frac{5}{48}e^4+\frac{7}{80}e^6+\frac{689}{17\,920}e^8\\ \beta_6=-\frac{13}{480}e^6-\frac{1\,363}{53\,760}e^8\\ \beta_8=\frac{677}{17\,520}e^8\end{cases}$	$\begin{cases}\beta_2=-\frac{1}{2}e^2-\frac{5}{24}e^4-\frac{3}{32}e^6-\frac{281}{5\,760}e^8-\frac{7}{240}e^{10}\\ \beta_4=\frac{5}{48}e^4+\frac{7}{80}e^6+\frac{697}{11\,520}e^8+\frac{93}{2\,240}e^{10}\\ \beta_6=-\frac{13}{480}e^6-\frac{461}{13\,440}e^8-\frac{1\,693}{53\,760}e^{10}\\ \beta_8=\frac{1\,237}{161\,280}e^8+\frac{131}{10\,080}e^{10}\\ \beta_{10}=-\frac{367}{161\,280}e^{10}\end{cases}$

由表（2.4）可以看出，杨启和（1989）推导的系数与本书推导的系数只有部分主项是相同的，高阶项 e^8 存在偏差。杨启和（1989）采用的是手工推导，而本书是借助计算机代数系统求出式（2.5.5）中被展函数的高阶导数的，当求至 8 阶导数时，其表达式竟

达 10 页之多，如此准确的展开过程由人工完成几乎是不可能的，而计算机代数系统的程序化设计则可以保证结果的准确性和可靠性。

2.6 等量纬度正解展开式

由式（1.7.1）和式（1.8.1）可得

$$q=\ln\left[\tan\left(\frac{\pi}{4}+\frac{\varphi}{2}\right)\right]=\operatorname{arctanh}(\sin\varphi) \tag{2.6.1}$$

由式（2.5.7）和式（2.6.1）可得等量纬度正解展开式为

$$\begin{cases}\varphi=B+\beta_2\sin 2B+\beta_4\sin 4B+\beta_6\sin 6B+\beta_8\sin 8B+\beta_{10}\sin 10B\\ q=\operatorname{arctanh}(\sin\varphi)\end{cases} \tag{2.6.2}$$

2.7 等距离纬度、等面积纬度和等角纬度实用正解展开式

2.3 节～2.5 节分别将等距离纬度、等面积纬度和等角纬度正解展开式的系数表示成了椭球第一偏心率 e 的幂级数形式，但高阶项（如 e^8 或 e^{10}）前的形式还是稍显复杂。为便于使用和记忆，本书引入新变量 $\varepsilon=\dfrac{e}{2}$，对正解展开式的系数作进一步的简化。

引入新变量后，等距离纬度正解展开式的系数可以简化为

$$\begin{cases}\alpha_2=-\dfrac{3}{2}\varepsilon^2-3\varepsilon^4-\dfrac{111}{16}\varepsilon^6-\dfrac{141}{8}\varepsilon^8-\dfrac{1\,533}{32}\varepsilon^{10}\\ \alpha_4=\dfrac{15}{16}\varepsilon^4+\dfrac{15}{4}\varepsilon^6+\dfrac{405}{32}\varepsilon^8+\dfrac{165}{4}\varepsilon^{10}\\ \alpha_6=-\dfrac{35}{48}\varepsilon^6-\dfrac{35}{8}\varepsilon^8-\dfrac{4\,935}{256}\varepsilon^{10}\\ \alpha_8=\dfrac{315}{512}\varepsilon^8+\dfrac{315}{64}\varepsilon^{10}\\ \alpha_{10}=-\dfrac{693}{1\,280}\varepsilon^{10}\end{cases} \tag{2.7.1}$$

等角纬度正解展开式的系数可以简化为

$$\begin{cases}\beta_2=-2\varepsilon^2-\dfrac{10}{3}\varepsilon^4-6\varepsilon^6-\dfrac{562}{45}\varepsilon^8-\dfrac{448}{15}\varepsilon^{10}\\ \beta_4=\dfrac{5}{3}\varepsilon^4+\dfrac{28}{5}\varepsilon^6+\dfrac{697}{45}\varepsilon^8+\dfrac{1\,488}{35}\varepsilon^{10}\\ \beta_6=-\dfrac{26}{15}\varepsilon^6-\dfrac{922}{105}\varepsilon^8-\dfrac{3\,386}{105}\varepsilon^{10}\\ \beta_8=\dfrac{1\,237}{630}\varepsilon^8+\dfrac{4\,192}{315}\varepsilon^{10}\\ \beta_{10}=-\dfrac{734}{315}\varepsilon^{10}\end{cases} \tag{2.7.2}$$

等面积纬度正解展开式的系数可以简化为

$$
\begin{cases}
\gamma_2 = -\dfrac{4}{3}\varepsilon^2 - \dfrac{124}{45}\varepsilon^4 - \dfrac{236}{35}\varepsilon^6 - \dfrac{85\,622}{4\,725}\varepsilon^8 - \dfrac{4\,843\,192}{9\,355}\varepsilon^{10} \\
\gamma_4 = \dfrac{34}{45}\varepsilon^4 + \dfrac{976}{315}\varepsilon^6 + \dfrac{153\,938}{14\,175}\varepsilon^8 + \dfrac{3\,446\,896}{9\,355}\varepsilon^{10} \\
\gamma_6 = -\dfrac{1\,532}{2\,835}\varepsilon^6 - \dfrac{6\,694}{2\,025}\varepsilon^8 - \dfrac{7\,007\,164}{467\,775}\varepsilon^{10} \\
\gamma_8 = \dfrac{6\,007}{14\,175}\varepsilon^8 + \dfrac{1\,610\,344}{467\,775}\varepsilon^{10} \\
\gamma_{10} = -\dfrac{23\,356}{66\,825}\varepsilon^{10}
\end{cases}
\tag{2.7.3}
$$

由于历史和技术的原因，我国在不同时期曾建立和使用过多种大地坐标系，大地坐标系经历了从参心坐标系到地心坐标系的发展过程。我国常用的大地坐标系主要有：1954 北京坐标系、1980 西安坐标系、1984 世界大地坐标系（WGS84）、2000 国家大地坐标系（CGCS2000），分别采用了克拉索夫斯基椭球、国际大地测量与地球物理学联合会（IUGG）于 1975 年推荐的正常地球椭球（IUGG1975 椭球）、WGS84 椭球、CGCS2000 椭球。

将我国常用大地坐标系采用的椭球参数分别代入式（2.7.1）～式（2.7.3），可得等距离纬度、等角纬度和等面积纬度正解展开式的系数值，如表 2.5～表 2.7 所示。

表 2.5　不同椭球下等距离纬度正解展开式的系数值

椭球	α_2	α_4	α_6	α_8	α_{10}
克拉索夫斯基椭球	$-2.518\,466\,108\,676\times10^{-3}$	$2.642\,781\,668\times10^{-6}$	$-3.45\,113\,4\times10^{-9}$	4.888×10^{-12}	-7×10^{-15}
IUGG1975 椭球	$-2.518\,829\,807\,309\times10^{-3}$	$2.643\,545\,027\times10^{-6}$	$-3.452\,630\times10^{-9}$	4.891×10^{-12}	-7×10^{-15}
WGS84 椭球	$-2.518\,827\,916\,117\times10^{-3}$	$2.643\,541\,057\times10^{-6}$	$-3.452\,622\times10^{-9}$	4.891×10^{-12}	-7×10^{-15}
CGCS2000 椭球	$-2.518\,827\,928\,485\times10^{-3}$	$2.643\,541\,082\times10^{-6}$	$-3.452\,622\times10^{-9}$	4.891×10^{-12}	-7×10^{-15}

表 2.6　不同椭球下等角纬度正解展开式的系数值

椭球	β_2	β_4	β_6	β_8	β_{10}
克拉索夫斯基椭球	$-3.356\,072\,751\,068\times10^{-3}$	$4.693\,225\,179\times10^{-6}$	$-8.190\,966\times10^{-9}$	$1.557\,0\times10^{-11}$	-3.1×10^{-14}
IUGG1975 椭球	$-3.356\,557\,138\,555\times10^{-3}$	$4.694\,580\,070\times10^{-6}$	$-8.194\,514\times10^{-9}$	$1.557\,9\times10^{-11}$	-3.1×10^{-14}
WGS84 椭球	$-3.356\,554\,619\,796\times10^{-3}$	$4.694\,573\,024\times10^{-6}$	$-8.194\,495\times10^{-9}$	$1.557\,9\times10^{-11}$	-3.1×10^{-14}
CGCS2000 椭球	$-3.356\,554\,636\,267\times10^{-3}$	$4.694\,573\,071\times10^{-6}$	$-8.194\,495\times10^{-9}$	$1.557\,9\times10^{-11}$	-3.1×10^{-14}

表 2.7 不同椭球下等面积纬度正解展开式的系数值

椭球	γ_2	γ_4	γ_6	γ_8	γ_{10}
克拉索夫斯基椭球	$-2.238\ 888\ 159\ 610\times10^{-3}$	$2.130\ 248\ 481\times10^{-6}$	$-2.558\ 154\times10^{-9}$	3.368×10^{-12}	-5×10^{-15}
IUGG1975 椭球	$-2.239\ 211\ 520\ 113\times10^{-3}$	$2.130\ 863\ 849\times10^{-6}$	$-2.559\ 262\times10^{-9}$	3.370×10^{-12}	-5×10^{-15}
WGS84 椭球	$-2.239\ 209\ 838\ 675\times10^{-3}$	$2.130\ 860\ 649\times10^{-6}$	$-2.559\ 256\times10^{-9}$	3.370×10^{-12}	-5×10^{-15}
CGCS2000 椭球	$-2.239\ 209\ 849\ 671\ 1\times10^{-3}$	$2.130\ 860\ 670\times10^{-6}$	$-2.559\ 256\times10^{-9}$	3.370×10^{-12}	-5×10^{-15}

2.8 正解展开式精度分析

2.8.1 地心纬度和归化纬度正解展开式精度分析

为说明导出的地心纬度和归化纬度正解展开式的准确性与可靠性，同时为了与传统公式进行精度对比，本书选用 CGCS2000 椭球参数，对式（2.1.1）和式（2.1.4）、式（2.2.1）和式（2.2.3）进行精度分析。分析的基本思路：先取定大地纬度 B_0，代入式（2.1.2）、式（2.2.2）可得归化纬度、地心纬度的理论值 u_0、ϕ_0，然后将 B_0 分别代入式（2.1.1）、式（2.1.4），可得地心纬度的计算值 ϕ_1、ϕ_2，将 ϕ_1、ϕ_2 分别与 ϕ_0 相减，可得地心纬度正解展开式计算误差 $\Delta\phi_1$、$\Delta\phi_2$，同理可得归化纬度计算误差 Δu_1、Δu_2，结果如表 2.8 所示。

表 2.8　地心纬度和归化纬度正解展开式的计算误差

纬度 B_0/（°）	$\Delta\phi_1$ /（″）	$\Delta\phi_2$ /（″）	Δu_1 /（″）	Δu_2 /（″）
10	-6.4×10^{-6}	-5.7×10^{-12}	-4.0×10^{-7}	6.9×10^{-11}
20	-2.2×10^{-6}	1.1×10^{-11}	-1.4×10^{-7}	1.5×10^{-10}
30	5.7×10^{-6}	-2.3×10^{-11}	3.5×10^{-7}	2.3×10^{-10}
40	4.2×10^{-6}	-1.8×10^{-10}	2.6×10^{-7}	3.7×10^{-10}
50	-4.2×10^{-6}	-5.5×10^{-10}	-2.6×10^{-7}	5.5×10^{-10}
60	-5.7×10^{-6}	-4.6×10^{-11}	-3.6×10^{-7}	7.8×10^{-10}
70	2.2×10^{-6}	1.8×10^{-9}	1.4×10^{-7}	9.2×10^{-10}
80	6.5×10^{-6}	2.5×10^{-9}	4.0×10^{-7}	6.4×10^{-10}
89	9.2×10^{-7}	3.2×10^{-10}	5.7×10^{-8}	9.2×10^{-11}

由表 2.8 可以看出：地心纬度的传统正解展开式（2.1.1）的精度优于$10^{-5''}$，归化纬度的传统正解展开式（2.2.1）的精度优于$10^{-6''}$；本书导出的地心纬度正解展开式（2.1.4）的精度优于$10^{-8''}$，归化纬度正解展开式（2.2.3）的精度优于$10^{-9''}$。可见，本书导出的地心纬度和归化纬度正解展开式的精度比传统公式的精度高 3 个数量级，如此高的精度可以满足精密计算的需求。

2.8.2　等距离纬度、等面积纬度和等角纬度正解展开式精度分析

为说明导出的等距离纬度、等面积纬度和等角纬度正解展开式的准确性与可靠性，同时为了与杨启和（1989）给出的正解展开式进行精度对比，本书选用 CGCS2000 椭球参数，进行精度分析。分析的基本思路：先取定大地纬度 B_0，代入式（1.5.1）[式中的 X 由式（1.4.1）表示]、式（1.6.7）和式（1.7.5）可得等距离纬度、等面积纬度、等角纬度的理论值 ψ_0、ϑ_0、φ_0，然后将 B_0 分别代入杨启和（1989）和本书导出的等距离纬度、等面积纬度和等角纬度正解展开式，可得计算值 ψ_1、ϑ_1、φ_1 和 ψ_2、ϑ_2、φ_2，将计算值与理论值相减可得计算误差 $\Delta\psi_1$、$\Delta\vartheta_1$、$\Delta\varphi_1$ 和 $\Delta\psi_2$、$\Delta\vartheta_2$、$\Delta\varphi_2$，结果如表 2.9 所示。

表 2.9　等距离纬度、等角纬度和等面积纬度正解展开式的计算误差

纬度 B_0/（°）	$\Delta\psi_1$ /（″）	$\Delta\psi_2$ /（″）	$\Delta\vartheta_1$ /（″）	$\Delta\vartheta_2$ /（″）	$\Delta\varphi_1$ /（″）	$\Delta\varphi_2$ /（″）
10	3.2×10^{-7}	-2.1×10^{-9}	-2.5×10^{-5}	0.0	-1.8×10^{-5}	-5.7×10^{-12}
20	6.4×10^{-7}	-4.2×10^{-9}	-4.7×10^{-5}	1.4×10^{-10}	-1.8×10^{-5}	-1.1×10^{-11}
30	9.6×10^{-7}	-6.3×10^{-9}	-6.4×10^{-5}	1.8×10^{-10}	7.4×10^{-7}	-2.3×10^{-11}
40	1.3×10^{-6}	-8.4×10^{-9}	-7.2×10^{-5}	4.6×10^{-10}	2.2×10^{-5}	-6.9×10^{-11}
50	1.5×10^{-6}	-1.0×10^{-8}	-7.1×10^{-5}	8.7×10^{-10}	2.7×10^{-5}	2.3×10^{-11}
60	1.7×10^{-6}	-1.2×10^{-8}	-6.1×10^{-5}	1.3×10^{-9}	1.5×10^{-5}	4.1×10^{-10}
70	1.5×10^{-6}	-1.4×10^{-8}	-4.3×10^{-5}	2.1×10^{-9}	5.2×10^{-7}	1.3×10^{-9}
80	9.1×10^{-7}	-1.6×10^{-8}	-2.2×10^{-5}	1.8×10^{-9}	-5.1×10^{-6}	1.4×10^{-9}
89	8.0×10^{-8}	-1.9×10^{-8}	-2.2×10^{-6}	3.8×10^{-9}	-7.4×10^{-7}	1.4×10^{-10}

由表 2.9 可以看出：杨启和（1989）给出的等距离纬度正解展开式的精度优于$10^{-5''}$，而本书导出展开式的精度优于$10^{-7''}$，精度提高 2 个数量级；杨启和（1989）给出的等角纬度正解展开式和等面积纬度正解展开式的精度均优于$10^{-4''}$，本书导出展开式的精度均优于$10^{-8''}$，精度提高 4 个数量级。可见，借助计算机代数系统导出的正解展开式要比杨启和（1989）手工推导的公式的精度高得多。

第3章　常用纬度反解展开式

从第2章可以看出，即使是由大地纬度计算地心纬度、归化纬度、等距离纬度、等角纬度和等面积纬度这样的正解问题，推导过程也是相当复杂的；等距离纬度、等角纬度和等面积纬度反解时由于大地纬度一般表现为这些纬度的隐函数或反函数形式，有的为非常复杂的超越函数，多采用基于正解公式的迭代法，这种方法不但计算效率低，而且最主要的是理论分析不甚方便；另一种方法是直接进行反解变换，即所谓的直接法，孙群等（1985）、杨启和（1989）经过复杂的拉格朗日（Lagrange）级数展开，给出了以上三种纬度反解的直接展开式，但是由于历史条件的限制，其间许多推导过程都由手工完成，不仅展开式项数不高，而且展开式系数是原正解展开式系数的多项式形式，不便于记忆，计算也比较复杂，在实际应用中多以具体的数值形式给出；Adams（1921）虽然将展开式系数表示为椭球偏心率e的幂级数形式，但展开式系数只展至e^6或e^8。本章将借助 Mathematica 计算机代数系统重新推导常用纬度的反解展开式，将展开式系数统一表示为椭球偏心率e的幂级数形式，且扩展至e^{10}，并设计算例分析展开式的精度。

3.1　地心纬度反解展开式

地心纬度传统反解展开式（熊介，1988）为

$$B=\phi+m\sin 2\phi+\frac{m^2}{2}\sin 4\phi+\frac{m^3}{3}\sin 6\phi+\cdots \tag{3.1.1}$$

式中：$m=\dfrac{e^2}{2-e^2}$。

由式（1.3.9），可得

$$B=\arctan\frac{\tan\phi}{1-e^2} \tag{3.1.2}$$

借助计算机代数系统，将式（3.1.2）展开为e的幂级数形式，取至e^{10}项，略去具体的运算步骤，可得

$$B=\phi-n_2\sin 2\phi+n_4\sin 4\phi-n_6\sin 6\phi+n_8\sin 8\phi-n_{10}\sin 10\phi \tag{3.1.3}$$

式中系数如式（2.1.5）所示。

3.2　归化纬度反解展开式

归化纬度传统反解展开式（熊介，1988）为

$$B = u + n\sin 2u + \frac{n^2}{2}\sin 4u + \frac{n^3}{3}\sin 6u + \cdots \tag{3.2.1}$$

式中：$n = \dfrac{1-\sqrt{1-e^2}}{1+\sqrt{1-e^2}}$。

由式（1.3.7），可得

$$B = \arctan\frac{\tan u}{\sqrt{1-e^2}} \tag{3.2.3}$$

借助计算机代数系统，将式（3.2.3）展开为 e 的幂级数形式，取至 e^{10} 项，略去具体的运算步骤，可得

$$B = u - m_2\sin 2u + m_4\sin 4u - m_6\sin 6u + m_8\sin 8u - m_{10}\sin 10u \tag{3.2.4}$$

式中系数如式（2.2.4）所示。

3.3 等距离纬度反解展开式

3.3.1 基于幂级数展开法的等距离纬度反解展开式

利用幂级数展开法求解等距离纬度反解展开式的基本思路：首先导出大地纬度关于这三种纬度的隐式微分方程，之后利用复合函数的求导法则，借助计算机代数系统求出该方程关于三种纬度正弦值的导数，将微分方程展开成幂级数形式，最后通过积分求出这三种纬度的反解展开式。

对式（1.4.1）微分，可得

$$\mathrm{d}X = \frac{a(1-e^2)}{(1-e^2\sin^2 B)^{3/2}}\mathrm{d}B \tag{3.3.1}$$

由式（1.5.1），可得 $\mathrm{d}X = R\mathrm{d}\psi$，代入式（3.3.1），整理后可得

$$\frac{\mathrm{d}B}{\mathrm{d}\psi} = k_0(1-e^2\sin^2 B)^{3/2} \tag{3.3.2}$$

为求式（3.3.2）以 $\sin\psi$ 表示的幂级数展开式，引入新变量 $t = \sin\psi$，则有

$$\mathrm{d}t = \cos\psi\mathrm{d}\psi, \qquad \frac{\mathrm{d}\psi}{\mathrm{d}t} = \frac{1}{\cos\psi} \tag{3.3.3}$$

记

$$f(t) = \frac{\mathrm{d}B}{\mathrm{d}\psi} = k_0(1-e^2\sin^2 B)^{3/2} \tag{3.3.4}$$

然后设法将 $f(t)$ 展开成如下幂级数形式：

$$f(t) = f(0) + f_t'(0)t + \frac{1}{2!}f_t''(0)t^2 + \frac{1}{3!}f_t'''(0)t^3 + \cdots + \frac{1}{10!}f_t^{10}(0)t^{10} + \cdots \tag{3.3.5}$$

利用复合函数求导的链式法则：

$$f_t' = \frac{\mathrm{d}f}{\mathrm{d}B}\frac{\mathrm{d}B}{\mathrm{d}\psi}\frac{\mathrm{d}\psi}{\mathrm{d}t},\quad f_t'' = \frac{\mathrm{d}f'}{\mathrm{d}B}\frac{\mathrm{d}B}{\mathrm{d}\psi}\frac{\mathrm{d}\psi}{\mathrm{d}t} + \frac{\mathrm{d}f'}{\mathrm{d}\psi}\frac{\mathrm{d}\psi}{\mathrm{d}t},\quad \cdots\cdots \tag{3.3.6}$$

借助计算机代数系统可求出式（3.3.5）中的导数值，略去具体的推导过程，可得

$$\frac{\mathrm{d}B}{\mathrm{d}\psi}=k_0+A_2\sin^2\psi+A_4\sin^4\psi+A_6\sin^6\psi+A_8\sin^8\psi+A_{10}\sin^{10}\psi \tag{3.3.7}$$

式中系数为

$$\begin{cases}A_2=-\dfrac{3}{2}e^2-\dfrac{27}{8}e^4-\dfrac{729}{128}e^6-\dfrac{4\,329}{512}e^8-\dfrac{381\,645}{32\,768}e^{10}\\ A_4=\dfrac{21}{8}e^4+\dfrac{621}{64}e^6+\dfrac{119\,87}{512}e^8+\dfrac{757\,215}{16\,384}e^{10}\\ A_6=-\dfrac{151}{32}e^6-\dfrac{775}{32}e^8-\dfrac{621\,445}{8\,192}e^{10}\\ A_8=\dfrac{1\,097}{128}e^8+\dfrac{57\,607}{1\,024}e^{10}\\ A_{10}=-\dfrac{8\,011}{512}e^{10}\end{cases} \tag{3.3.8}$$

在计算机代数系统中对式（3.3.7）求变量ψ的积分，整理后可得

$$B=\psi+a_2\sin 2\psi+a_4\sin 4\psi+a_6\sin 6\psi+a_8\sin 8\psi+a_{10}\sin 10\psi \tag{3.3.9}$$

式中系数为

$$\begin{cases}a_2=\dfrac{3}{8}e^2+\dfrac{3}{16}e^4+\dfrac{213}{2\,048}e^6+\dfrac{255}{4\,096}e^8+\dfrac{20\,861}{524\,288}e^{10}\\ a_4=\dfrac{21}{256}e^4+\dfrac{21}{256}e^6+\dfrac{533}{8\,192}e^8+\dfrac{197}{4\,096}e^{10}\\ a_6=\dfrac{151}{6\,144}e^6+\dfrac{151}{4\,096}e^8+\dfrac{5\,019}{131\,072}e^{10}\\ a_8=\dfrac{1\,097}{131\,072}e^8+\dfrac{1\,097}{65\,536}e^{10}\\ a_{10}=\dfrac{8\,011}{2\,621\,440}e^{10}\end{cases} \tag{3.3.10}$$

式（3.3.9）和式（3.3.10）即采用幂级数展开法导出的等距离纬度反解展开式，式中系数统一表示为椭球偏心率的幂级数形式，适用于不同参考椭球下的计算问题。

3.3.2 基于 Hermite 插值法的等距离纬度反解展开式

利用埃尔米特（Hermite）插值法求解等距离纬度反解展开式的基本思路：首先由三角级数回求公式（熊介，1988）知，反解展开式与正解展开式形式一致，即大地纬度均可展开为这三种纬度的正弦函数倍角形式，之后利用该展开式在特殊点处的导数值（或函数值）与通过反解微分方程确定的导数值（或函数值）相等来确定反解公式中的待定系数，进而可以确定出这三种纬度的反解展开式，这一过程涉及的推导计算非常复杂，可借助计算机代数系统完成。

考虑式（2.3.1），根据三角级数回求公式，等距离纬度反解展开式可以假定为

$$B=\psi+a_2\sin 2\psi+a_4\sin 4\psi+a_6\sin 6\psi+a_8\sin 8\psi+a_{10}\sin 10\psi \tag{3.3.11}$$

式中：a_2、a_4、a_6、a_8、a_{10} 均为待定系数，则有 $\psi=0$，$B=0$；$\psi=\dfrac{\pi}{2}$，$B=\dfrac{\pi}{2}$。

由式（3.3.2），可知：

$$B'(0)=k_0,\quad B'\left(\frac{\pi}{2}\right)=k_0(1-e^2)^{3/2} \tag{3.3.12}$$

对 $B'(\psi)$ 求导可得 $B''(\psi)$，但它在 $\psi=0$、$\psi=\dfrac{\pi}{2}$ 处均为 0，不能构成有效的插值条件，所以只能对 $B''(\psi)$ 继续求导得到 $B'''(\psi)$。在计算机代数系统中可以求出

$$B'''(0)=-3e^2-\frac{27}{4}e^4-\frac{729}{64}e^6-\frac{4\,329}{256}e^8-\frac{381\,645}{16\,384}e^{10} \tag{3.3.13}$$

$$B'''\left(\frac{\pi}{2}\right)=3e^2-\frac{15}{4}e^4+\frac{57}{64}e^6+\frac{3}{256}e^8-\frac{51}{16\,384}e^{10} \tag{3.3.14}$$

对 $B'''(\psi)$ 求导可得 $B^{(4)}(\psi)$，但 $B^{(4)}(0)=0$，$B^{(4)}\left(\dfrac{\pi}{2}\right)=0$，不能构成有效的插值条件，继续求导得 $B^{(5)}(\psi)$，在计算机代数系统中可以求出

$$B^{(5)}(0)=12e^2+90e^4+\frac{4\,455}{16}e^6+\frac{20\,145}{32}e^8+\frac{4\,924\,935}{4\,096}e^{10} \tag{3.3.15}$$

对式（3.3.11）两端求一阶、三阶、五阶导数，并联立导出的 5 个插值条件，得到下述确定 5 个未知待定系数的线性方程组：

$$\begin{pmatrix} 2 & 4 & 6 & 8 & 10 \\ -2 & 4 & -6 & 8 & -10 \\ -8 & -64 & -216 & -512 & -1\,000 \\ 8 & -64 & -216 & -512 & 1\,000 \\ 32 & 1\,024 & 7\,776 & 32\,768 & 100\,000 \end{pmatrix}\begin{pmatrix} a_2 \\ a_4 \\ a_6 \\ a_8 \\ a_{10} \end{pmatrix}=\begin{pmatrix} B'(0)-1 \\ B'\left(\dfrac{\pi}{2}\right)-1 \\ B'''(0) \\ B'''\left(\dfrac{\pi}{2}\right) \\ B^{(5)}(0) \end{pmatrix} \tag{3.3.16}$$

上述线性方程组的解为

$$\begin{pmatrix} a_2 \\ a_4 \\ a_6 \\ a_8 \\ a_{10} \end{pmatrix}=\begin{pmatrix} 2 & 4 & 6 & 8 & 10 \\ -2 & 4 & -6 & 8 & -10 \\ -8 & -64 & -216 & -512 & -1\,000 \\ 8 & -64 & -216 & -512 & 1\,000 \\ 32 & 1\,024 & 7\,776 & 32\,768 & 100\,000 \end{pmatrix}^{-1}\begin{pmatrix} B'(0)-1 \\ B'\left(\dfrac{\pi}{2}\right)-1 \\ B'''(0) \\ B'''\left(\dfrac{\pi}{2}\right) \\ B^{(5)}(0) \end{pmatrix} \tag{3.3.17}$$

至此，式（3.3.17）中待定系数已经确定。更方便的是，可以借助计算机代数系统将式（3.3.17）进一步展开为椭球偏心率 e 的幂级数形式：

$$
\begin{cases}
a_2 = \dfrac{3}{8}e^2 + \dfrac{3}{16}e^4 + \dfrac{213}{2\,048}e^6 + \dfrac{255}{4\,096}e^8 + \dfrac{20\,861}{524\,288}e^{10} \\
a_4 = \dfrac{21}{256}e^4 + \dfrac{21}{256}e^6 + \dfrac{533}{8\,192}e^8 + \dfrac{197}{4\,096}e^{10} \\
a_6 = \dfrac{151}{6\,144}e^6 + \dfrac{151}{4\,096}e^8 + \dfrac{5\,019}{131\,072}e^{10} \\
a_8 = \dfrac{1\,097}{131\,072}e^8 + \dfrac{1\,097}{65\,536}e^{10} \\
a_{10} = \dfrac{8\,011}{2\,621\,440}e^{10}
\end{cases}
\tag{3.3.18}
$$

式（3.3.11）和式（3.3.18）即采用 Hermite 插值法导出的等距离纬度反解展开式，其系数和采用幂级数展开法确定的系数式（3.3.10）完全一致。

3.3.3　基于 Lagrange 级数法的等距离纬度反解展开式

利用 Lagrange 级数法（杨启和，1989）求解等距离纬度反解展开式的基本思路：首先根据 Lagrange 级数法写出这三种纬度的反解计算式，之后利用相应的正解展开式，在计算机代数系统中对反解计算式进行化简整理，得到正弦倍角多项式形式的反解展开式，最后借助计算机代数系统将展开式系数统一表示为椭球偏心率的幂级数形式。

1. Lagrange 级数法

首先研究形如

$$y = h + x \cdot \varphi(y) \tag{3.3.19}$$

的特殊方程式。函数 $\varphi(y)$ 在点 $y = h$ 处是解析的，在 x 不大时，y 是 x 的函数，在 $x = 0$ 处解析，并且 $x = 0$ 时 $y = h$ 。

对于更一般的情况，考虑 y 的一个函数 $u = f(y)$，如果它在 $y = h$ 处为解析函数，当 x 不大时，由于 y 是 x 的函数，u 也是 x 的函数，则在 $y = h$ 处可展成 x 的幂级数形式：

$$u = u_0 + x\left(\frac{\partial u}{\partial x}\right)_0 + \frac{x^2}{2!}\left(\frac{\partial^2 u}{\partial x^2}\right)_0 + \cdots + \frac{x^n}{n!}\left(\frac{\partial^n u}{\partial x^n}\right)_0 + \cdots \tag{3.3.20}$$

式中：下标 0 表示函数及其导数取 $x = 0$ 时的值。在 $x = 0$ 时 $y = h$ ，故 $u_0 = f(h)$ 。

注意式（3.3.19）中 y 是 x 和 h 两个变量的函数，于是 u 也是 x 和 h 这两个变量的函数。式（3.3.19）分别对 x 和 h 求导，可得

$$[1 - x\varphi'(y)]\frac{\partial y}{\partial x} = \varphi(y) \tag{3.3.21}$$

$$[1 - x\varphi'(y)]\frac{\partial y}{\partial h} = 1 \tag{3.3.22}$$

于是有

$$\frac{\partial y}{\partial x} = \varphi(y)\frac{\partial y}{\partial h} \tag{3.3.23}$$

而一般地，在 $u=f(y)$ 时，同样有

$$\frac{\partial u}{\partial x}=\varphi(y)\frac{\partial u}{\partial h} \tag{3.3.24}$$

另外，不论 $F(y)$ 是怎样一个函数，只要它对 y 的导数存在，则有

$$\frac{\partial}{\partial x}\left[F(y)\frac{\partial u}{\partial h}\right]=\frac{\partial}{\partial h}\left[F(y)\frac{\partial u}{\partial x}\right] \tag{3.3.25}$$

将式（3.3.25）直接微分，并代入式（3.3.23）和式（3.3.24），即可证明该式的正确性。

利用上述公式，采用归纳法可以证明如下公式成立：

$$\frac{\partial^n u}{\partial x^n}=\frac{\partial^{n-1}}{\partial h^{n-1}}\left[\varphi^n(y)\cdot\frac{\partial u}{\partial h}\right] \tag{3.3.26}$$

注意 $x=0$ 时， $y=h$ ， $\frac{\partial u}{\partial h}=f'(h)$ ，则式（3.3.26）可写成

$$\left(\frac{\partial^n u}{\partial x^n}\right)_0=\frac{\mathrm{d}^{n-1}}{\mathrm{d}\alpha^{n-1}}[\varphi^n(h)f'(h)] \tag{3.3.27}$$

将式（3.3.27）代入展开式（3.3.20），可得

$$f(y)=f(h)+x\varphi(h)f'(h)+\frac{x^2}{2!}\frac{\mathrm{d}}{\mathrm{d}h}[\varphi^2(h)f'(h)]+\cdots+\frac{x^n}{n!}\frac{\mathrm{d}^{n-1}}{\mathrm{d}a^{n-1}}[\varphi^n(h)f'(h)]+\cdots \tag{3.3.28}$$

此式称为 Lagrange 级数。

如果 $f(y)=f$ ，则得

$$y=h+x\varphi(h)+\frac{x^2}{2!}\frac{\mathrm{d}}{\mathrm{d}h}[\varphi^2(h)]+\cdots+\frac{x^n}{n'}\frac{\mathrm{d}^{n-1}}{\mathrm{d}h^{n-1}}[\varphi^n(h)]+\cdots \tag{3.3.29}$$

据此，凡形状如式（3.3.19）的方程，可利用式（3.3.29）求得其反解计算公式。

2. 基于 Lagrange 级数法的等距离纬度反解展开式

等距离纬度、等角纬度、等面积纬度正解展开式可统一写成类似于式（3.3.29）的形式：

$$\begin{cases}B=\theta+f(B)\\ f(B)=-\alpha\sin 2B-\beta\sin 4B-\gamma\sin 6B-\delta\sin 8B-\eta\sin 10B\end{cases} \tag{3.3.30}$$

式中：θ 为这三种纬度；α 、β 、γ 、δ 、η 为相应的正解展开式系数。

根据式（3.3.29），可得式（3.3.30）的反解公式为

$$B=\theta+f(\theta)+\frac{1}{2!}\frac{\mathrm{d}}{\mathrm{d}\theta}[f(\theta)]^2+\frac{1}{3!}\frac{\mathrm{d}^2}{\mathrm{d}\theta^2}[f(\theta)]^3+\frac{1}{4!}\frac{\mathrm{d}^3}{\mathrm{d}\theta^3}[f(\theta)]^4+\frac{1}{5!}\frac{d^4}{d\theta^4}[f(\theta)]^5+\cdots \tag{3.3.31}$$

由于 $f(\theta)$ 形式比较复杂，手工推导其高阶导数难度极大，本书借助计算机代数系统推导出式（3.3.31）中的各阶导数，经整理并按正弦函数的倍角形式合并后，可得

$$B=\theta+d_2\sin 2\theta+d_4\sin 4\theta+d_6\sin 6\theta+d_8\sin 8\theta+d_{10}\sin 10\theta \tag{3.3.32}$$

式中：d_2 、d_4 、d_6 、d_8 、d_{10} 为待定系数。

孙群等（1985）曾手工推导出式（3.3.30）的反解公式，所得表达式虽然和式（3.3.32）形式一致，但系数的高阶项略有不同，如表 3.1 所示。

表 3.1　孙群等（1985）与本书推导的式（3.3.32）中的系数比较

项目	孙群等（1985）推导的系数	本书推导的系数
推导式	$\begin{cases} d_2 = -\alpha - \alpha\beta - \beta\gamma + \dfrac{1}{2}\alpha^3 + \alpha\beta^2 - \dfrac{1}{2}\alpha^2\gamma - 18.3\alpha^3\beta \\ d_4 = -\beta + \alpha^2 - 2\alpha\gamma + 4\alpha^2\beta - 1.3\alpha^4 \\ d_6 = -\gamma + 3\alpha\beta - 3\alpha\delta - \dfrac{3}{2}\alpha^3 + \dfrac{9}{2}\alpha\beta^2 + 9\alpha^2\gamma - 12.5\alpha^3\beta \\ d_8 = -\delta + 2\beta^2 + 4\alpha\gamma - 8\alpha^2\beta + 2.7\alpha^4 \\ d_{10} = -\eta + 5\alpha\delta - 12.5\alpha\beta^2 - 12\alpha^2\gamma + 20\alpha^3\beta \end{cases}$	$\begin{cases} d_2 = -\alpha - \alpha\beta - \beta\gamma + \dfrac{1}{2}\alpha^3 + \alpha\beta^2 - \dfrac{1}{2}\alpha^2\gamma + \dfrac{1}{3}\alpha^3\beta - \dfrac{1}{12}\alpha^5 \\ d_4 = -\beta + \alpha^2 - 2\alpha\gamma + 4\alpha^2\beta - \dfrac{4}{3}\alpha^4 \\ d_6 = -\gamma + 3\alpha\beta - 3\alpha\delta - \dfrac{3}{2}\alpha^3 + \dfrac{9}{2}\alpha\beta^2 + 9\alpha^2\gamma - \dfrac{27}{2}\alpha^3\beta \\ \quad + \dfrac{27}{8}\alpha^5 \\ d_8 = -\delta + 2\beta^2 + 4\alpha\gamma - 8\alpha^2\beta + \dfrac{8}{3}\alpha^4 \\ d_{10} = -\eta + 5\alpha\delta + 5\beta\gamma - \dfrac{25}{2}\alpha\beta^2 - \dfrac{25}{2}\alpha^2\gamma + \dfrac{125}{6}\alpha^3\beta - \dfrac{125}{24}\alpha^5 \end{cases}$

由表 3.1 可以看出，孙群等（1985）手工推导的系数与本书推导的系数在高阶项部分存在偏差。需要说明的是，孙群等（1985）在式（3.3.31）中只展开至$\dfrac{1}{4!}\dfrac{\mathrm{d}^3}{\mathrm{d}\theta^3}[f(\theta)]^4$，实际上$\dfrac{1}{5!}\dfrac{\mathrm{d}^3}{\mathrm{d}\theta^3}[f(\theta)]^5$不应当被忽略，因为该项整理后仍然含有$\sin 10\theta$项。此外，孙群等（1985）中的展开过程是由手工完成的，存在一些小的近似，而本书的展开过程是借助计算机代数系统完成的，计算结果有更高的准确度。

令$\theta=\psi$，将等距离纬度正解展开式系数式（2.3.2）代入本书导出的反解系数表达式，反解展开式系数仍用a_2、a_4、a_6、a_8、a_{10}表示，则等距离纬度反解展开式可以表示为

$$B=\psi + a_2\sin 2\psi + a_4\sin 4\psi + a_6\sin 6\psi + a_8\sin 8\psi + a_{10}\sin 10\psi \tag{3.3.33}$$

式中系数为

$$\begin{cases} a_2 = -\alpha_2 - \alpha_2\alpha_4 - \alpha_4\alpha_6 + \dfrac{1}{2}\alpha_2^3 + \alpha_2\alpha_4^2 - \dfrac{1}{2}\alpha_2^2\alpha_6 + \dfrac{1}{3}\alpha_2^3\alpha_4 - \dfrac{1}{12}\alpha_2^5 \\ a_4 = -\alpha_4 + \alpha_2^2 - 2\alpha_2\alpha_6 + 4\alpha_2^2\alpha_4 - \dfrac{4}{3}\alpha_2^4 \\ a_6 = -\alpha_6 + 3\alpha_2\alpha_4 - 3\alpha_2\alpha_8 - \dfrac{3}{2}\alpha_2^3 + \dfrac{9}{2}\alpha_2\alpha_4^2 + 9\alpha_2^2\alpha_6 - \dfrac{27}{2}\alpha_2^3\alpha_4 + \dfrac{27}{8}\alpha_2^5 \\ a_8 = -\alpha_8 + 2\alpha_4^2 + 4\alpha_2\alpha_6 - 8\alpha_2^2\alpha_4 + \dfrac{8}{3}\alpha_2^4 \\ a_{10} = -\alpha_{10} + 5\alpha_2\alpha_8 + 5\alpha_4\alpha_6 - \dfrac{25}{2}\alpha_2\alpha_4^2 - \dfrac{25}{2}\alpha_2^2\alpha_6 + \dfrac{125}{6}\alpha_2^3\alpha_4 - \dfrac{125}{24}\alpha_2^5 \end{cases} \tag{3.3.34}$$

式（3.3.34）将等距离纬度反解系数表示为正解系数的多项式形式，非常复杂，不便于

使用。更为方便的是，可借助计算机代数系统将反解系数展开为椭球偏心率e的幂级数形式：

$$
\begin{cases}
a_2 = \dfrac{3}{8}e^2 + \dfrac{3}{16}e^4 + \dfrac{213}{2\,048}e^6 + \dfrac{255}{4\,096}e^8 + \dfrac{20\,861}{524\,288}e^{10} \\
a_4 = \dfrac{21}{256}e^4 + \dfrac{21}{256}e^6 + \dfrac{533}{8\,192}e^8 + \dfrac{197}{4\,096}e^{10} \\
a_6 = \dfrac{151}{6\,144}e^6 + \dfrac{151}{4\,096}e^8 + \dfrac{5\,019}{131\,072}e^{10} \\
a_8 = \dfrac{1\,097}{131\,072}e^8 + \dfrac{1\,097}{65\,536}e^{10} \\
a_{10} = \dfrac{8\,011}{2\,621\,440}e^{10}
\end{cases}
\tag{3.3.35}
$$

式（3.3.33）和式（3.3.35）即采用Lagrange级数法导出的等距离纬度反解展开式，其系数和采用幂级数展开法确定的系数式（3.3.10）完全一致。

3.4 等面积纬度反解展开式

3.4.1 基于幂级数展开法的等面积纬度反解展开式

式（1.6.1）对B求导后可得

$$
\frac{\mathrm{d}F}{\mathrm{d}B} = \frac{a^2(1-e^2)\cos B}{(1-e^2\sin^2 B)^2} \tag{3.4.1}
$$

式（1.6.6）对ϑ求导后可得

$$
\frac{\mathrm{d}F}{\mathrm{d}\vartheta} = a^2(1-e^2)A\cos\vartheta \tag{3.4.2}
$$

因此有

$$
\frac{\mathrm{d}B}{\mathrm{d}\vartheta} = \frac{A(1-e^2\sin^2 B)^2\cos\vartheta}{\cos B} \tag{3.4.3}
$$

引入变量$t=\sin\vartheta$，并记

$$
f(t) = \frac{\mathrm{d}B}{\mathrm{d}\vartheta} = \frac{A(1-e^2\sin^2 B)^2\cos\vartheta}{\cos B} \tag{3.4.4}
$$

将式（3.4.4）展开成关于t的幂级数形式，利用复合函数的链式法则，借助计算机代数系统求得各阶导数值，略去推导过程，可得

$$
\frac{\mathrm{d}B}{\mathrm{d}\vartheta} = A + C_2\sin^2\vartheta + C_4\sin^4\vartheta + C_6\sin^6\vartheta + C_8\sin^8\vartheta + C_{10}\sin^{10}\vartheta \tag{3.4.5}
$$

式中系数为

$$
\begin{cases}
C_2 = -\dfrac{4}{3}e^2 - \dfrac{41}{15}e^4 - \dfrac{4\,108}{945}e^6 - \dfrac{58\,427}{9\,450}e^8 - \dfrac{28\,547}{3\,465}e^{10} \\
C_4 = \dfrac{92}{45}e^4 + \dfrac{6\,574}{945}e^6 + \dfrac{223\,469}{14\,175}e^8 + \dfrac{2\,768\,558}{93\,555}e^{10} \\
C_6 = -\dfrac{3\,044}{945}e^6 - \dfrac{28\,901}{1\,890}e^8 - \dfrac{21\,018\,157}{467\,775}e^{10} \\
C_8 = \dfrac{24\,236}{4\,725}e^8 + \dfrac{2\,086\,784}{66\,825}e^{10} \\
C_{10} = -\dfrac{768\,272}{93\,555}e^{10}
\end{cases}
\tag{3.4.6}
$$

在计算机代数系统中对式（3.4.5）求变量ϑ的积分，整理后可得

$$
B = \vartheta + c_2 \sin 2\vartheta + c_4 \sin 4\vartheta + c_6 \sin 6\vartheta + c_8 \sin 8\vartheta + c_{10} \sin 10\vartheta \tag{3.4.7}
$$

式中系数为

$$
\begin{cases}
c_2 = \dfrac{1}{3}e^2 + \dfrac{31}{180}e^4 + \dfrac{517}{5\,040}e^6 + \dfrac{120\,389}{181\,400}e^8 + \dfrac{1\,362\,253}{29\,937\,600}e^{10} \\
c_4 = \dfrac{23}{360}e^4 + \dfrac{251}{3\,780}e^6 + \dfrac{102\,287}{1\,814\,400}e^8 + \dfrac{450\,739}{997\,920}e^{10} \\
c_6 = \dfrac{761}{45\,360}e^6 + \dfrac{47\,561}{1\,814\,400}e^8 + \dfrac{434\,501}{14\,968\,800}e^{10} \\
c_8 = \dfrac{6\,059}{1\,209\,600}e^8 + \dfrac{625\,511}{59\,875\,200}e^{10} \\
c_{10} = \dfrac{48\,017}{29\,937\,600}e^{10}
\end{cases}
\tag{3.4.8}
$$

式（3.4.7）和式（3.4.8）即采用幂级数展开法导出的等面积纬度反解展开式，式中系数统一表示为椭球偏心率的幂级数形式，适用于不同参考椭球下的计算问题。

3.4.2 基于 Hermite 插值法的等面积纬度反解展开式

考虑式（2.4.1），根据三角级数回求公式，等面积纬度反解展开式可以假定为

$$
B = \vartheta + c_2 \sin 2\theta + c_4 \sin 4\vartheta + c_6 \sin 6\vartheta + c_8 \sin 8\vartheta + c_{10} \sin 10\vartheta \tag{3.4.9}
$$

式中：c_2、c_4、c_6、c_8、c_{10}为待定系数，则有$\vartheta = 0$，$B = 0$；$\theta = \dfrac{\pi}{2}$，$B = \dfrac{\pi}{2}$。由式（3.4.3）可知，$B'(\vartheta)$、$B''(\vartheta)$、$B'''(\vartheta)\cdots$分母中均含有$\cos B$，在$B = \dfrac{\pi}{2}$处奇异，因此$\vartheta = \dfrac{\pi}{2}$不能选为插值点。

在$\vartheta = 0$处借助计算机代数系统展开式（3.4.3），可得

$$
B'(0) = 1 + \frac{2}{3}e^2 + \frac{3}{5}e^4 + \frac{4}{7}e^6 + \frac{5}{9}e^8 + \frac{6}{11}e^{10} \tag{3.4.10}
$$

对$B'(\vartheta)$求导可得$B''(\vartheta)$，但$B''(0) = 0$不能构成有效的插值条件，继续求导可得$B'''(\vartheta)$，在计算机代数系统中可以求出

$$B'''(0)=-\frac{8}{3}e^2-\frac{82}{15}e^4-\frac{8\,216}{945}e^6-\frac{58\,427}{4\,725}e^8-\frac{57\,094}{3\,465}e^{10} \tag{3.4.11}$$

在等面积纬度正解展开式（3.4.2）中，令 $\vartheta=\frac{\pi}{4}$，略去迭代过程，可得

$$B\left(\frac{\pi}{4}\right)=\frac{\pi}{4}+\frac{1}{3}e^2+\frac{31}{180}e^4+\frac{139}{1\,620}e^6+\frac{289}{7\,200}e^8+\frac{19\,331}{1\,069\,200}e^{10} \tag{3.4.12}$$

将式（3.4.12）代入 $B'(\varphi)$、$B''(\varphi)$，在计算机代数系统中展开后得

$$B'\left(\frac{\pi}{4}\right)=1-\frac{23}{90}e^4-\frac{251}{945}e^6-\frac{8\,411}{45\,360}e^8-\frac{363\,353}{3\,742\,200}e^{10} \tag{3.4.13}$$

$$B''\left(\frac{\pi}{4}\right)=-\frac{4}{3}e^2-\frac{31}{45}e^4+\frac{61}{315}e^6+\frac{15\,383}{22\,680}e^8+\frac{29\,213}{41\,580}e^{10} \tag{3.4.14}$$

对式（3.4.9）两端求一阶、三阶导数，并联立导出的5个插值条件，得到下述确定5个未知待定系数的线性方程组：

$$\begin{pmatrix} 2 & 4 & 6 & 8 & 10 \\ 1 & 0 & -1 & 0 & 1 \\ 0 & -4 & 0 & 8 & 0 \\ -4 & 0 & 36 & 0 & -100 \\ -8 & -64 & -216 & -512 & -1000 \end{pmatrix}\begin{pmatrix} c_2 \\ c_4 \\ c_6 \\ c_8 \\ c_{10} \end{pmatrix}=\begin{pmatrix} B'(0)-1 \\ B\left(\frac{\pi}{4}\right)-\frac{\pi}{4} \\ B'\left(\frac{\pi}{4}\right)-1 \\ B''\left(\frac{\pi}{4}\right) \\ B'''(0) \end{pmatrix} \tag{3.4.15}$$

上述线性方程组的解为

$$\begin{pmatrix} c_2 \\ c_4 \\ c_6 \\ c_8 \\ c_{10} \end{pmatrix}=\begin{pmatrix} 2 & 4 & 6 & 8 & 10 \\ 1 & 0 & -1 & 0 & 1 \\ 0 & -4 & 0 & 8 & 0 \\ -4 & 0 & 36 & 0 & -100 \\ -8 & -64 & -216 & -512 & -1000 \end{pmatrix}^{-1}\begin{pmatrix} B'(0)-1 \\ B\left(\frac{\pi}{4}\right)-\frac{\pi}{4} \\ B'\left(\frac{\pi}{4}\right)-1 \\ B''\left(\frac{\pi}{4}\right) \\ B'''(0) \end{pmatrix} \tag{3.4.16}$$

式（3.4.16）可在计算机代数系统中展开为椭球偏心率 e 的幂级数形式：

$$\begin{cases} c_2=\frac{1}{3}e^2+\frac{31}{180}e^4+\frac{517}{5\,040}e^6+\frac{120\,389}{181\,400}e^8+\frac{1\,362\,253}{29\,937\,600}e^{10} \\ c_4=\frac{23}{360}e^4+\frac{251}{3\,780}e^6+\frac{102\,287}{1\,814\,400}e^8+\frac{450\,739}{997\,920}e^{10} \\ c_6=\frac{761}{45\,360}e^6+\frac{47\,561}{1\,814\,400}e^8+\frac{434\,501}{14\,968\,800}e^{10} \\ c_8=\frac{6\,059}{1\,209\,600}e^8+\frac{625\,511}{59\,875\,200}e^{10} \\ c_{10}=\frac{48\,017}{29\,937\,600}e^{10} \end{cases} \tag{3.4.17}$$

式（3.4.9）和式（3.4.17）即采用 Hermite 插值法导出的等面积纬度反解展开式，其系数式和采用幂级数展开法确定的系数式（3.4.8）完全一致。

3.4.3 基于 Lagrange 级数法的等面积纬度反解展开式

令 $\theta=\vartheta$，将等面积纬度正解系数代入本书导出的反解系数表达式，反解系数仍用 c_2、c_4、c_6、c_8、c_{10} 表示，则采用 Lagrange 级数法导出的等面积纬度反解展开式为

$$B=\vartheta+c_2\sin 2\vartheta+c_4\sin 4\vartheta+c_6\sin 6\vartheta+c_8\sin 8\vartheta+c_{10}\sin 10\vartheta \tag{3.4.18}$$

式中系数可同样展开为椭球偏心率 e 的幂级数形式：

$$\begin{cases}c_2=\dfrac{1}{3}e^2+\dfrac{31}{180}e^4+\dfrac{517}{5\,040}e^6+\dfrac{120\,389}{181\,400}e^8+\dfrac{1\,362\,253}{29\,937\,600}e^{10}\\ c_4=\dfrac{23}{360}e^4+\dfrac{251}{3\,780}e^6+\dfrac{102\,287}{1\,814\,400}e^8+\dfrac{450\,739}{997\,920}e^{10}\\ c_6=\dfrac{761}{45\,360}e^6+\dfrac{47\,561}{1\,814\,400}e^8+\dfrac{434\,501}{14\,968\,800}e^{10}\\ c_8=\dfrac{6\,059}{1\,209\,600}e^8+\dfrac{625\,511}{59\,875\,200}e^{10}\\ c_{10}=\dfrac{48\,017}{29\,937\,600}e^{10}\end{cases} \tag{3.4.19}$$

式（3.4.19）和采用幂级数展开法确定的系数式（3.4.8）完全一致。

3.5 等角纬度反解展开式

3.5.1 基于幂级数展开法的等角纬度反解展开式

式（2.5.1）对 B 求导，可得

$$\frac{\mathrm{d}q}{\mathrm{d}B}=\frac{1-e^2}{(1-e^2\sin^2 B)\cos B} \tag{3.5.1}$$

式（2.5.3）对 φ 求导，可得

$$\frac{\mathrm{d}q}{\mathrm{d}\varphi}=\frac{1}{\cos\varphi} \tag{3.5.2}$$

因此有

$$\frac{\mathrm{d}B}{\mathrm{d}\varphi}=\frac{(1-e^2\sin^2 B)\cos B}{(1-e^2)\cos\varphi} \tag{3.5.3}$$

引入变量 $t=\sin\varphi$，并记

$$f(t)=\frac{\mathrm{d}B}{\mathrm{d}\varphi}=\frac{(1-e^2\sin^2 B)\cos B}{(1-e^2)\cos\varphi} \tag{3.5.4}$$

将上式展成关于t的幂级数形式，利用复合函数的链式法则，借助计算机代数系统求得各阶导数值，略去推导过程，可得

$$\frac{\mathrm{d}B}{\mathrm{d}\varphi}=\frac{1}{1-e^2}+B_2\sin^2\varphi+B_4\sin^4\varphi+B_6\sin^6\varphi+B_8\sin^8\varphi+B_{10}\sin^{10}\varphi \tag{3.5.5}$$

式中系数为

$$\begin{cases} B_2=-2e^2-\dfrac{11}{2}e^4-\dfrac{21}{2}e^6-17e^8-25e^{10} \\ B_4=\dfrac{14}{3}e^4+\dfrac{62}{3}e^6+\dfrac{1\,369}{24}e^8+\dfrac{3\,005}{24}e^{10} \\ B_6=-\dfrac{56}{5}e^6-\dfrac{614}{9}e^8-\dfrac{4\,909}{20}e^{10} \\ B_8=\dfrac{8\,558}{315}e^8+\dfrac{7\,367}{35}e^{10} \\ B_{10}=-\dfrac{4174}{63}e^{10} \end{cases} \tag{3.5.6}$$

在计算机代数系统中对式（3.5.5）求变量φ的积分，整理后可得

$$B=\varphi+b_2\sin 2\varphi+b_4\sin 4\varphi+b_6\sin 6\varphi+b_8\sin 8\varphi+b_{10}\sin 10\varphi \tag{3.5.7}$$

式中系数为

$$\begin{cases} b_2=\dfrac{1}{2}e^2+\dfrac{5}{24}e^4+\dfrac{1}{12}e^6+\dfrac{13}{360}e^8+\dfrac{3}{160}e^{10} \\ b_4=\dfrac{7}{48}e^4+\dfrac{29}{240}e^6+\dfrac{811}{11\,520}e^8+\dfrac{81}{2\,240}e^{10} \\ b_6=\dfrac{7}{120}e^6+\dfrac{81}{1120}e^8+\dfrac{3\,029}{53\,760}e^{10} \\ b_8=\dfrac{4\,279}{161\,280}e^8+\dfrac{883}{20\,160}e^{10} \\ b_{10}=\dfrac{2\,087}{161\,280}e^{10} \end{cases} \tag{3.5.8}$$

式（3.5.7）和式（3.5.8）即采用幂级数展开法导出的等角纬度反解展开式，式中系数统一表示为椭球偏心率的幂级数形式，适用于不同参考椭球下的计算问题。

3.5.2 基于 Hermite 插值法的等角纬度反解展开式

考虑式（2.5.7），根据三角级数回求公式，等角纬度反解展开式可以假定为

$$B=\varphi+b_2\sin 2\varphi+b_4\sin 4\varphi+b_6\sin 6\varphi+b_8\sin 8\varphi+b_{10}\sin 10\varphi \tag{3.5.9}$$

式中：b_2、b_4、b_6、b_8、b_{10}为待定系数，则有$\varphi=0$，$B=0$；$\varphi=\dfrac{\pi}{2}$，$B=\dfrac{\pi}{2}$。

由式（3.5.3）可知，$B'(\varphi)$、$B''(\varphi)$、$B'''(\varphi)\cdots$分母中均含有$\cos\varphi$，在$\varphi=\dfrac{\pi}{2}$处奇异，

因此$\varphi=\dfrac{\pi}{2}$不能选为插值点。

在$\varphi=0$处借助计算机代数系统展开式（3.5.3），可得

$$B'(0)=1+e^2+e^4+e^6+e^8+e^{10} \tag{3.5.10}$$

对$B'(\varphi)$求导可得$B''(\varphi)$，但$B''(0)=0$不能构成有效的插值条件，继续求导可得$B'''(\varphi)$，在计算机代数系统中可以求出

$$B'''(0)=-4e^2-11e^4-21e^6-34e^8-50e^{10} \tag{3.5.11}$$

另外选择$\varphi=\dfrac{\pi}{4}$作为一个插值点，在等角纬度正解展开式（3.4.1）中，令$\varphi=\dfrac{\pi}{4}$，略去迭代过程，可得

$$B\left(\frac{\pi}{4}\right)=\frac{\pi}{4}+\frac{1}{2}e^2+\frac{5}{24}e^4+\frac{1}{40}e^6-\frac{73}{2\,016}e^8-\frac{71}{2\,880}e^{10} \tag{3.5.12}$$

将式（3.5.12）代入$B'(\varphi)$、$B''(\varphi)$，在计算机代数系统中展开后得

$$B'\left(\frac{\pi}{4}\right)=1-\frac{7}{12}e^4-\frac{29}{60}e^6-\frac{233}{3\,360}e^8+\frac{1\,037}{5\,040}e^{10} \tag{3.5.13}$$

$$B''\left(\frac{\pi}{4}\right)=-2e^2-\frac{5}{6}e^4+\frac{53}{30}e^6+\frac{6\,197}{2\,520}e^8+\frac{3\,323}{5\,040}e^{10} \tag{3.5.14}$$

对式（3.5.9）两端求一阶、三阶导数，并联立导出的5个插值条件，得到下述确定5个未知待定系数的线性方程组：

$$\begin{pmatrix} 2 & 4 & 6 & 8 & 10 \\ 1 & 0 & -1 & 0 & 1 \\ 0 & -4 & 0 & 8 & 0 \\ -4 & 0 & 36 & 0 & -100 \\ -8 & -64 & -216 & -512 & -1000 \end{pmatrix}\begin{pmatrix} b_2 \\ b_4 \\ b_6 \\ b_8 \\ b_{10} \end{pmatrix}=\begin{pmatrix} B'(0)-1 \\ B\left(\frac{\pi}{4}\right)-\frac{\pi}{4} \\ B'\left(\frac{\pi}{4}\right)-1 \\ B''\left(\frac{\pi}{4}\right) \\ B'''(0) \end{pmatrix} \tag{3.5.15}$$

上述线性方程组的解为

$$\begin{pmatrix} b_2 \\ b_4 \\ b_6 \\ b_8 \\ b_{10} \end{pmatrix}=\begin{pmatrix} 2 & 4 & 6 & 8 & 10 \\ 1 & 0 & -1 & 0 & 1 \\ 0 & -4 & 0 & 8 & 0 \\ -4 & 0 & 36 & 0 & -100 \\ -8 & -64 & -216 & -512 & -1000 \end{pmatrix}^{-1}\begin{pmatrix} B'(0)-1 \\ B\left(\frac{\pi}{4}\right)-\frac{\pi}{4} \\ B'\left(\frac{\pi}{4}\right)-1 \\ B''\left(\frac{\pi}{4}\right) \\ B'''(0) \end{pmatrix} \tag{3.5.16}$$

式（3.5.16）可在计算机代数系统中展开为椭球偏心率e的幂级数形式：

$$
\begin{cases}
b_2 = \dfrac{1}{2}e^2 + \dfrac{5}{24}e^4 + \dfrac{1}{12}e^6 + \dfrac{13}{360}e^8 + \dfrac{3}{160}e^{10} \\
b_4 = \dfrac{7}{48}e^4 + \dfrac{29}{240}e^6 + \dfrac{811}{11\,520}e^8 + \dfrac{81}{2\,240}e^{10} \\
b_6 = \dfrac{7}{120}e^6 + \dfrac{81}{1120}e^8 + \dfrac{3\,029}{53\,760}e^{10} \\
b_8 = \dfrac{4\,279}{161\,280}e^8 + \dfrac{883}{20\,160}e^{10} \\
b_{10} = \dfrac{2\,087}{161\,280}e^{10}
\end{cases}
\tag{3.5.17}
$$

式（3.5.9）和式（3.5.17）即采用 Hermite 插值法导出的等角纬度反解展开式，其系数和采用幂级数展开法确定的系数式（3.5.8）完全一致。

3.5.3 基于 Lagrange 级数法的等角纬度反解展开式

令 $\theta = \varphi$，将等角纬度正解系数代入本书导出的反解系数表达式，反解系数仍用 b_2、b_4、b_6、b_8、b_{10} 表示，则采用 Lagrange 级数法导出的等角纬度反解展开式为

$$
B = \varphi + b_2 \sin 2\varphi + b_4 \sin 4\varphi + b_6 \sin 6\varphi + b_8 \sin 8\varphi + b_{10} \sin 10\varphi \tag{3.5.18}
$$

式中系数可同样展开为椭球偏心率 e 的幂级数形式：

$$
\begin{cases}
b_2 = \dfrac{1}{2}e^2 + \dfrac{5}{24}e^4 + \dfrac{1}{12}e^6 + \dfrac{13}{360}e^8 + \dfrac{3}{160}e^{10} \\
b_4 = \dfrac{7}{48}e^4 + \dfrac{29}{240}e^6 + \dfrac{811}{11\,520}e^8 + \dfrac{81}{2\,240}e^{10} \\
b_6 = \dfrac{7}{120}e^6 + \dfrac{81}{1120}e^8 + \dfrac{3\,029}{53\,760}e^{10} \\
b_8 = \dfrac{4\,279}{161\,280}e^8 + \dfrac{883}{20\,160}e^{10} \\
b_{10} = \dfrac{2\,087}{161\,280}e^{10}
\end{cases}
\tag{3.5.19}
$$

上式和采用幂级数展开法确定的系数式（3.5.8）完全一致。

3.6 等量纬度反解展开式

由式（2.5.3），可得

$$
\varphi = \arcsin(\tanh q) \tag{3.6.1}
$$

联立式（3.6.1）和式（3.5.18），可得等量纬度反解展开式为

$$
\begin{cases}
\varphi = \arcsin(\tanh q) \\
B = \varphi + b_2 \sin 2\varphi + b_4 \sin 4\varphi + b_6 \sin 6\varphi + b_8 \sin 8\varphi + b_{10} \sin 10\varphi
\end{cases}
\tag{3.6.2}
$$

3.7 符号迭代法解算常用纬度反解展开式

迭代法是一种不断用变量的旧解以递推新解的过程，符号迭代法的基本思想与迭代法相似，而与以往数值迭代法相比，符号迭代法解算结果为函数的数学解析解，形式为符号表达式，而非数值形式。在以往解算反问题时，由于利用符号迭代法进行手工推算非常烦琐，符合迭代法很少被采纳。由于函数形式较为复杂，采用幂级数法、Hermite插值法、Lagrange级数法等解决常用纬度反解问题相当烦琐，如需对复杂表达式求高阶导数，且若要理解整个推导过程，需具备较深的理论基础。而迭代法因其易于理解，且便于实现对精度的控制，被广泛用于求解复杂问题的数值解。与以往数值迭代法不同，符号迭代法的解算结果为符号表达式，而非数值解，便于进行理论分析，因此具有更重要的理论价值。

等距离纬度、等角纬度及等面积纬度是地图投影中常用的三种纬度，它们关于大地纬度的函数形式复杂，可基于它们关于大地纬度的正解展开式，采用符号迭代法来推导出这几种纬度的反解展开式（以等距离纬度为例）：

$$\psi = B + \alpha_2 \sin 2B + \alpha_4 \sin 4B + \alpha_6 \sin 6B + \alpha_8 \sin 8B + \alpha_{10} \sin 10B \tag{3.7.1}$$

式中：ψ 为等距离纬度；B 为大地纬度；e 为椭球第一偏心率。

式（3.7.1）中系数为

$$\begin{cases} \alpha_2 = -\dfrac{3}{8}e^2 - \dfrac{3}{16}e^4 - \dfrac{111}{1\,024}e^6 - \dfrac{141}{2\,048}e^8 - \dfrac{1\,533}{32\,768}e^{10} \\ \alpha_4 = \dfrac{15}{256}e^4 + \dfrac{15}{256}e^6 + \dfrac{405}{8\,192}e^8 + \dfrac{165}{4\,096}e^{10} \\ \alpha_6 = -\dfrac{35}{3\,072}e^6 - \dfrac{35}{2\,048}e^8 - \dfrac{4\,935}{262\,144}e^{10} \\ \alpha_8 = \dfrac{315}{131\,072}e^8 + \dfrac{315}{65\,536}e^{10} \\ \alpha_{10} = -\dfrac{693}{1\,310\,720}e^{10} \end{cases} \tag{3.7.2}$$

将式（3.7.1）作如下变形，可得迭代关系式：

$$B = \psi - (\alpha_2 \sin 2B + \alpha_4 \sin 4B + \alpha_6 \sin 6B + \alpha_8 \sin 8B + \alpha_{10} \sin 10B) \tag{3.7.3}$$

由于大地纬度与等距离纬度相差微小，可取初值 $B_0 = \psi$ 代入式（3.7.3），进行第一次迭代，有

$$B_1 = \psi - (\alpha_2 \sin 2\psi + \alpha_4 \sin 4\psi + \alpha_6 \sin 6\psi + \alpha_8 \sin 8\psi + \alpha_{10} \sin 10\psi) \tag{3.7.4}$$

将 B_1 代入关系式（3.7.3）继续进行迭代，并将迭代结果展开成偏心率 e 的幂级数形式，并按照正弦函数的倍角形式对其进行整理，可得第二次迭代结果：

$$B_2 = \psi + a_2 \sin 2\psi + a_4 \sin 4\psi + a_6 \sin 6\psi + a_8 \sin 8\psi + a_{10} \sin 10\psi \tag{3.7.5}$$

式中系数为

$$
\begin{cases}
a_2 = \dfrac{3}{8}e^2 + \dfrac{3}{16}e^4 + \dfrac{105}{2\,048}e^6 - \dfrac{69}{4\,096}e^8 - \dfrac{30\,235}{504\,288}e^{10} \\
a_4 = \dfrac{21}{256}e^4 + \dfrac{21}{256}e^6 + \dfrac{415}{4\,096}e^8 + \dfrac{247}{2\,048}e^{10} \\
a_6 = -\dfrac{173}{6144}e^6 - \dfrac{173}{4\,096}e^8 - \dfrac{3\,573}{65\,536}e^{10} \\
a_8 = -\dfrac{17}{131\,072}e^8 + \dfrac{17}{65\,536}e^{10} \\
a_{10} = \dfrac{5\,071}{2\,621\,440}e^{10}
\end{cases}
\tag{3.7.6}
$$

将 B_2 代入式（3.7.3）继续进行迭代，以此类推至第 6 次迭代时，可以发现第 6 次迭代结果与第 5 次迭代结果中，两式中的各项系数完全相同，故迭代终止。第 6 次结果即为所求的反解展开式：

$$
B = \psi + a_2 \sin 2\psi + a_4 \sin 4\psi + a_6 \sin 6\psi + a_8 \sin 8\psi + a_{10} \sin 10\psi \tag{3.7.7}
$$

式中系数为

$$
\begin{cases}
a_2 = \dfrac{3}{8}e^2 + \dfrac{3}{16}e^4 + \dfrac{213}{2\,048}e^6 + \dfrac{255}{4\,096}e^8 + \dfrac{20\,861}{504\,288}e^{10} \\
a_4 = \dfrac{21}{256}e^4 + \dfrac{21}{256}e^6 + \dfrac{533}{8\,192}e^8 + \dfrac{197}{4\,096}e^{10} \\
a_6 = \dfrac{151}{6144}e^6 + \dfrac{151}{4\,096}e^8 + \dfrac{5\,019}{131\,072}e^{10} \\
a_8 = \dfrac{1\,097}{131\,072}e^8 + \dfrac{1\,097}{65\,536}e^{10} \\
a_{10} = \dfrac{8\,011}{2\,621\,440}e^{10}
\end{cases}
\tag{3.7.8}
$$

同样地，借助符号迭代法可以推导出等角纬度的反解展开式：

$$
B = \varphi + b_2 \sin 2\varphi + b_4 \sin 4\varphi + b_6 \sin 6\varphi + b_8 \sin 8\varphi + b_{10} \sin 10\varphi \tag{3.7.9}
$$

式中系数为

$$
\begin{cases}
b_2 = \dfrac{1}{2}e^2 + \dfrac{5}{24}e^4 + \dfrac{1}{12}e^6 + \dfrac{13}{360}e^8 + \dfrac{3}{160}e^{10} \\
b_4 = \dfrac{7}{48}e^4 + \dfrac{29}{240}e^6 + \dfrac{811}{11\,520}e^8 + \dfrac{81}{2\,240}e^{10} \\
b_6 = \dfrac{7}{120}e^6 + \dfrac{81}{1\,120}e^8 + \dfrac{3\,029}{53\,760}e^{10} \\
b_8 = \dfrac{4\,279}{161\,280}e^8 + \dfrac{883}{20\,160}e^{10} \\
b_{10} = \dfrac{2\,087}{161\,280}e^{10}
\end{cases}
\tag{3.7.10}
$$

此外，等面积纬度的反解展开式为

$$
B = \vartheta + c_2 \sin 2\vartheta + c_4 \sin 4\vartheta + c_6 \sin 6\vartheta + c_8 \sin 8\vartheta + c_{10} \sin 10\vartheta \tag{3.7.11}
$$

$$
\begin{cases}
c_2 = \dfrac{1}{3}e^2 + \dfrac{31}{180}e^4 + \dfrac{517}{5\,040}e^6 + \dfrac{120\,389}{181\,400}e^8 + \dfrac{1\,362\,253}{29\,937\,600}e^{10} \\
c_4 = \dfrac{23}{360}e^4 + \dfrac{251}{3\,780}e^6 + \dfrac{102\,287}{1\,814\,400}e^8 + \dfrac{450\,739}{997\,920}e^{10} \\
c_6 = \dfrac{761}{45\,360}e^6 + \dfrac{47\,561}{1\,814\,400}e^8 + \dfrac{434\,501}{14\,968\,800}e^{10} \\
c_8 = \dfrac{6\,059}{1\,209\,600}e^8 + \dfrac{625\,511}{59\,875\,200}e^{10} \\
c_{10} = \dfrac{48\,017}{29\,937\,600}e^{10}
\end{cases}
\tag{3.7.12}
$$

以上结果和采用幂级数法、Hermite 插值法、Lagarange 级数法推算的结果完全一致。

3.8 等距离纬度、等面积纬度和等角纬度实用反解展开式

3.3 节～3.7 节采用幂级数展开法、Hermite 插值法、Lagrange 级数法和符号迭代法，推导出了等距离纬度、等角纬度和等面积纬度的反解展开式，4 种方法导出的反解展开式形式一致，展开式系数完全相同，这也从不同的角度相互验证了 4 种方法推导的正确性。为便于使用和记忆，本书引入新变量 $\varepsilon = \dfrac{e}{2}$，对反解展开式的系数作进一步的简化。

引入新变量后，等距离纬度反解展开式的系数可以简化为

$$
\begin{cases}
a_2 = \dfrac{3}{2}\varepsilon^2 + 3\varepsilon^4 + \dfrac{213}{32}\varepsilon^6 + \dfrac{255}{16}\varepsilon^8 + \dfrac{20\,861}{512}\varepsilon^{10} \\
a_4 = \dfrac{21}{16}\varepsilon^4 + \dfrac{21}{4}\varepsilon^6 + \dfrac{533}{32}\varepsilon^8 + \dfrac{197}{4}\varepsilon^{10} \\
a_6 = \dfrac{151}{96}\varepsilon^6 + \dfrac{151}{16}\varepsilon^8 + \dfrac{5\,019}{128}\varepsilon^{10} \\
a_8 = \dfrac{1\,097}{512}\varepsilon^8 + \dfrac{1\,097}{64}\varepsilon^{10} \\
a_{10} = \dfrac{8\,011}{2\,560}\varepsilon^{10}
\end{cases}
\tag{3.8.1}
$$

引入新变量后，等角纬度反解展开式的系数可以简化为

$$
\begin{cases}
b_2 = 2\varepsilon^2 + \dfrac{10}{3}\varepsilon^4 + \dfrac{16}{3}\varepsilon^6 + \dfrac{416}{45}\varepsilon^8 + \dfrac{96}{5}\varepsilon^{10} \\
b_4 = \dfrac{7}{3}\varepsilon^4 + \dfrac{116}{15}\varepsilon^6 + \dfrac{811}{45}\varepsilon^8 + \dfrac{1\,296}{35}\varepsilon^{10} \\
b_6 = \dfrac{56}{15}\varepsilon^6 + \dfrac{648}{35}\varepsilon^8 + \dfrac{1\,296}{35}\varepsilon^{10} \\
b_8 = \dfrac{4\,279}{630}\varepsilon^8 + \dfrac{14\,128}{315}\varepsilon^{10} \\
b_{10} = \dfrac{4\,174}{315}\varepsilon^{10}
\end{cases}
\tag{3.8.2}
$$

引入新变量后，等面积纬度反解展开式的系数可以简化为

$$\begin{cases} c_2 = \dfrac{4}{3}\varepsilon^2 + \dfrac{124}{45}\varepsilon^4 + \dfrac{2\,068}{315}\varepsilon^6 + \dfrac{240\,778}{14\,175}\varepsilon^8 + \dfrac{21\,796\,048}{467\,775}\varepsilon^{10} \\ c_4 = \dfrac{46}{45}\varepsilon^4 + \dfrac{4\,016}{945}\varepsilon^6 + \dfrac{204\,574}{14\,175}\varepsilon^8 + \dfrac{7\,211\,824}{155\,925}\varepsilon^{10} \\ c_6 = \dfrac{3\,044}{2\,835}\varepsilon^6 + \dfrac{95\,122}{14\,175}\varepsilon^8 + \dfrac{13\,904\,032}{467\,775}\varepsilon^{10} \\ c_8 = \dfrac{6\,059}{4\,725}\varepsilon^8 + \dfrac{5\,004\,088}{467\,775}\varepsilon^{10} \\ c_{10} = \dfrac{768\,272}{467\,775}\varepsilon^{10} \end{cases} \tag{3.8.3}$$

将我国常用大地坐标系采用的椭球参数代入式（3.8.1）～式（3.8.3），可得等距离纬度、等角纬度和等面积纬度正解展开式的系数值，如表 3.2～表 3.4 所示。

表 3.2　不同椭球下等距离纬度反解展开式的系数值

椭球	a_2	a_4	a_6	a_8	a_{10}
克拉索夫斯基椭球	$2.518\,464\,777\,528\times10^{-3}$	$3.699\,885\,893\times10^{-6}$	$7.444\,558\times10^{-9}$	$1.702\,4\times10^{-11}$	4.1×10^{-14}
IUGG1975 椭球	$2.518\,828\,475\,584\times10^{-3}$	$3.700\,954\,590\times10^{-6}$	$7.447\,784\times10^{-9}$	$1.703\,4\times10^{-11}$	4.1×10^{-14}
WGS84 椭球	$2.518\,826\,584\,395\times10^{-3}$	$3.700\,949\,033\times10^{-6}$	$7.447\,767\times10^{-9}$	$1.703\,4\times10^{-11}$	4.1×10^{-14}
CGCS2000 椭球	$2.518\,826\,596\,763\times10^{-3}$	$3.700\,949\,069\times10^{-6}$	$7.447\,767\times10^{-9}$	$1.703\,4\times10^{-11}$	4.1×10^{-14}

表 3.3　不同椭球下等角纬度反解展开式的系数值

椭球	b_2	b_4	b_6	b_8	b_{10}
克拉索夫斯基椭球	$3.356\,069\,601\,760\times10^{-3}$	$6.569\,986\,445\times10^{-6}$	$1.763\,880\,2\times10^{-8}$	$5.384\,3\times10^{-11}$	1.74×10^{-13}
IUGG1975 椭球	$3.356\,553\,987\,884\times10^{-3}$	$6.571\,883\,060\times10^{-6}$	$1.764\,644\,0\times10^{-8}$	$5.387\,4\times10^{-11}$	1.74×10^{-13}
WGS84 椭球	$3.356\,551\,469\,131\times10^{-3}$	$6.571\,873\,197\times10^{-6}$	$1.764\,640\,0\times10^{-8}$	$5.387\,4\times10^{-11}$	1.74×10^{-13}
CGCS2000 椭球	$3.356\,551\,485\,603\times10^{-3}$	$6.571\,873\,261\times10^{-6}$	$1.764\,640\,1\times10^{-8}$	$5.387\,4\times10^{-11}$	1.74×10^{-13}

表 3.4　不同椭球下等面积纬度反解展开式的系数值

椭球	c_2	c_4	c_6	c_8	c_{10}
克拉索夫斯基椭球	$2.238\,887\,317\,649\times10^{-3}$	$2.882\,369\,460\times10^{-6}$	$5.084\,026\times10^{-9}$	$1.019\,5\times10^{-11}$	2.2×10^{-14}
IUGG1975椭球	$2.239\,210\,677\,787\times10^{-3}$	$2.883\,202\,132\times10^{-6}$	$5.086\,230\times10^{-9}$	$1.020\,1\times10^{-11}$	2.2×10^{-14}
WGS84椭球	$2.239\,208\,996\,351\times10^{-3}$	$2.883\,197\,802\times10^{-6}$	$5.086\,218\times10^{-9}$	$1.020\,1\times10^{-11}$	2.2×10^{-14}
CGCS2000椭球	$2.239\,209\,007\,347\times10^{-3}$	$2.883\,197\,830\times10^{-6}$	$5.086\,218\times10^{-9}$	$1.020\,1\times10^{-11}$	2.2×10^{-14}

3.9　反解展开式精度分析

3.9.1　地心纬度和归化纬度反解展开式精度分析

为说明导出的地心纬度和归化纬度正解展开式的准确性与可靠性，同时为了与传统公式进行精度对比，本书选用 CGCS2000 椭球参数，对式（3.1.1）和式（3.1.3）、式（3.2.1）和式（3.2.3）进行精度分析。分析的基本思路：先取定大地纬度B_0，代入式（2.1.2）、式（2.2.2）可得地心纬度、归化纬度的理论值ϕ_0、u_0，然后将ϕ_0分别代入式（3.1.1）、式（3.1.4），可得大地纬度的计算值B_1、B_2，将B_1、B_2分别与B_0相减，可得地心纬度反解展开式计算误差ΔB_{ϕ_1}、ΔB_{ϕ_2}，同理可得归化纬度反解展开式计算误差ΔB_{u_1}、ΔB_{u_2}，结果如表 3.5 所示。

表 3.5　地心纬度和归化纬度反解展开式的误差

纬度 B_0/（°）	ΔB_{ϕ_1} /（″）	ΔB_{ϕ_2} /（″）	ΔB_{u_1} /（″）	ΔB_{u_2} /（″）
10	-6.5×10^{-6}	-2.4×10^{-9}	-4.0×10^{-7}	-6.5×10^{-10}
20	-2.3×10^{-6}	-1.9×10^{-9}	-1.4×10^{-7}	-9.2×10^{-10}
30	5.6×10^{-6}	0.0	3.5×10^{-7}	-7.8×10^{-10}
40	4.3×10^{-6}	5.5×10^{-10}	2.7×10^{-7}	-5.7×10^{-10}
50	-4.1×10^{-6}	2.1×10^{-10}	-2.6×10^{-7}	-3.7×10^{-10}
60	-5.7×10^{-6}	4.6×10^{-11}	-3.6×10^{-7}	-2.3×10^{-10}
70	2.1×10^{-6}	0.0	1.4×10^{-7}	-1.4×10^{-10}
80	6.5×10^{-6}	4.6×10^{-11}	4.0×10^{-7}	-9.2×10^{-11}
89	9.2×10^{-7}	0.0	5.7×10^{-8}	0.0

由表 3.5 可以看出，地心纬度的传统反解展开式（3.1.1）的精度优于10^{-5}″，归化纬度的传统反解计算公式(3.2.1)的精度优于10^{-6}″，本书导出的地心纬度反解展开式(3.1.3)的精度优于10^{-8}″，归化纬度正解展开式（3.2.3）的精度优于10^{-9}″。可见，本书导出的地心纬度和归化纬度反解展开式的精度比传统公式的精度高 3 个数量级，可以满足精密计算的需求。

3.9.2 等距离纬度、等面积纬度和等角纬度反解展开式精度分析

为说明导出的等距离纬度、等角纬度和等面积纬度反解展开式的准确性与可靠性，同时为了与杨启和（1989）给出的反解展开式进行精度对比，本书选用 CGCS2000 椭球参数，进行精度分析。分析的基本思路：先取定大地纬度 B_0，代入式（1.5.1）[式中的 X 由式（1.4.1）表示]、式（1.6.8）和式（1.7.2）可以得到等距离纬度、等面积纬度、等角纬度的理论值 ψ_0、ϑ_0、φ_0，将 ψ_0、ϑ_0、φ_0 分别代入杨启和（1989）导出的等距离纬度、等面积纬度和等角纬度反解展开式，可得大地纬度反解值 B_1、B_2、B_3，与理论值 B_0 相减后可得反解展开式的计算误差 ΔB_1、ΔB_2、ΔB_3，类似做法可确定本书导出的反解展开式的计算误差 $\Delta B_1'$、$\Delta B_2'$、$\Delta B_3'$，如表 3.6 所示。

表 3.6　等距离纬度、等角纬度和等面积纬度反解展开式的计算误差

纬度 B_0/（°）	ΔB_1/（″）	$\Delta B_1'$/（″）	ΔB_2/（″）	$\Delta B_2'$/（″）	ΔB_3/（″）	$\Delta B_3'$/（″）
10	1.2×10^{-7}	4.5×10^{-10}	3.4×10^{-5}	-2.3×10^{-9}	-2.5×10^{-5}	-1.4×10^{-9}
20	-3.2×10^{-7}	2.7×10^{-9}	3.5×10^{-5}	-1.0×10^{-9}	-4.7×10^{-5}	-1.6×10^{-9}
30	-1.1×10^{-6}	5.9×10^{-9}	6.7×10^{-6}	6.3×10^{-10}	-6.4×10^{-5}	-8.0×10^{-10}
40	-1.6×10^{-6}	8.6×10^{-9}	-2.1×10^{-5}	4.1×10^{-10}	-7.2×10^{-5}	-3.8×10^{-10}
50	-1.7×10^{-6}	1.1×10^{-8}	-2.9×10^{-5}	-2.8×10^{-10}	-7.1×10^{-5}	-3.6×10^{-10}
60	-1.8×10^{-6}	1.3×10^{-8}	-2.3×10^{-5}	-5.1×10^{-11}	-6.1×10^{-5}	-4.6×10^{-10}
70	-1.9×10^{-6}	1.5×10^{-8}	-1.8×10^{-5}	-1.0×10^{-10}	-4.3×10^{-5}	-8.2×10^{-10}
80	-1.4×10^{-6}	1.7×10^{-8}	-1.1×10^{-5}	-5.1×10^{-11}	-2.2×10^{-5}	-8.2×10^{-10}
89	-1.4×10^{-7}	1.9×10^{-8}	-1.2×10^{-6}	1.0×10^{-10}	-2.2×10^{-6}	-3.7×10^{-9}

由表 3.6 可以看出，杨启和（1989）给出的等距离纬度反解展开式的精度优于10^{-5}″，而本书导出的展开式的精度优于10^{-7}″，精度提高 2 个数量级；杨启和（1989）给出的等角纬度和等面积纬度反解展开式的精度均优于10^{-4}″，本书导出的展开式的精度均优于10^{-8}″，精度提高 4 个数量级。可见，本书导出的反解展开式比杨启和（1989）手工推导的公式的精度高得多，并且本书将反解展开式的系数统一表示为椭球偏心率的幂级数形式，而杨启和（1989）中反解公式的系数为正解公式系数的多项式形式，不仅形式非常复杂，不便于应用，而且高阶项部分存在偏差，影响了计算精度。

第4章　以地心纬度为变量的常用纬度正解展开式

在大地测量及地图投影的相关理论中，归化纬度u、等距离纬度ψ、等面积纬度ϑ、等角纬度φ和等量纬度q一般以大地纬度B为自变量进行表达和运算。然而，在地图投影、空间大地测量和地球物理等领域的相关理论中，地心纬度也是常用辅助变量之一。例如，在椭球面日晷投影中，从椭球面上投影到球面上是基于地心纬度进行分析；在空间大地测量的理论问题尤其是几何问题中，以地心纬度为自变量可以使问题得到简化；在卫星轨道确定、卫星测高等问题中，地心纬度也有着重要的作用。

虽然国内外许多学者对地心纬度进行了许多研究，但对于地图投影中以地心纬度为变量的常用纬度变换问题，相关研究十分匮乏。事实上，在地图投影中常常会直接用到地心纬度进行计算。有鉴于此，本章借助 Mathematica 计算机代数系统，推导以地心纬度为变量的常用纬度的正解展开式，并设计算例分析展开式的精度。

4.1　归化纬度正解展开式

由 1.3 节中式（1.3.8）可知

$$u=\arctan\left(\frac{\tan\phi}{\sqrt{1-e^2}}\right) \tag{4.1.1}$$

地心纬度和归化纬度之间的差别微小，实际计算中，经常用到它们之间的展开式。为提高精度，本书借助计算机代数系统将倍角项展至 10 倍。

式（4.1.1）可展开为e的幂级数形式：

$$u(\phi)=u\big|_{e=0}+\left.\frac{\partial u}{\partial e}\right|_{e=0}e+\frac{1}{2!}\left.\frac{\partial^2 u}{\partial e^2}\right|_{e=0}e^2+\frac{1}{3!}\left.\frac{\partial^3 u}{\partial e^3}\right|_{e=0}e^3+\cdots+\frac{1}{10!}\left.\frac{\partial^{10} u}{\partial e^{10}}\right|_{e=0}e^{10}+\cdots \tag{4.1.2}$$

上述过程人工推导费时费力，且容易出错，可以借助计算机代数系统完成，取至e^{10}项，整理后可得

$$u(\phi)=\phi+m_2\sin 2\phi+m_4\sin 4\phi+m_6\sin 6\phi+m_8\sin 8\phi+m_{10}\sin 10\phi \tag{4.1.3}$$

式中系数为

$$
\begin{cases}
m_2 = \dfrac{1}{4}e^2 + \dfrac{1}{8}e^4 + \dfrac{5}{64}e^6 + \dfrac{7}{128}e^8 + \dfrac{21}{512}e^{10} \\
m_4 = \dfrac{1}{32}e^4 + \dfrac{1}{32}e^6 + \dfrac{7}{256}e^8 + \dfrac{3}{128}e^{10} \\
m_6 = \dfrac{1}{192}e^6 + \dfrac{1}{128}e^8 + \dfrac{9}{1\,024}e^{10} \\
m_8 = \dfrac{1}{1\,024}e^8 + \dfrac{1}{512}e^{10} \\
m_{10} = \dfrac{1}{5\,120}e^{10}
\end{cases} \tag{4.1.4}
$$

4.2 等距离纬度正解展开式

式（1.2.1）可用地心纬度ϕ和地心向径ρ表示为

$$
\begin{cases}
x = \rho\cos\phi \\
y = \rho\sin\phi
\end{cases} \tag{4.2.1}
$$

将式（4.2.1）左右两边平方代入式（4.2.1），可得

$$
\rho = \frac{ab}{\sqrt{a^2\sin^2\phi + b^2\cos^2\phi}} \tag{4.2.2}
$$

设椭球第一偏心率为e，并记$M(\phi) = \sqrt{\rho^2(\phi) + \rho'^2(\phi)}$，结合极坐标中弧长微分公式得

$$
\mathrm{d}X = \sqrt{\rho^2(\phi) + \rho'^2(\phi)}\mathrm{d}\phi = M(\phi)\mathrm{d}\phi \tag{4.2.3}
$$

则以地心纬度为变量的$M(\phi)$和纬线圈半径r分别为

$$
M(\phi) = a\sqrt{1-e^2}\sqrt{\frac{1-(2-e^2)e^2\cos^2\phi}{(1-e^2\cos^2\phi)^3}} \tag{4.2.4}
$$

$$
r = \frac{a\cos\phi\sqrt{1-e^2}}{\sqrt{1-e^2\cos^2\phi}} \tag{4.2.5}
$$

根据地图投影理论，椭球面上由赤道至地心纬度ϕ处的子午线弧长X为

$$
\begin{aligned}
X &= \int_0^{\phi} M(\phi)\mathrm{d}\phi \\
&= a\sqrt{1-e^2}\int_0^{\phi}\sqrt{\frac{1-(2-e^2)\ e^2\cos^2\phi}{(1-e^2\cos^2\phi)^3}}\mathrm{d}\phi
\end{aligned} \tag{4.2.6}
$$

设一幅角为ψ、半径为$R = a(1-e^2)k_0$的圆弧与子午线弧长在数值上等同，则有

$$
\psi = \frac{X}{R} = \frac{X}{a(1-e^2)k_0} \tag{4.2.7}
$$

式中：$k_0 = 1 + \frac{3}{4}e^2 + \frac{45}{64}e^4 + \frac{175}{256}e^6 + \frac{11\,025}{16\,384}e^8 + \frac{43\,659}{65\,536}e^{10}$；$\psi$为等距离纬度。

式（4.2.7）可展开为e的幂级数形式：

$$\psi(\phi)=\psi|_{e=0}+\left.\frac{\partial\psi}{\partial e}\right|_{e=0}e+\frac{1}{2!}\left.\frac{\partial^2\psi}{\partial e^2}\right|_{e=0}e^2+\frac{1}{3!}\left.\frac{\partial^3\psi}{\partial e^3}\right|_{e=0}e^3+\cdots+\frac{1}{10!}\left.\frac{\partial^{10}\psi}{\partial e^{10}}\right|_{e=0}e^{10}+\cdots \tag{4.2.8}$$

借助计算机代数系统，略去推导过程，得到以地心纬度为变量的等距离纬度ψ正解表达式，并在$e=0$处将其展开为e的幂级数形式，取到e^{10}项，整理后得

$$\psi(\phi)=\phi+a_2\sin 2\phi+a_4\sin 4\phi+a_6\sin 6\phi+a_8\sin 8\phi+a_{10}\sin 10\phi \tag{4.2.9}$$

式中系数为

$$\begin{cases} a_2=\dfrac{1}{8}e^2+\dfrac{1}{16}e^4+\dfrac{53}{1\,024}e^6+\dfrac{95}{2\,048}e^8+\dfrac{1\,359}{32\,768}e^{10} \\ a_4=-\dfrac{1}{256}e^4-\dfrac{1}{256}e^6+\dfrac{5}{8\,192}e^8+\dfrac{21}{4\,096}e^{10} \\ a_6=-\dfrac{5}{1\,024}e^6-\dfrac{15}{2\,048}e^8-\dfrac{1\,811}{262\,144}e^{10} \\ a_8=-\dfrac{261}{131\,072}e^8-\dfrac{261}{65\,536}e^{10} \\ a_{10}=-\dfrac{921}{1\,310\,720}e^{10} \end{cases} \tag{4.2.10}$$

4.3　等面积纬度正解展开式

根据地图投影理论，在椭球面上，由赤道到地心纬度ϕ及单位经差所围成的曲边梯形的面积即为等面积纬度函数，一般用$F(\phi)$表示，公式为

$$F(\phi)=\int_0^{\phi}M(\phi)r\mathrm{d}\phi=a^2(1-e^2)\int_0^{\phi}\frac{\cos\phi\sqrt{1-(2-e^2)e^2\cos^2\phi}}{(1-e^2\cos^2\phi)^2}\mathrm{d}\phi \tag{4.3.1}$$

设半径平方为R^2，由赤道至纬度ϑ及单位经差所围曲边梯形面积与$F(\phi)$相等，故由球面积分公式得

$$\sin\vartheta=\frac{F(\phi)}{R^2}=\frac{F(\phi)}{a^2(1-e^2)A} \tag{4.3.2}$$

式中：$A=1+\dfrac{2}{3}e^2+\dfrac{3}{5}e^4+\dfrac{4}{7}e^6+\dfrac{5}{9}e^8+\dfrac{6}{11}e^{10}$；$\vartheta$为等面积纬度。

式（4.3.3）可展开为e的幂级数形式：

$$\vartheta(\phi)=\vartheta|_{e=0}+\left.\frac{\partial\vartheta}{\partial e}\right|_{e=0}e+\frac{1}{2!}\left.\frac{\partial^2\vartheta}{\partial e^2}\right|_{e=0}e^2+\frac{1}{3!}\left.\frac{\partial^3\vartheta}{\partial e^3}\right|_{e=0}e^3+\cdots+\frac{1}{10!}\left.\frac{\partial^{10}\vartheta}{\partial e^{10}}\right|_{e=0}e^{10}+\cdots \tag{4.3.3}$$

借助计算机代数系统，略去推导过程，得到以地心纬度为变量的等面积纬度正解展开式，并在$e=0$处进行展开，取至e^{10}项，整理得

$$\vartheta(\phi)=\phi+b_2\sin 2\phi+b_4\sin 4\phi+b_6\sin 6\phi+b_8\sin 8\phi+b_{10}\sin 10\phi \tag{4.3.4}$$

式中系数为

$$\begin{cases} b_2 = \dfrac{1}{6}e^2 + \dfrac{7}{90}e^4 + \dfrac{281}{5\,040}e^6 + \dfrac{27\,869}{604\,800}e^8 + \dfrac{593\,207}{14\,968\,800}e^{10} \\ b_4 = \dfrac{1}{180}e^4 + \dfrac{1}{252}e^6 + \dfrac{10\,669}{1\,814\,400}e^8 + \dfrac{507\,841}{59\,875\,200}e^{10} \\ b_6 = -\dfrac{131}{45\,360}e^6 - \dfrac{8\,669}{1\,814\,400}e^8 - \dfrac{537\,259}{119\,750\,400}e^{10} \\ b_8 = -\dfrac{5\,933}{3\,628\,800}e^8 - \dfrac{81\,229}{23\,950\,080}e^{10} \\ b_{10} = -\dfrac{80\,011}{119\,750\,400}e^{10} \end{cases} \tag{4.3.5}$$

4.4 等角纬度正解展开式

根据地图投影理论（杨启和，1989；Snyder，1987），结合式（4.2.4）、式（4.2.5），可得等量纬度 q 关于地心纬度 ϕ 的函数关系式为

$$q = \int_0^{\phi} \frac{M(\phi)}{r} \mathrm{d}\phi = \int_0^{\phi} \frac{\sqrt{1-(2-e^2)e^2\cos^2\phi}}{(1-e^2\cos^2\phi)\cos\phi} \mathrm{d}\phi \tag{4.4.1}$$

若将地球视为球体，则 $e=0$ ，ϕ 变为等角纬度 φ，即

$$\varphi = 2\arctan(\exp(q)) - \frac{\pi}{2} \tag{4.4.2}$$

式（4.4.2）可展开为 e 的幂级数形式：

$$\varphi(\phi) = \varphi\big|_{e=0} + \left.\frac{\partial\varphi}{\partial e}\right|_{e=0} e + \frac{1}{2!}\left.\frac{\partial^2\varphi}{\partial e^2}\right|_{e=0} e^2 + \frac{1}{3!}\left.\frac{\partial^3\varphi}{\partial e^3}\right|_{e=0} e^3 + \cdots + \frac{1}{10!}\left.\frac{\partial^{10}\varphi}{\partial e^{10}}\right|_{e=0} e^{10} + \cdots \tag{4.4.3}$$

借助计算机代数系统，略去推导过程，得到以地心纬度为变量的等角纬度 φ 正解表达式，并在 $e=0$ 处将其展开为 e 的幂级数形式，取到 e^{10} 项，整理得

$$\varphi(\phi) = \phi + c_2\sin 2\phi + c_4\sin 4\phi + c_6\sin 6\phi + c_8\sin 8\phi + c_{10}\sin 10\phi \tag{4.4.4}$$

式中系数为

$$\begin{cases} c_2 = \dfrac{1}{24}e^4 + \dfrac{5}{96}e^6 + \dfrac{59}{1152}e^8 + \dfrac{539}{11\,520}e^{10} \\ c_4 = -\dfrac{1}{48}e^4 - \dfrac{1}{60}e^6 - \dfrac{19}{2\,304}e^8 - \dfrac{7}{5\,760}e^{10} \\ c_6 = -\dfrac{1}{160}e^6 - \dfrac{25}{2\,688}e^8 - \dfrac{71}{7\,680}e^{10} \\ c_8 = -\dfrac{55}{32\,256}e^8 - \dfrac{41}{11\,520}e^{10} \\ c_{10} = -\dfrac{11}{23\,040}e^{10} \end{cases} \tag{4.4.5}$$

4.5 等量纬度正解展开式

根据式（4.4.1）、式（4.4.2）、式（4.4.3），借助计算机代数系统，略去推导过程，得到以地心纬度为变量的等量纬度φ正解展开式，并在$e=0$处进行展开，取至e^{10}项，整理得

$$\begin{cases} q = \operatorname{arctanh}(\sin(\varphi)) \\ \varphi(\phi) = \phi + c_2 \sin 2\phi + c_4 \sin 4\phi + c_6 \sin 6\phi + c_8 \sin 8\phi + c_{10} \sin 10\phi \end{cases} \tag{4.5.1}$$

式中系数为

$$\begin{cases} c_2 = \dfrac{1}{24}e^4 + \dfrac{5}{96}e^6 + \dfrac{59}{1152}e^8 + \dfrac{539}{11\,520}e^{10} \\ c_4 = -\dfrac{1}{48}e^4 - \dfrac{1}{60}e^6 - \dfrac{19}{2\,304}e^8 - \dfrac{7}{5\,760}e^{10} \\ c_6 = -\dfrac{1}{160}e^6 - \dfrac{25}{2\,688}e^8 - \dfrac{71}{7\,680}e^{10} \\ c_8 = -\dfrac{55}{32\,256}e^8 - \dfrac{41}{11\,520}e^{10} \\ c_{10} = -\dfrac{11}{23\,040}e^{10} \end{cases} \tag{4.5.2}$$

4.6 实用正解展开式

4.1 节～4.5 节分别将归化纬度、等距离纬度、等面积纬度和等角纬度正解展开式的系数表示成了椭球第一偏心率e的幂级数形式，但高阶项（如e^8或e^{10}）前的形式还是稍显复杂。为便于使用和记忆，本节引入新变量$\varepsilon = \dfrac{e}{2}$，对正解展开式的系数作进一步的简化。

引入新变量后，归化纬度正解展开式的系数可以简化为

$$\begin{cases} m_2 = \varepsilon^2 + 2\varepsilon^4 + 5\varepsilon^6 + 14\varepsilon^8 + 42\varepsilon^{10} \\ m_4 = \dfrac{1}{2}\varepsilon^4 + 2\varepsilon^6 + 7\varepsilon^8 + 24\varepsilon^{10} \\ m_6 = \dfrac{1}{3}\varepsilon^6 + 2\varepsilon^8 + 9\varepsilon^{10} \\ m_8 = \varepsilon + 2\varepsilon^{10} \\ m_{10} = \dfrac{1}{5}\varepsilon^{10} \end{cases} \tag{4.6.1}$$

引入新变量后，等距离纬度正解展开式的系数可以简化为

$$\begin{cases} a_2 = \dfrac{1}{2}\varepsilon^2 + \varepsilon^4 + \dfrac{53}{16}\varepsilon^6 + \dfrac{95}{8}\varepsilon^8 + \dfrac{1\,359}{32}\varepsilon^{10} \\ a_4 = -\dfrac{1}{16}\varepsilon^4 - \dfrac{1}{4}\varepsilon^6 + \dfrac{5}{32}\varepsilon^8 + \dfrac{21}{4}\varepsilon^{10} \\ a_6 = -\dfrac{5}{16}\varepsilon^6 - \dfrac{15}{8}\varepsilon^8 - \dfrac{1811}{256}\varepsilon^{10} \\ a_8 = -\dfrac{261}{512}\varepsilon^8 - \dfrac{261}{64}\varepsilon^{10} \\ a_{10} = -\dfrac{921}{1\,280}\varepsilon^{10} \end{cases} \tag{4.6.2}$$

引入新变量后，等面积纬度正解展开式的系数可以简化为

$$\begin{cases} b_2 = \dfrac{2}{3}\varepsilon^2 + \dfrac{56}{45}\varepsilon^4 + \dfrac{1124}{315}\varepsilon^6 + \dfrac{55\,738}{4\,725}\varepsilon^8 + \dfrac{18\,982\,624}{467\,775}\varepsilon^{10} \\ b_4 = \dfrac{4}{45}\varepsilon^4 + \dfrac{16}{63}\varepsilon^6 + \dfrac{21\,338}{14\,175}\varepsilon^8 + \dfrac{4\,062\,728}{467\,775}\varepsilon^{10} \\ b_6 = -\dfrac{524}{2\,835}\varepsilon^6 - \dfrac{17\,338}{14\,175}\varepsilon^8 - \dfrac{2\,149\,036}{467\,775}\varepsilon^{10} \\ b_8 = -\dfrac{5\,933}{14\,175}\varepsilon^8 - \dfrac{324\,916}{93\,555}\varepsilon^{10} \\ b_{10} = -\dfrac{320\,044}{467\,775}\varepsilon^{10} \end{cases} \tag{4.6.3}$$

引入新变量后，等角纬度正解展开式的系数可以简化为

$$\begin{cases} c_2 = \dfrac{2}{3}\varepsilon^4 + \dfrac{10}{3}\varepsilon^6 + \dfrac{118}{9}\varepsilon^8 + \dfrac{2156}{45}\varepsilon^{10} \\ c_4 = -\dfrac{1}{3}\varepsilon^4 - \dfrac{16}{15}\varepsilon^6 - \dfrac{19}{9}\varepsilon^8 - \dfrac{56}{45}\varepsilon^{10} \\ c_6 = -\dfrac{2}{5}\varepsilon^6 - \dfrac{50}{21}\varepsilon^8 - \dfrac{142}{15}\varepsilon^{10} \\ c_8 = -\dfrac{55}{126}\varepsilon^8 - \dfrac{164}{45}\varepsilon^{10} \\ c_{10} = -\dfrac{22}{45}\varepsilon^{10} \end{cases} \tag{4.6.4}$$

将我国常用大地坐标系采用的椭球参数代入式（4.6.1）～式（4.6.4），可得等距离纬度、等角纬度和等面积纬度正解展开式的系数值，如表 4.1～表 4.4 所示。

表 4.1　不同椭球下归化纬度正解展开式的系数值

椭球	m_2	m_4	m_6	m_8	m_{10}
克拉索夫斯基椭球	$1.678\ 979\ 180\ 655\times10^{-3}$	$1.409\ 485\ 543\times10^{-6}$	$1.577\ 664\times10^{-9}$	1.986×10^{-12}	3×10^{-15}
IUGG1975椭球	$1.679\ 221\ 647\ 179\times10^{-3}$	$1.409\ 892\ 668\times10^{-6}$	$1.578\ 347\times10^{-9}$	1.988×10^{-12}	3×10^{-15}
WGS84椭球	$1.679\ 220\ 386\ 381\times10^{-3}$	$1.409\ 890\ 552\times10^{-6}$	$1.578\ 344\times10^{-9}$	1.988×10^{-12}	3×10^{-15}
CGCS2000椭球	$1.679\ 220\ 394\ 626\times10^{-3}$	$1.409\ 890\ 565\times10^{-6}$	$1.578\ 344\times10^{-9}$	1.988×10^{-12}	3×10^{-15}

表 4.2　不同椭球下等距离纬度正解展开式的系数值

椭球	a_2	a_4	a_6	a_8	a_{10}
克拉索夫斯基椭球	$8.394\ 934\ 358\ 769\times10^{-3}$	$-1.761\ 774\ 989\times10^{-7}$	$-1.479\ 042\times10^{-9}$	-4.050×10^{-12}	-9×10^{-15}
IUGG1975椭球	$8.396\ 146\ 708\ 052\times10^{-3}$	$-1.762\ 283\ 849\times10^{-7}$	$-1.479\ 683\times10^{-9}$	-4.053×10^{-12}	-9×10^{-15}
WGS84椭球	$8.396\ 140\ 403\ 973\times10^{-3}$	$-1.762\ 281\ 206\times10^{-7}$	$-1.479\ 679\times10^{-9}$	-4.053×10^{-12}	-9×10^{-15}
CGCS2000椭球	$8.396\ 140\ 445\ 199\times10^{-3}$	$-1.762\ 281\ 220\times10^{-7}$	$-1.479\ 679\times10^{-9}$	-4.053×10^{-12}	-9×10^{-15}

表 4.3　不同椭球下等面积纬度正解展开式的系数值

椭球	b_2	b_4	b_6	b_8	b_{10}
克拉索夫斯基椭球	$1.119\ 071\ 674\ 584\times10^{-3}$	$2.501\ 013\ 143\times10^{-7}$	$8.757\ 002\times10^{-10}$	-3.327×10^{-12}	-9×10^{-15}
IUGG1975椭球	$1.119\ 233\ 247\ 767\times10^{-3}$	$2.501\ 734\ 878\times10^{-7}$	$-8.760\ 797\times10^{-10}$	-3.329×10^{-12}	-9×10^{-15}
WGS84椭球	$1.119\ 232\ 407\ 605\times10^{-3}$	$2.501\ 731\ 125\times10^{-7}$	$-8.760\ 778\times10^{-10}$	-3.329×10^{-12}	-9×10^{-15}
CGCS2000椭球	$1.119\ 232\ 413\ 099\times10^{-3}$	$2.501\ 731\ 150\times10^{-7}$	$-8.760\ 778\times10^{-10}$	-3.329×10^{-12}	-9×10^{-15}

表 4.4　不同椭球下等角纬度正解展开式的系数值

椭球	c_2	c_4	c_6	c_8	c_{10}
克拉索夫斯基椭球	$1.882\,467\,614\,743\times10^{-6}$	$-9.383\,873\,061\times10^{-7}$	$-1.893\,030\times10^{-9}$	-3.470×10^{-12}	-6×10^{-15}
IUGG1975椭球	$1.883\,011\,815\,114\times10^{-6}$	$-9.386\,581\,720\times10^{-7}$	$-1.893\,850\times10^{-9}$	-3.472×10^{-12}	-6×10^{-15}
WGS84椭球	$1.883\,008\,985\,130\times10^{-6}$	$-9.386\,567\,634\times10^{-7}$	$-1.893\,846\times10^{-9}$	-3.472×10^{-12}	-6×10^{-15}
CGCS2000椭球	$1.883\,009\,003\,636\times10^{-6}$	$-9.386\,567\,726\times10^{-7}$	$-1.893\,846\times10^{-9}$	-3.472×10^{-12}	-6×10^{-15}

4.7　正解展开式精度分析

为了说明导出的归化纬度u、等距离纬度ψ、等面积纬度ϑ和等角纬度φ正解展开式的准确性与可靠性，本书选用 CGCS2000 坐标系参考椭球常数$a=6\,378\,137\text{ m}$，$f=1/298.257\,222\,101$，对以地心纬度为变量的归化纬度u、等距离纬度ψ、等面积纬度ϑ和等角纬度φ进行正解精度分析，用以验证推导的公式。分析的基本思路：先取定大地纬度B_0，代入式（1.3.7）、式（1.3.9），得到归化纬度u_0和地心纬度ϕ_0的理论值，将B分别代入李厚朴等（2015）给出的大地纬度表示的等距离纬度、等面积纬度和等角纬度正解表达式，得到其理论值分别为ψ_0、ϑ和φ_0，再将ϕ_0代入式（4.1.3）、式（4.2.9）、式（4.3.4）和式（4.4.4），即可得到基于偏心率e的以地心纬度为变量的归化纬度u_1、等距离纬度ψ_1、等面积纬度ϑ_1和等角纬度φ_1，将纬度理论值与计算值相减，便可得到不同正解表达式的计算误差，记为Δu、$\Delta\psi$、$\Delta\vartheta$和$\Delta\varphi$，结果如表 4.5 所列。

表 4.5　归化纬度、等距离纬度、等面积纬度和等角纬度正解展开式的计算误差

纬度 B_0/（°）	Δu /（″）	$\Delta\psi$ /（″）	$\Delta\vartheta$ /（″）	$\Delta\varphi$ /（″）
10	6.39×10^{-10}	1.47×10^{-10}	2.17×10^{-10}	6.39×10^{-11}
20	9.08×10^{-10}	5.50×10^{-10}	6.52×10^{-10}	4.22×10^{-10}
30	7.80×10^{-10}	9.21×10^{-10}	9.59×10^{-10}	7.80×10^{-10}
40	5.63×10^{-10}	1.05×10^{-9}	1.10×10^{-9}	8.95×10^{-10}
50	3.07×10^{-10}	1.05×10^{-9}	1.10×10^{-9}	7.93×10^{-10}

续表

纬度 B_0/（°）	Δu /（″）	$\Delta\psi$ /（″）	$\Delta\vartheta$ /（″）	$\Delta\varphi$ /（″）
60	1.28×10^{-10}	1.28×10^{-9}	1.33×10^{-9}	9.72×10^{-10}
70	1.53×10^{-10}	1.59×10^{-9}	1.53×10^{-9}	1.64×10^{-9}
80	1.02×10^{-10}	1.18×10^{-9}	1.02×10^{-9}	1.48×10^{-9}
89	0	5.12×10^{-11}	0	1.53×10^{-10}

由表 4.5 可以看出，误差Δu、$\Delta\psi$、$\Delta\vartheta$和$\Delta\varphi$随大地纬度B的变化不是单调的，其变化范围分别为$0\sim9.08\times10^{-10}{''}$、$5.12\times10^{-11}{''}\sim1.59\times10^{-9}{''}$、$0\sim1.53\times10^{-9}{''}$、$6.39\times10^{-11}{''}\sim1.64\times10^{-9}{''}$。因此，本书导出的归化纬度$u$正解展开式的精度优于$10^{-9}{''}$、等距离纬度$\psi$正解展开式的精度优于$10^{-8}{''}$、等面积纬度$\vartheta$正解展开式的精度优于$10^{-8}{''}$和等角纬度$\varphi$正解展开式的精度优于$10^{-8}{''}$，完全可以满足测量和地图学的精度要求。

第5章　以地心纬度为变量的常用纬度反解展开式

从第4章可以看出，即使是由地心纬度ϕ推导计算归化纬度u、等距离纬度ψ、等面积纬度ϑ、等量纬度q和等角纬度φ的正解问题，推导过程也是相当复杂的；而在地图投影理论推导中，经常会遇到超越函数、反三角函数、隐函数等函数的反解问题。对于这一问题，国内外许多学者采用如符号迭代法、幂级数展开法、Hermite插值法、Lagrange级数法等方法推导了以大地纬度为变量的常用纬度反解展开式，而在地图投影、空间大地测量和地球物理等领域的相关理论中，地心纬度也是常用辅助变量之一。因此，有必要推导出一套以地心纬度为变量的符号化的常用纬度反解展开式。本章将分别利用符号迭代法、幂级数展开法、Hermite插值法和Lagrange级数法，借助Mathematica计算机代数系统推导这5种纬度的反解展开式，将展开式系数统一表示为椭球偏心率e的幂级数形式，且扩展至e^{10}。

5.1　基于符号迭代法的反解展开式

迭代法是一种不断用变量的旧值递推新值的过程，因为其过程较为简单，容易理解，且可以控制精度，所以被广泛应用于解算复杂问题的数值解。在以往解决反解的问题中，符号迭代法很少被采用，因为利用符号迭代法进行手工推算是非常烦琐的。而随着计算机代数系统的发展，人们在解决各类问题上越来越多地借助于计算机来实现。符号迭代法不同之处在于解算的结果为符号表达式，更加便于进行理论研究，所以具有更重要的理论意义。

5.1.1　基于符号迭代法的归化纬度反解展开式

对式（4.1.3）变形，可得迭代关系式：

$$\phi_{i+1} = u - m_2 \sin 2\phi_i - m_4 \sin 4\phi_i - m_6 \sin 6\phi_i - m_8 \sin 8\phi_i - m_{10} \sin 10\phi_i \qquad (5.1.1)$$

由于地心纬度ϕ和归化纬度u相差很小，取初值$\phi_0 = u$代入式（5.1.1），进行第1次迭代，得

$$\phi_1 = u - m_2 \sin 2u - m_4 \sin 4u - m_6 \sin 6u - m_8 \sin 8u - m_{10} \sin 10u \qquad (5.1.2)$$

将ϕ_1代入式（5.1.1）再次迭代，并将迭代结果进行偏心率e的幂级数展开，展开至e^{10}，可得第2次迭代结果ϕ_2，再次将ϕ_2代入式（5.1.1）进行迭代，依次类推，直至反解展开式中的各项系数完全相同，终止迭代。在计算机代数系统Mathematica中的计算结果如下。

第1次迭代结果为

$$
\begin{aligned}
\phi_1 = u - \frac{1}{4}\sin 2u e^2 + \frac{1}{32}(-4\sin 2u - \sin 4u)e^4 \\
+ \frac{1}{192}(-15\sin 2u - 6\sin 4u - \sin 6u)e^6 + \frac{(-56\sin 2u - 28\sin 4u - 8\sin 6u - \sin 8u)e^8}{1\,024} \\
+ \frac{[-5(42\sin 2u + 24\sin 4u + 9\sin 6u + 2\sin 8u) - \sin 10u]e^{10}}{5120}
\end{aligned}
\tag{5.1.3}
$$

由于篇幅限制，略去第 2 次迭代结果、第 3 次迭代结果和第 4 次迭代结果。

第 5 次迭代结果为

$$
\begin{aligned}
\phi_5 = u - \frac{1}{4}\sin 2u e^2 + \frac{1}{32}(-4\sin 2u + \sin 4u)e^4 + \frac{1}{192}(-15\sin 2u + 6\sin 4u - \sin 6u)e^6 \\
+ \frac{(-56\sin 2u + 28\sin 4u - 8\sin 6u + \sin 8u)e^8}{1\,024} \\
+ \frac{(-210\sin 2u + 120\sin 4u - 45\sin 6u + 10\sin 8u - \sin 10u)e^{10}}{5120}
\end{aligned}
\tag{5.1.4}
$$

第 6 次迭代结果为

$$
\begin{aligned}
\phi_6 = u - \frac{1}{4}\sin 2u e^2 + \frac{1}{32}(-4\sin 2u + \sin 4u)e^4 + \frac{1}{192}(-15\sin 2u + 6\sin 4u - \sin 6u)e^6 \\
+ \frac{(-56\sin 2u + 28\sin 4u - 8\sin 6u + \sin 8u)e^8}{1\,024} \\
+ \frac{(-210\sin 2u + 120\sin 4u - 45\sin 6u + 10\sin 8u - \sin 10u)e^{10}}{5120}
\end{aligned}
\tag{5.1.5}
$$

可以发现第 6 次的迭代结果与第 5 次的迭代结果相同。因此，以地心纬度ϕ为变量的归化纬度u的反解展开式为

$$
\phi(u) = u + \alpha_2 \sin 2u + \alpha_4 \sin 4u + \alpha_6 \sin 6u + \alpha_8 \sin 8u + \alpha_{10} \sin 10u \tag{5.1.6}
$$

式中系数为

$$
\begin{cases}
\alpha_2 = -\dfrac{1}{4}e^2 - \dfrac{1}{8}e^4 - \dfrac{5}{64}e^6 - \dfrac{7}{128}e^8 - \dfrac{21}{512}e^{10} \\
\alpha_4 = \dfrac{1}{32}e^4 + \dfrac{1}{32}e^6 + \dfrac{7}{256}e^8 + \dfrac{3}{128}e^{10} \\
\alpha_6 = -\dfrac{1}{192}e^6 - \dfrac{1}{128}e^8 - \dfrac{9}{1\,024}e^{10} \\
\alpha_8 = \dfrac{1}{1\,024}e^8 + \dfrac{1}{512}e^{10} \\
\alpha_{10} = -\dfrac{1}{5120}e^{10}
\end{cases}
\tag{5.1.7}
$$

式（5.1.6）和式（5.1.7）即采用符号迭代法导出归化纬度反解展开式，式中的系数统一表示为椭球偏心率的幂级数形式，适用于不同参考椭球下的计算问题。

5.1.2 基于符号迭代法的等距离纬度反解展开式

对式（4.2.9）变形，可得迭代关系式：

$$\phi_{i+1}=\psi-m_2\sin 2\psi_i-m_4\sin 4\psi_i-m_6\sin 6\psi_i-m_8\sin 8\psi_i-m_{10}\sin 10\psi_i \tag{5.1.8}$$

由于地心纬度ϕ和等距离纬度ψ相差很小，取初值$\phi_0=\psi$代入式（5.1.8），进行第 1 次迭代，得

$$\phi_1=\psi-a_2\sin 2\psi-a_4\sin 4\psi-a_6\sin 6\psi-a_8\sin 8\psi-a_{10}\sin 10\psi \tag{5.1.9}$$

将ϕ_1代入式（5.1.8）再次迭代，并将迭代结果进行偏心率e的幂级数展开，展开至e^{10}，可得第 2 次迭代结果ϕ_2，再次将ϕ_2代入式（5.1.8）进行迭代，依次类推，直至反解展开式中的各项系数完全相同，终止迭代。在计算机代数系统中的计算结果如下。

第 1 次迭代结果为

$$\begin{aligned}\phi_1=&\psi-\frac{1}{8}\sin 2\psi e^2+\frac{1}{256}(-16\sin 2\psi+\sin 4\psi)e^4\\&+\frac{(-53\sin 2\psi+4\sin 4\psi+5\sin 6\psi)e^6}{1\,024}+\frac{[-80(76\sin 2\psi+\sin 4\psi-12\sin 6\psi)+261\sin 8\psi]e^8}{131\,072}\\&+\frac{(-54\,360\sin 2\psi-6\,720\sin 4\psi+9\,055\sin 6\psi)e^{10}}{1\,310\,720}+\frac{(5\,220\sin 8\psi+921\sin 10\psi)e^{10}}{1\,310\,720}\end{aligned} \tag{5.1.10}$$

由于篇幅限制，略去第 2 次迭代结果、第 3 次迭代结果和第 4 次迭代结果。

第 5 次迭代结果为

$$\begin{aligned}\phi_5=&\psi-\frac{1}{8}\sin 2\psi e^2+\frac{1}{256}(-16\sin 2\psi+5\sin 4\psi)e^4\\&+\frac{\sin 2\psi(-51+20\csc 2\psi\sin 4\psi)e^6}{1\,024}+\frac{\sin 2\psi\left[\frac{1}{2}\csc 2\psi(-\sin 2\psi+\sin 6\psi)\right]e^6}{1\,024}\\&+\frac{(-17\,376\sin 2\psi+6\,640\sin 4\psi+288\sin 6\psi+283\sin 8\psi)e^8}{393\,216}+\frac{(-307\,825\sin 2\psi+112\,000\sin 4\psi)e^{10}}{7\,864\,320}\\&+\frac{[20(93\sin 6\psi+566\sin 8\psi)+1\,301\sin 10\psi]e^{10}}{7\,864\,320}\end{aligned} \tag{5.1.11}$$

第 6 次迭代结果为

$$\begin{aligned}\phi_6=&\psi-\frac{1}{8}\sin 2\psi e^2+\frac{1}{256}(-16\sin 2\psi+5\sin 4\psi)e^4\\&+\frac{\sin 2\psi(-51+20\csc 2\psi\sin 4\psi)e^6}{1\,024}+\frac{\sin 2\psi\left[\frac{1}{2}\csc 2\psi(-\sin 2\psi+\sin 6\psi)\right]e^6}{1\,024}\\&+\frac{(-17\,376\sin 2\psi+6\,640\sin 4\psi+288\sin 6\psi+283\sin 8\psi)e^8}{393\,216}+\frac{(-307\,825\sin 2\psi+112\,000\sin 4\psi)e^{10}}{7\,864\,320}\\&+\frac{[20(93\sin 6\psi+566\sin 8\psi)+1\,301\sin 10\psi]e^{10}}{7\,864\,320}\end{aligned} \tag{5.1.12}$$

可以发现第 6 次的迭代结果与第 5 次的迭代结果相同。因此，以地心纬度ϕ为变量的等距离纬度ψ的反解展开式为

$$\phi(\psi)=\psi+\beta_2\sin 2\psi+\beta_4\sin 4\psi+\beta_6\sin 6\psi+\beta_8\sin 8\psi+\beta_{10}\sin 10\psi \tag{5.1.13}$$

式中系数为

$$\begin{cases}\beta_2=-\dfrac{1}{8}e^2-\dfrac{1}{16}e^4-\dfrac{103}{2\,048}e^6-\dfrac{181}{4\,096}e^8-\dfrac{61\,565}{1\,572\,864}e^{10}\\ \beta_4=\dfrac{5}{256}e^4+\dfrac{5}{256}e^6+\dfrac{415}{24\,576}e^8+\dfrac{175}{12\,288}e^{10}\\ \beta_6=\dfrac{1}{2\,048}e^6+\dfrac{3}{4\,096}e^8+\dfrac{31}{131\,072}e^{10}\\ \beta_8=\dfrac{283}{393\,216}e^8+\dfrac{283}{196\,608}e^{10}\\ \beta_{10}=\dfrac{1\,301}{7\,864\,320}e^{10}\end{cases} \tag{5.1.14}$$

式（5.1.13）和式（5.1.14）即采用符号迭代法导出等距离纬度反解展开式，式中的系数统一表示为椭球偏心率的幂级数形式，适用于不同参考椭球下的计算问题。

5.1.3 基于符号迭代法的等面积纬度反解展开式

对式（4.3.4）变形，可得迭代关系式：

$$\phi_{i+1}=\vartheta-b_2\sin 2\phi_i-b_4\sin 4\phi_i-b_6\sin 6\phi_i-b_8\sin 8\phi_i-b_{10}\sin 10\phi_i \tag{5.1.15}$$

由于地心纬度ϕ和等面积纬度ϑ相差很小，取初值$\phi_0=\vartheta$代入式（5.1.15），进行第 1 次迭代，得

$$\phi_i=\vartheta-b_2\sin 2\vartheta-b_4\sin 4\vartheta-b_6\sin 6\vartheta-b_8\sin 8\vartheta-b_{10}\sin 10\vartheta \tag{5.1.16}$$

将ϕ_1代入式（5.1.15）再次迭代，并将迭代结果进行偏心率e的幂级数展开，展开至e^{10}，可得第 2 次迭代结果ϕ_2，再次将ϕ_2代入式（5.1.15）进行迭代，依次类推，直至反解展开式中的各项系数完全相同，终止迭代，在计算机代数系统中的计算结果如下。

第 1 次迭代结果为

$$\begin{aligned}\phi_1=&\vartheta-\frac{1}{6}\sin 2\vartheta e^2+\frac{1}{180}(-14\sin 2\vartheta-\sin 4\vartheta)e^4+\frac{(-2\,529\sin 2\vartheta-180\sin 4\vartheta+131\sin 6\vartheta)e^6}{45\,360}\\&+\frac{(-167\,214\sin 2\vartheta-21\,338\sin 4\vartheta+17\,338\sin 6\vartheta+5\,933\sin 8\vartheta)e^8}{3\,628\,800}\\&+\frac{1}{119\,750\,400}(-4\,745\,656\sin 2\vartheta-1\,015\,682\sin 4\vartheta+537\,259\sin 6\vartheta+406\,145\sin 8\vartheta+80\,011\sin 10\vartheta)e^{10}\end{aligned} \tag{5.1.17}$$

由于篇幅限制，略去第 2 次迭代结果、第 3 次迭代结果和第 4 次迭代结果。

第 5 次迭代结果为

$$\phi_5 = \vartheta - \frac{1}{6}\sin 2\vartheta e^2 + \frac{1}{90}(-7\sin 2\vartheta + 2\sin 4\vartheta)e^4 + \frac{(-1\,233\sin 2\vartheta + 498\sin 4\vartheta - 29\sin 6\vartheta)e^6}{22\,680}$$
$$+ \frac{(-159\,422\sin 2\vartheta + 70\,054\sin 4\vartheta - 6\,038\sin 6\vartheta + 2\,157\sin 8\vartheta)e^8}{3\,628\,800}$$
$$+ \frac{(-8\,941\,378\sin 2\vartheta + 3\,997\,164\sin 4\vartheta - 483\,577\sin 6\vartheta + 288\,074\sin 8\vartheta + 7\,177\sin 10\vartheta)e^{10}}{239\,500\,800} \tag{5.1.18}$$

第 6 次迭代结果为

$$\phi_6 = \vartheta - \frac{1}{6}\sin 2\vartheta e^2 + \frac{1}{90}(-7\sin 2\vartheta + 2\sin 4\vartheta)e^4 + \frac{(-1\,233\sin 2\vartheta + 498\sin 4\vartheta - 29\sin 6\vartheta)e^6}{22\,680}$$
$$+ \frac{(-159\,422\sin 2\vartheta + 70\,054\sin 4\vartheta - 6\,038\sin 6\vartheta + 2\,157\sin 8\vartheta)e^8}{3\,628\,800}$$
$$+ \frac{(-8\,941\,378\sin 2\vartheta + 3\,997\,164\sin 4\vartheta - 483\,577\sin 6\vartheta + 288\,074\sin 8\vartheta + 7\,177\sin 10\vartheta)e^{10}}{239\,500\,800} \tag{5.1.19}$$

可以发现第 6 次的迭代结果与第 5 次的迭代结果相同。因此，以地心纬度 ϕ 为变量的等面积纬度 ϑ 的反解展开式为

$$\phi(\vartheta) = \vartheta + \gamma_2\sin 2\vartheta + \gamma_4\sin 4\vartheta + \gamma_6\sin 6\vartheta + \gamma_8\sin 8\vartheta + \gamma_{10}\sin 10\vartheta \tag{5.1.20}$$

式中系数为

$$\begin{cases} \gamma_2 = -\dfrac{1}{6}e^2 - \dfrac{7}{90}e^4 - \dfrac{137}{2\,520}e^6 - \dfrac{79\,711}{1\,814\,400}e^8 - \dfrac{4\,470\,689}{119\,750\,400}e^{10} \\ \gamma_4 = \dfrac{1}{45}e^4 + \dfrac{83}{3\,780}e^6 + \dfrac{35\,027}{1\,814\,400}e^8 + \dfrac{333\,097}{19\,958\,400}e^{10} \\ \gamma_6 = -\dfrac{29}{22\,680}e^6 - \dfrac{3\,019}{1\,814\,400}e^8 - \dfrac{483\,577}{239\,500\,800}e^{10} \\ \gamma_8 = \dfrac{719}{1\,209\,600}e^8 + \dfrac{144\,037}{119\,750\,400}e^{10} \\ \gamma_{10} = \dfrac{7\,177}{239\,500\,800}e^{10} \end{cases} \tag{5.1.21}$$

式（5.1.20）和式（5.1.21）即采用符号迭代法导出等面积纬度反解展开式，式中的系数统一表示为椭球偏心率的幂级数形式，适用于不同参考椭球下的计算问题。

5.1.4 基于符号迭代法的等角纬度反解展开式

对式（4.5.1）变形，可得迭代关系式：

$$\phi_{i+1} = \varphi - d_2\sin 2\phi_i - d_4\sin 4\phi_i - d_6\sin 6\phi_i - d_8\sin 8\phi_i - d_{10}\sin 10\phi_i \tag{5.1.22}$$

由于地心纬度 ϕ 和等角纬度 φ 相差很小，取初值 $\phi_0 = \varphi$ 代入式（5.1.22），进行第 1 次迭代，得

$$\phi_1 = \varphi - d_2\sin 2\varphi - d_4\sin 4\varphi - d_6\sin 6\varphi - d_8\sin 8\varphi - d_{10}\sin 10\varphi \tag{5.1.23}$$

将 ϕ_1 代入式（5.1.22）再次迭代，并将迭代结果进行偏心率 e 的幂级数展开，展开至 e^{10}，可得第 2 次迭代结果 ϕ_2，再次将 ϕ_2 代入式（5.1.22）进行迭代，依次类推，直至反解展开式中的各项系数完全相同，终止迭代，在计算机代数系统中的计算结果如下。

第 1 次迭代结果为

$$\begin{aligned}\phi_1=\varphi&-\frac{1}{6}(\cos\varphi\sin^3\varphi)e^4-\frac{1}{60}[(17\cos\varphi+3\cos3\varphi)\sin^3\varphi]e^6\\&-\frac{[(1\,496\cos\varphi+465\cos3\varphi+55\cos5\varphi)\sin^3\varphi]e^8}{4\,032}\\&-\frac{[(1\,269\cos\varphi+525\cos3\varphi+115\cos5\varphi+11\cos7\varphi)\sin^3\varphi]e^{10}}{2\,880}\end{aligned}\tag{5.1.24}$$

第 2 次迭代结果为

$$\begin{aligned}\phi_2=\varphi&-\frac{1}{6}(\cos\varphi\sin^3\varphi)e^4-\frac{1}{60}[(17\cos\varphi+3\cos3\varphi)\sin^3\varphi]e^6\\&-\frac{[(1\,468\cos\varphi+465\cos3\varphi+83\cos5\varphi)\sin^3\varphi]e^8}{4\,032}\\&-\frac{[(605\cos\varphi+258\cos3\varphi+84\cos5\varphi+13\cos7\varphi)\sin^3\varphi]e^{10}}{1\,440}\end{aligned}\tag{5.1.25}$$

第 3 次迭代结果为

$$\begin{aligned}\phi_3=\varphi&-\frac{1}{6}(\cos\varphi\sin^3\varphi)e^4-\frac{1}{60}[(17\cos\varphi+3\cos3\varphi)\sin^3\varphi]e^6\\&-\frac{[(1\,468\cos\varphi+465\cos3\varphi+83\cos5\varphi)\sin^3\varphi]e^8}{4\,032}\\&-\frac{[(605\cos\varphi+258\cos3\varphi+84\cos5\varphi+13\cos7\varphi)\sin^3\varphi]e^{10}}{1\,440}\end{aligned}\tag{5.1.26}$$

可以发现第 3 次的迭代结果与第 2 次的迭代结果相同。因此，以地心纬度 ϕ 为变量的等角纬度 φ 的反解展开式为

$$\phi(\varphi)=\varphi+\eta_2\sin2\varphi+\eta_4\sin4\varphi+\eta_6\sin6\varphi+\eta_8\sin8\varphi+\eta_{10}\sin10\varphi\tag{5.1.27}$$

式中系数为

$$\begin{cases}\eta_2=-\dfrac{1}{24}e^4-\dfrac{5}{96}e^6-\dfrac{29}{576}e^8-\dfrac{13}{288}e^{10}\\ \eta_4=\dfrac{1}{48}e^4+\dfrac{1}{60}e^6+\dfrac{23}{2\,304}e^8+\dfrac{7}{1152}e^{10}\\ \eta_6=\dfrac{1}{160}e^6+\dfrac{3}{448}e^8+\dfrac{1}{256}e^{10}\\ \eta_8=\dfrac{83}{32\,256}e^8+\dfrac{1}{256}e^{10}\\ \eta_{10}=\dfrac{13}{11\,520}e^{10}\end{cases}\tag{5.1.28}$$

式（5.1.27）和式（5.1.28）即采用符号迭代法导出等角纬度反解展开式，式中的系数统一表示为椭球偏心率的幂级数形式，适用于不同参考椭球下的计算问题。

5.1.5 基于符号迭代法的等量纬度反解展开式

由地图投影理论可知，等量纬度 q 与等角纬度 φ 的关系式为

$$\varphi = \arcsin(\tanh q) \tag{5.1.29}$$

结合式（5.1.27），可得以地心纬度 ϕ 为变量的等量纬度 q 的反解展开式为

$$\begin{cases} \varphi = \arcsin(\tanh q) \\ \phi(\varphi) = \varphi + \eta_2 \sin 2\varphi + \eta_4 \sin 4\varphi + \eta_6 \sin 6\varphi + \eta_8 \sin 8\varphi + \eta_{10} \sin 10\varphi \end{cases} \tag{5.1.30}$$

式中系数为

$$\begin{cases} \eta_2 = -\dfrac{1}{24}e^4 - \dfrac{5}{96}e^6 - \dfrac{29}{576}e^8 - \dfrac{13}{288}e^{10} \\ \eta_4 = \dfrac{1}{48}e^4 + \dfrac{1}{60}e^6 + \dfrac{23}{2\,304}e^8 + \dfrac{7}{1152}e^{10} \\ \eta_6 = \dfrac{1}{160}e^6 + \dfrac{3}{448}e^8 + \dfrac{1}{256}e^{10} \\ \eta_8 = \dfrac{83}{32\,256}e^8 + \dfrac{1}{256}e^{10} \\ \eta_{10} = \dfrac{13}{11\,520}e^{10} \end{cases} \tag{5.1.31}$$

式（5.1.30）和式（5.1.31）即采用符号迭代法导出等量纬度反解展开式，式中的系数统一表示为椭球偏心率的幂级数形式，适用于不同参考椭球下的计算问题。

5.2 基于幂级数展开法的反解展开式

幂级数展开法是解析法中常用的一种直接求解方法。在大地测量与地图投影学中，幂级数展开法常用于视地球为椭球体的情况，如子午线弧长、等量纬度、等面积纬度函数的正反解问题，其变换函数中都含有第一偏心率 e，由于 e 是一个接近 0 的小参数，对于该类解算通常选择基于参数 e 进行级数展开，求解相应变换关系。

5.2.1 基于幂级数展开法的归化纬度反解展开式

对式（4.1.1）变形可得

$$\phi = \arctan(\sqrt{1-e^2}\tan u) \tag{5.2.1}$$

借助计算机代数系统，在 $e=0$ 处将式（5.2.1）展开为 e 的幂级数形式，展开至 e^{10} 项，整理后可得

$$\phi(u) = u + \alpha_2 \sin 2u + \alpha_4 \sin 4u + \alpha_6 \sin 6u + \alpha_8 \sin 8u + \alpha_{10} \sin 10u \tag{5.2.2}$$

式中系数为

$$
\begin{cases}
\alpha_2 = -\dfrac{1}{4}e^2 - \dfrac{1}{8}e^4 - \dfrac{5}{64}e^6 - \dfrac{7}{128}e^8 - \dfrac{21}{512}e^{10} \\
\alpha_4 = \dfrac{1}{32}e^4 + \dfrac{1}{32}e^6 + \dfrac{7}{256}e^8 + \dfrac{3}{128}e^{10} \\
\alpha_6 = -\dfrac{1}{192}e^6 - \dfrac{1}{128}e^8 - \dfrac{9}{1\,024}e^{10} \\
\alpha_8 = \dfrac{1}{1\,024}e^8 + \dfrac{1}{512}e^{10} \\
\alpha_{10} = -\dfrac{1}{5120}e^{10}
\end{cases} \tag{5.2.3}
$$

式（5.2.2）和式（5.2.3）即采用幂级数展开法导出归化纬度反解展开式，式中的系数和采用符号迭代法确定的系数式（5.1.7）完全一致。

5.2.2 基于幂级数展开法的等距离纬度反解展开式

对式（4.2.3）微分，可得

$$
\mathrm{d}X = M(\phi)\mathrm{d}\phi \tag{5.2.4}
$$

由式（4.2.7），可得 $\mathrm{d}X = R\mathrm{d}\psi$，代入式（5.2.4），整理后可得

$$
\frac{\mathrm{d}\phi}{\mathrm{d}\psi} = \frac{\mathrm{d}\phi}{\mathrm{d}X}\frac{\mathrm{d}X}{\mathrm{d}\psi} = \frac{R}{M(\phi)} = \frac{1}{\sqrt{1-e^2}}\sqrt{\frac{(1-e^2\cos^2\phi)^3}{1-(2-e^2)e^2\cos^2\phi}} \tag{5.2.5}
$$

为求式（5.2.5）以 $\sin\psi$ 表示的幂级数展开式，引入变量 $t=\sin\psi$，则有

$$
\mathrm{d}t = \cos\psi\mathrm{d}\psi, \qquad \frac{\mathrm{d}\psi}{\mathrm{d}t} = \frac{1}{\cos\psi} \tag{5.2.6}
$$

记

$$
f(t) = \frac{\mathrm{d}\phi}{\mathrm{d}\psi} = \frac{R}{M(\phi)} = \frac{1}{\sqrt{1-e^2}}\sqrt{\frac{(1-e^2\cos^2\phi)^3}{1-(2-e^2)e^2\cos^2\phi}} \tag{5.2.7}
$$

然后设法将 $f(t)$ 展开成如下幂级数形式：

$$
f(t) = f(0) + f_t'(0)t + \frac{1}{2!}f_t''(0)t^2 + \frac{1}{3!}f_t'''(0)t^3 + \cdots + \frac{1}{10!}f_t^{(10)}(0)t^{10} + \cdots \tag{5.2.8}
$$

利用复合函数求导的链式法则：

$$
f_t' = \frac{\mathrm{d}f}{\mathrm{d}\phi}\frac{\mathrm{d}\phi}{\mathrm{d}\psi}\frac{\mathrm{d}\psi}{\mathrm{d}t}, \quad f_t'' = \frac{\mathrm{d}f'}{\mathrm{d}\phi}\frac{\mathrm{d}\phi}{\mathrm{d}\psi}\frac{\mathrm{d}\psi}{\mathrm{d}t} + \frac{\mathrm{d}f'}{\mathrm{d}\psi}\frac{\mathrm{d}\psi}{\mathrm{d}t}, \cdots \tag{5.2.9}
$$

借助计算机代数系统可求出式（5.2.8）中的导数值，并求变量 ψ 的积分，整理后可得

$$
\phi(\psi) = \psi + \beta_2\sin 2\psi + \beta_4\sin 4\psi + \beta_6\sin 6\psi + \beta_8\sin 8\psi + \beta_{10}\sin 10\psi \tag{5.2.10}
$$

式中系数为

$$
\begin{cases}
\beta_2 = -\dfrac{1}{8}e^2 - \dfrac{1}{16}e^4 - \dfrac{103}{2\,048}e^6 - \dfrac{181}{4\,096}e^8 - \dfrac{61\,565}{1\,572\,864}e^{10} \\
\beta_4 = \dfrac{5}{256}e^4 + \dfrac{5}{256}e^6 + \dfrac{415}{24\,576}e^8 + \dfrac{175}{12\,288}e^{10} \\
\beta_6 = \dfrac{1}{2\,048}e^6 + \dfrac{3}{4\,096}e^8 + \dfrac{31}{131\,072}e^{10} \\
\beta_8 = \dfrac{283}{393\,216}e^8 + \dfrac{283}{196\,608}e^{10} \\
\beta_{10} = \dfrac{1\,301}{7\,864\,320}e^{10}
\end{cases} \tag{5.2.11}
$$

式（5.2.10）和式（5.2.11）即采用幂级数展开法导出等距离纬度反解展开式，式中的系数和采用符号迭代法确定的系数式（5.1.14）完全一致。

5.2.3 基于幂级数展开法的等面积纬度反解展开式

对式（4.3.1）微分可得

$$
\mathrm{d}F = M(\phi)r\mathrm{d}\phi \tag{5.2.12}
$$

由式（4.3.2），可得 $\mathrm{d}F = R^2\cos\vartheta\mathrm{d}\vartheta$，代入式（5.2.12）整理后可得

$$
\frac{\mathrm{d}\phi}{\mathrm{d}\vartheta} = \frac{\mathrm{d}\phi}{\mathrm{d}F}\frac{\mathrm{d}F}{\mathrm{d}\vartheta} = \frac{R^2\cos\vartheta}{M(\phi)r} = \frac{\cos\vartheta(1-e^2\cos^2\phi)^2}{(1-e^2)\cos\phi\sqrt{1-(2-e^2)e^2\cos^2\phi}} \tag{5.2.13}
$$

为求式（5.2.13）以 $\sin\vartheta$ 表示的幂级数展开式，引入变量 $t=\sin\vartheta$，则有

$$
\mathrm{d}t = \cos\theta\mathrm{d}\vartheta,\quad \frac{\mathrm{d}\vartheta}{\mathrm{d}t} = \frac{1}{\cos\vartheta} \tag{5.2.14}
$$

记

$$
f(t) = \frac{\mathrm{d}\phi}{\mathrm{d}\vartheta} = \frac{R^2\cos\vartheta}{M(\phi)r} = \frac{\cos\vartheta(1-e^2\cos^2\phi)^2}{(1-e^2)\cos\phi\sqrt{1-(2-e^2)e^2\cos^2\phi}} \tag{5.2.15}
$$

然后设法将 $f(t)$ 展开成如下幂级数形式：

$$
f(t) = f(0) + f_t'(0)t + \frac{1}{2!}f_t''(0)t^2 + \frac{1}{3!}f_t'''(0)t^3 + \cdots + \frac{1}{10!}f_t^{(10)}(0)t^{10} + \cdots \tag{5.2.16}
$$

利用复合函数求导的链式法则：

$$
f_t' = \frac{\mathrm{d}f}{\mathrm{d}\phi}\frac{\mathrm{d}\phi}{\mathrm{d}\vartheta}\frac{\mathrm{d}\vartheta}{\mathrm{d}t} + \frac{\mathrm{d}f}{\mathrm{d}\vartheta}\frac{\mathrm{d}\vartheta}{\mathrm{d}t},\quad f_t'' = \frac{\mathrm{d}f'}{\mathrm{d}\phi}\frac{\mathrm{d}\phi}{\mathrm{d}\vartheta}\frac{\mathrm{d}\vartheta}{\mathrm{d}t} + \frac{\mathrm{d}f'}{\mathrm{d}\vartheta}\frac{\mathrm{d}\vartheta}{\mathrm{d}t},\ \cdots \tag{5.2.17}
$$

借助计算机代数系统可求出式（5.2.16）中的导数值，并求变量 ϑ 的积分，整理后可得

$$
\phi(\vartheta) = \vartheta + \gamma_2\sin 2\vartheta + \gamma_4\sin 4\vartheta + \gamma_6\sin 6\vartheta + \gamma_8\sin 8\vartheta + \gamma_{10}\sin 10\vartheta \tag{5.2.18}
$$

式中系数为

$$
\begin{cases}
\gamma_2 = -\dfrac{1}{6}e^2 - \dfrac{7}{90}e^4 - \dfrac{137}{2\,520}e^6 - \dfrac{79\,711}{1\,814\,400}e^8 - \dfrac{4\,470\,689}{119\,750\,400}e^{10} \\
\gamma_4 = \dfrac{1}{45}e^4 + \dfrac{83}{3\,780}e^6 + \dfrac{35\,027}{1\,814\,400}e^8 + \dfrac{333\,097}{19\,958\,400}e^{10} \\
\gamma_6 = -\dfrac{29}{22\,680}e^6 - \dfrac{3\,019}{1\,814\,400}e^8 - \dfrac{483\,577}{239\,500\,800}e^{10} \\
\gamma_8 = \dfrac{719}{1\,209\,600}e^8 + \dfrac{144\,037}{119\,750\,400}e^{10} \\
\gamma_{10} = \dfrac{7\,177}{239\,500\,800}e^{10}
\end{cases}
\tag{5.2.19}
$$

式（5.2.18）和式（5.2.19）即采用幂级数展开法导出等面积纬度反解展开式，式中的系数和采用符号迭代法确定的系数式（5.1.21）完全一致。

5.2.4 基于幂级数展开法的等角纬度反解展开式

对式（4.4.1）微分，可得

$$
\mathrm{d}q = \frac{M(\phi)}{r}\mathrm{d}\phi \tag{5.2.20}
$$

由式（2.5.3），可得 $\dfrac{\mathrm{d}q}{\mathrm{d}\varphi} = \dfrac{1}{\cos\varphi}$，代入式（5.2.20），整理后可得

$$
\frac{\mathrm{d}\phi}{\mathrm{d}\varphi} = \frac{\mathrm{d}\phi}{\mathrm{d}q}\frac{\mathrm{d}q}{\mathrm{d}\varphi} = \frac{r}{M(\phi)\cos\varphi} = \frac{1}{\cos\varphi}\frac{(1-e^2\cos^2\phi)\cos\phi}{\sqrt{1-(2-e^2)e^2\cos^2\phi}} \tag{5.2.21}
$$

为求式（5.2.21）以 $\sin\varphi$ 表示的幂级数展开式，引入变量 $t=\sin\varphi$，则有

$$
\mathrm{d}t = \cos\varphi\mathrm{d}\varphi, \qquad \frac{\mathrm{d}\varphi}{\mathrm{d}t} = \frac{1}{\cos\varphi} \tag{5.2.22}
$$

记

$$
f(t) = \frac{\mathrm{d}\phi}{\mathrm{d}\varphi} = \frac{r}{M(\phi)\cos\varphi} = \frac{1}{\cos\varphi}\frac{(1-e^2\cos^2\phi)\cos\phi}{\sqrt{1-(2-e^2)e^2\cos^2\phi}} \tag{5.2.23}
$$

然后设法将 $f(t)$ 展开成如下幂级数形式：

$$
f(t) = f(0) + f_t'(0)t + \frac{1}{2!}f_t''(0)t^2 + \frac{1}{3!}f_t'''(0)t^3 + \cdots + \frac{1}{10!}f_t^{(10)}(0)t^{10} + \cdots \tag{5.2.24}
$$

利用复合函数求导的链式法则：

$$
f_t' = \frac{\mathrm{d}f}{\mathrm{d}\phi}\frac{\mathrm{d}\phi}{\mathrm{d}\varphi}\frac{\mathrm{d}\varphi}{\mathrm{d}t} + \frac{\mathrm{d}f}{\mathrm{d}\varphi}\frac{\mathrm{d}\varphi}{\mathrm{d}t}, \quad f_t'' = \frac{\mathrm{d}f'}{\mathrm{d}\phi}\frac{\mathrm{d}\phi}{\mathrm{d}\varphi}\frac{\mathrm{d}\varphi}{\mathrm{d}t} + \frac{\mathrm{d}f'}{\mathrm{d}\varphi}\frac{\mathrm{d}\varphi}{\mathrm{d}t}, \cdots \tag{5.2.25}
$$

借助计算机代数系统可求出式（5.2.24）中的导数值，并求变量 φ 的积分，整理后可得

$$
\phi(\varphi) = \varphi + \eta_2\sin 2\varphi + \eta_4\sin 4\varphi + \eta_6\sin 6\varphi + \eta_8\sin 8\varphi + \eta_{10}\sin 10\varphi \tag{5.2.26}
$$

式中系数为

$$
\begin{cases}
\eta_2 = -\dfrac{1}{24}e^4 - \dfrac{5}{96}e^6 - \dfrac{29}{576}e^8 - \dfrac{13}{288}e^{10} \\
\eta_4 = \dfrac{1}{48}e^4 + \dfrac{1}{60}e^6 + \dfrac{23}{2\,304}e^8 + \dfrac{7}{1152}e^{10} \\
\eta_6 = \dfrac{1}{160}e^6 + \dfrac{3}{448}e^8 + \dfrac{1}{256}e^{10} \\
\eta_8 = \dfrac{83}{32\,256}e^8 + \dfrac{1}{256}e^{10} \\
\eta_{10} = \dfrac{13}{11\,520}e^{10}
\end{cases} \tag{5.2.27}
$$

式（5.2.26）和式（5.2.27）即采用幂级数展开法导出等角纬度反解展开式，式中的系数和采用符号迭代法确定的系数式（5.1.28）完全一致。

5.2.5 基于幂级数展开法的等量纬度反解展开式

由地图投影理论可知，等量纬度 q 与等角纬度 φ 的关系为

$$
\varphi = \arcsin(\tanh q) \tag{5.2.28}
$$

结合式（5.2.26），可得以地心纬度 ϕ 为变量的等量纬度 q 的反解展开式为

$$
\begin{cases}
\varphi = \arcsin(\tanh q) \\
\phi(\varphi) = \varphi + \eta_2 \sin 2\varphi + \eta_4 \sin 4\varphi + \eta_6 \sin 6\varphi + \eta_8 \sin 8\varphi + \eta_{10} \sin 10\varphi
\end{cases} \tag{5.2.29}
$$

式中系数为

$$
\begin{cases}
\eta_2 = -\dfrac{1}{24}e^4 - \dfrac{5}{96}e^6 - \dfrac{29}{576}e^8 - \dfrac{13}{288}e^{10} \\
\eta_4 = \dfrac{1}{48}e^4 + \dfrac{1}{60}e^6 + \dfrac{23}{2\,304}e^8 + \dfrac{7}{1152}e^{10} \\
\eta_6 = \dfrac{1}{160}e^6 + \dfrac{3}{448}e^8 + \dfrac{1}{256}e^{10} \\
\eta_8 = \dfrac{83}{32\,256}e^8 + \dfrac{1}{256}e^{10} \\
\eta_{10} = \dfrac{13}{11\,520}e^{10}
\end{cases} \tag{5.2.30}
$$

式（5.2.29）和式（5.2.30）即采用幂级数展开法导出等量纬度反解展开式，式中的系数和采用符号迭代法确定的系数式（5.1.31）完全一致。

5.3 基于 Hermite 插值法的反解展开式

与一般插值法不同，Hermit 插值法不仅要求求解函数在给定的插值点与原函数值相同，还要求在给定插值点处的一阶甚至高阶导数值与原函数的相应阶数的导数值相同，可以使函数与原函数更为贴合。利用 Hermit 插值法求解纬度反解展开式的基本思路：首

先由三角级数回求公式，反解展开式与正解展开式形式一致，之后利用该展开式在特殊点处的导数值（或函数值）与通过反解微分方程确定的导数值（或函数值）相等来确定反解公式中的待定系数，进而确定反解展开式。

5.3.1 基于 Hermite 插值法的归化纬度反解展开式

考虑式（4.1.3），根据三角级数回求公式，归化纬度反解展开式可以假定为

$$\phi(u)=u+\alpha_2\sin 2u+\alpha_4\sin 4u+\alpha_6\sin 6u+\alpha_8\sin 8u+\alpha_{10}\sin 10u \tag{5.3.1}$$

式中：α_2、α_4、α_6、α_8、α_{10} 均为待定系数，注意到 $u=0$，$\phi(u)=0$；$u=\dfrac{\pi}{2}$，$\phi(u)=\dfrac{\pi}{2}$。

由式（4.1.1），可知

$$\phi=\arctan(\sqrt{1-e^2}\tan u) \tag{5.3.2}$$

对式（5.3.2）求导，可得

$$\frac{\mathrm{d}\phi}{\mathrm{d}u}=\frac{2\sqrt{1-e^2}}{2-e^2+e^2\cos 2u} \tag{5.3.3}$$

因此

$$\phi'(0)=\sqrt{1-e^2}\text{，}\quad \phi'\left(\frac{\pi}{2}\right)=\frac{1}{\sqrt{1-e^2}} \tag{5.3.4}$$

对 $\phi'(u)$ 求导可得 $\phi''(u)$，但其在 $u=0$、$u=\dfrac{\pi}{2}$ 处均为 0，不能构成有效的插值条件，所以只能对 $\phi''(u)$ 继续求导得到 $\phi'''(u)$。在计算机代数系统中可求出

$$\phi'''(0)=2e^2\sqrt{1-e^2}\text{，}\quad \phi'''\left(\frac{\pi}{2}\right)=-\frac{2e^2}{\left(1-e^2\right)^{3/2}} \tag{5.3.5}$$

对 $\phi'''(u)$ 求导可得 $\phi^{(4)}(u)$，但 $\phi^{(4)}(0)=0$，$\phi^{(4)}\left(\dfrac{\pi}{2}\right)=0$，不能构成有效的插值条件，继续求导得到 $\phi^{(5)}(u)$，在计算机代数系统中可求出

$$\phi^{(5)}(0)=8e^2\sqrt{1-e^2}(-1+3e^2) \tag{5.3.6}$$

对式（5.3.1）两端求一阶、三阶、五阶导数，并联立导出的 5 个插值条件，得到下述确定的 5 个待定系数的线性方程组：

$$\begin{pmatrix} 2 & 4 & 6 & 8 & 10 \\ -2 & 4 & -6 & 8 & -10 \\ -8 & -64 & -216 & -512 & -1\,000 \\ 8 & -64 & -216 & -512 & 1\,000 \\ 32 & 1\,024 & 7\,776 & 32\,768 & 100\,000 \end{pmatrix}\begin{pmatrix} \alpha_2 \\ \alpha_4 \\ \alpha_6 \\ \alpha_8 \\ \alpha_{10} \end{pmatrix}=\begin{pmatrix} \phi'(0)-1 \\ \phi'\left(\dfrac{\pi}{2}\right)-1 \\ \phi'''(0) \\ \phi'''\left(\dfrac{\pi}{2}\right) \\ \phi^{(5)}(0) \end{pmatrix} \tag{5.3.7}$$

求逆，解线性方程组，可得待定系数的形式解为

$$
\begin{pmatrix} \alpha_2 \\ \alpha_4 \\ \alpha_6 \\ \alpha_8 \\ \alpha_{10} \end{pmatrix} = \begin{pmatrix} 2 & 4 & 6 & 8 & 10 \\ -2 & 4 & -6 & 8 & -10 \\ -8 & -64 & -216 & -512 & -1\,000 \\ 8 & -64 & -216 & -512 & 1\,000 \\ 32 & 1\,024 & 7\,776 & 32\,768 & 100\,000 \end{pmatrix}^{-1} \begin{pmatrix} \phi'(0)-1 \\ \phi'\left(\dfrac{\pi}{2}\right)-1 \\ \phi'''(0) \\ \phi'''\left(\dfrac{\pi}{2}\right) \\ \phi^{(5)}(0) \end{pmatrix} \tag{5.3.8}
$$

至此，式（5.3.1）中待定系数已经确定，借助计算机代数系统将式（5.3.8）进一步展开为椭球偏心率 e 的幂级数形式：

$$
\begin{cases}
\alpha_2 = -\dfrac{1}{4}e^2 - \dfrac{1}{8}e^4 - \dfrac{5}{64}e^6 - \dfrac{7}{128}e^8 - \dfrac{21}{512}e^{10} \\
\alpha_4 = \dfrac{1}{32}e^4 + \dfrac{1}{32}e^6 + \dfrac{7}{256}e^8 + \dfrac{3}{128}e^{10} \\
\alpha_6 = -\dfrac{1}{192}e^6 - \dfrac{1}{128}e^8 - \dfrac{9}{1\,024}e^{10} \\
\alpha_8 = \dfrac{1}{1\,024}e^8 + \dfrac{1}{512}e^{10} \\
\alpha_{10} = -\dfrac{1}{5\,120}e^{10}
\end{cases} \tag{5.3.9}
$$

式（5.3.1）和式（5.3.9）即采用 Hermite 插值法导出归化纬度反解展开式，式中的系数和采用幂级数展开法确定的系数式（5.2.3）完全一致。

5.3.2 基于 Hermite 插值法的等距离纬度反解展开式

考虑式（4.2.9），根据三角级数回求公式，等距离纬度反解展开式可以假定为、

$$
\phi(\psi) = \psi + \beta_2 \sin 2\psi + \beta_4 \sin 4\psi + \beta_6 \sin 6\psi + \beta_8 \sin 8\psi + \beta_{10} \sin 10\psi \tag{5.3.10}
$$

式中：β_2、β_4、β_6、β_8、β_{10} 为待定系数，注意 $\psi = 0$，$\phi(\psi) = 0$；$\psi = \dfrac{\pi}{2}$，$\phi(\psi) = \dfrac{\pi}{2}$。在 ψ=0 处借助计算机代数系统展开式（5.2.5），可得

$$
\phi'(0) = 1 - \frac{1}{4}e^2 - \frac{3}{64}e^4 - \frac{5}{256}e^6 - \frac{175}{16\,384}e^8 - \frac{441}{65\,536}e^{10} \tag{5.3.11}
$$

$$
\phi'\left(\frac{\pi}{2}\right) = \frac{1}{\sqrt{1-e^2}} - \frac{e^2}{4\sqrt{1-e^2}} - \frac{3e^4}{64\sqrt{1-e^2}} - \frac{5e^6}{256\sqrt{1-e^2}} - \frac{175e^8}{16\,384\sqrt{1-e^2}} - \frac{441e^{10}}{65\,536\sqrt{1-e^2}} \tag{5.3.12}
$$

对 $\phi'(\psi)$ 求导可得 $\phi''(\psi)$，但其在 $\psi = 0$，$\psi = \dfrac{\pi}{2}$ 处均为 0，不能构成有效的插值条件，所以只能对 $\phi''(\psi)$ 继续求导得到 $\phi'''(\psi)$。在计算机代数系统中可求出 $\phi'''(0)$，$\phi'''\left(\dfrac{\pi}{2}\right)$ 的表达式。

对 $\phi'''(\psi)$ 求导可得 $\phi^{(4)}(\psi)$，但 $\phi^{(4)}(0)=0$，$\phi^{(4)}\left(\dfrac{\pi}{2}\right)=0$，不能构成有效的插值条件，继续求导得到 $\phi^{(5)}(\psi)$，在计算机代数系统中可求出 $\phi^{(5)}(0)$ 的表达式。

对式（5.3.10）两端求一阶、三阶、五阶导数，并联立导出的 5 个插值条件，得到下述确定的 5 个待定系数的线性方程组：

$$\begin{pmatrix} 2 & 4 & 6 & 8 & 10 \\ -2 & 4 & -6 & 8 & -10 \\ -8 & -64 & -216 & -512 & -1\,000 \\ 8 & -64 & -216 & -512 & 1\,000 \\ 32 & 1\,024 & 7\,776 & 32\,768 & 100\,000 \end{pmatrix}\begin{pmatrix} \beta_2 \\ \beta_4 \\ \beta_6 \\ \beta_8 \\ \beta_{10} \end{pmatrix}=\begin{pmatrix} \phi'(0)-1 \\ \phi'\left(\dfrac{\pi}{2}\right)-1 \\ \phi'''(0) \\ \phi'''\left(\dfrac{\pi}{2}\right) \\ \phi^{(5)}(0) \end{pmatrix} \tag{5.3.13}$$

求逆，解线性方程组，可得待定系数的形式解为

$$\begin{pmatrix} \beta_2 \\ \beta_4 \\ \beta_6 \\ \beta_8 \\ \beta_{10} \end{pmatrix}=\begin{pmatrix} 2 & 4 & 6 & 8 & 10 \\ -2 & 4 & -6 & 8 & -10 \\ -8 & -64 & -216 & -512 & -1\,000 \\ 8 & -64 & -216 & -512 & 1\,000 \\ 32 & 1\,024 & 7\,776 & 32\,768 & 100\,000 \end{pmatrix}^{-1}\begin{pmatrix} \phi'(0)-1 \\ \phi'\left(\dfrac{\pi}{2}\right)-1 \\ \phi'''(0) \\ \phi'''\left(\dfrac{\pi}{2}\right) \\ \phi^{(5)}(0) \end{pmatrix} \tag{5.3.14}$$

至此，式（5.3.10）中待定系数已经确定，借助计算机代数系统将式（5.3.14）进一步展开为椭球偏心率 e 的幂级数形式：

$$\begin{cases} \beta_2=-\dfrac{1}{8}e^2-\dfrac{1}{16}e^4-\dfrac{103}{2\,048}e^6-\dfrac{181}{4\,096}e^8-\dfrac{61\,565}{1\,572\,864}e^{10} \\ \beta_4=\dfrac{5}{256}e^4+\dfrac{5}{256}e^6+\dfrac{415}{24\,576}e^8+\dfrac{175}{12\,288}e^{10} \\ \beta_6=\dfrac{1}{2\,048}e^6+\dfrac{3}{4\,096}e^8+\dfrac{31}{131\,072}e^{10} \\ \beta_8=\dfrac{283}{393\,216}e^8+\dfrac{283}{196\,608}e^{10} \\ \beta_{10}=\dfrac{1\,301}{7\,864\,320}e^{10} \end{cases} \tag{5.3.15}$$

式（5.3.10）和式（5.3.14）即采用 Hermite 插值法导出等距离纬度反解展开式，式中的系数和采用幂级数展开法确定的系数式（5.2.11）完全一致。

5.3.3 基于 Hermite 插值法的等面积纬度反解展开式

考虑式（4.3.4），根据三角级数回求公式，等面积纬度反解展开式可以假定为

$$\phi(\vartheta)=\vartheta+\gamma_2\sin 2\vartheta+\gamma_4\sin 4\vartheta+\gamma_6\sin 6\vartheta+\gamma_8\sin 8\vartheta+\gamma_{10}\sin 10\vartheta \tag{5.3.16}$$

式中：γ_2、γ_4、γ_6、γ_8、γ_{10}为待定系数，注意到$\vartheta=0$，$\phi(\vartheta)=0$；$\vartheta=\dfrac{\pi}{2}$，$\phi(\vartheta)=\dfrac{\pi}{2}$。由式(5.2.13)可知$\phi'(\vartheta)$、$\phi''(\vartheta)$、$\phi'''(\vartheta)\cdots$分母中均含有$\cos\phi$，在$\phi=\dfrac{\pi}{2}$处奇异，因此$\vartheta=\dfrac{\pi}{2}$不能选为插值点。

在$\vartheta=0$处借助计算机代数系统展开式（5.2.13），可得

$$\phi'(0)=1-\frac{1}{3}e^2-\frac{1}{15}e^4-\frac{1}{35}e^6-\frac{1}{63}e^8-\frac{1}{99}e^{10} \tag{5.3.17}$$

对$\phi'(\vartheta)$求导可得$\phi''(\vartheta)$，但其在$\vartheta=0$时，$\phi''(0)=0$，不能构成有效的插值条件，所以只能对$\phi''(\vartheta)$继续求导得到$\phi'''(\vartheta)$，在计算机代数系统中可求出$\phi'''(0)$。

在等面积纬度正解展开式（4.3.4）中，令$\vartheta=\dfrac{\pi}{4}$，略去迭代过程，可得

$$\phi\left(\frac{\pi}{4}\right)=\frac{\pi}{4}-\frac{1}{6}e^2-\frac{7}{90}e^4-\frac{43}{810}e^6-\frac{913}{21\,600}e^8-\frac{18\,863}{534\,600}e^{10} \tag{5.3.18}$$

将式（5.3.18）代入$\phi'\left(\dfrac{\pi}{4}\right)$、$\phi''\left(\dfrac{\pi}{4}\right)$，并在计算机代数系统中展开。

对式（5.3.14）两端求一阶、二阶、三阶导数，并联立导出的 5 个插值条件，得到下述确定的5个待定系数的线性方程组：

$$\begin{pmatrix} 2 & 4 & 6 & 8 & 10 \\ 1 & 0 & -1 & 0 & 1 \\ 0 & -4 & 0 & 8 & 0 \\ -4 & 0 & 36 & 0 & -100 \\ -8 & -64 & -216 & -512 & -1\,000 \end{pmatrix}\begin{pmatrix} \gamma_2 \\ \gamma_4 \\ \gamma_6 \\ \gamma_8 \\ \gamma_{10} \end{pmatrix}=\begin{pmatrix} \phi'(0)-1 \\ \phi\left(\dfrac{\pi}{4}\right)-\dfrac{\pi}{4} \\ \phi'\left(\dfrac{\pi}{4}\right)-1 \\ \phi''\left(\dfrac{\pi}{4}\right) \\ \phi'''(0) \end{pmatrix} \tag{5.3.19}$$

求逆，解线性方程组，可得待定系数的形式解为

$$\begin{pmatrix} \gamma_2 \\ \gamma_4 \\ \gamma_6 \\ \gamma_8 \\ \gamma_{10} \end{pmatrix}=\begin{pmatrix} 2 & 4 & 6 & 8 & 10 \\ 1 & 0 & -1 & 0 & 1 \\ 0 & -4 & 0 & 8 & 0 \\ -4 & 0 & 36 & 0 & -100 \\ -8 & -64 & -216 & -512 & -1\,000 \end{pmatrix}^{-1}\begin{pmatrix} \phi'(0)-1 \\ \phi\left(\dfrac{\pi}{4}\right)-\dfrac{\pi}{4} \\ \phi'\left(\dfrac{\pi}{4}\right)-1 \\ \phi''\left(\dfrac{\pi}{4}\right) \\ \phi'''(0) \end{pmatrix} \tag{5.3.20}$$

至此，式（5.3.16）中待定系数已经确定，借助计算机代数系统将式（5.3.20）进一步展开为椭球偏心率e的幂级数形式：

$$
\begin{cases}
\gamma_2 = -\dfrac{1}{6}e^2 - \dfrac{7}{90}e^4 - \dfrac{137}{2\,520}e^6 - \dfrac{79\,711}{1\,814\,400}e^8 - \dfrac{4\,470\,689}{119\,750\,400}e^{10} \\
\gamma_4 = \dfrac{1}{45}e^4 + \dfrac{83}{3\,780}e^6 + \dfrac{35\,027}{1\,814\,400}e^8 + \dfrac{333\,097}{19\,958\,400}e^{10} \\
\gamma_6 = -\dfrac{29}{22\,680}e^6 - \dfrac{3\,019}{1\,814\,400}e^8 - \dfrac{483\,577}{239\,500\,800}e^{10} \\
\gamma_8 = \dfrac{719}{1\,209\,600}e^8 + \dfrac{144\,037}{119\,750\,400}e^{10} \\
\gamma_{10} = \dfrac{7\,177}{239\,500\,800}e^{10}
\end{cases} \tag{5.3.21}
$$

式（5.3.16）和式（5.3.21）即采用 Hermite 插值法导出等面积纬度反解展开式，式中的系数和采用幂级数展开法确定的系数式（5.2.19）完全一致。

5.3.4 基于 Hermite 插值法的等角纬度反解展开式

考虑式（4.4.4），根据三角级数回求公式，等角纬度反解展开式可以假定为

$$
\phi(\varphi) = \varphi + \eta_2 \sin 2\varphi + \eta_4 \sin 4\varphi + \eta_6 \sin 6\varphi + \eta_8 \sin 8\varphi + \eta_{10} \sin 10\varphi \tag{5.3.22}
$$

式中：η_2、η_4、η_6、η_8、η_{10} 均为待定系数，注意到 $\varphi = 0$，$\phi(\varphi) = 0$；$\varphi = \dfrac{\pi}{2}$，$\phi(\varphi) = \dfrac{\pi}{2}$。由式(5.2.21)可知 $\phi'(\varphi)$、$\phi''(\varphi)$、$\phi'''(\varphi)\cdots$分母中均含有 $\cos\phi$，在 $\varphi = \dfrac{\pi}{2}$ 处奇异，因此 $\varphi = \dfrac{\pi}{2}$ 不能选为插值点。

在 $\varphi = 0$ 处借助计算机代数系统展开式（5.2.20），因 $\varphi = 0$ 时，$\phi'(0) = 1$，故 $\varphi = 0$ 不能选为插值点。对 $\phi'(\varphi)$ 求导可得 $\phi''(\varphi)$，但其在 $\varphi = 0$ 时，$\phi''(0) = 0$，不能构成有效的插值条件，所以只能对 $\phi''(\varphi)$ 继续求导得到 $\phi'''(\varphi)$。在计算机代数系统中可求出

$$
\phi'''(0) = -\frac{1}{(-1+e^2)^2}e^4 \tag{5.3.23}
$$

在等角纬度正解展开式（4.4.1）中，令 $\varphi = \dfrac{\pi}{4}$，略去迭代过程，可得

$$
\phi\left(\frac{\pi}{4}\right) = \frac{\pi}{4} - \frac{1}{24}e^4 - \frac{7}{120}e^6 - \frac{115}{2\,016}e^8 - \frac{23}{480}e^{10} \tag{5.3.24}
$$

将式（5.3.24）代入 $\phi'\left(\dfrac{\pi}{4}\right)$、$\phi''\left(\dfrac{\pi}{4}\right)$、$\phi'''\left(\dfrac{\pi}{4}\right)$ 并在计算机代数系统中展开。

对式（5.3.22）两端求一阶、二阶、三阶导数，并联立导出的 5 个插值条件，得到下述确定的 5 个待定系数的线性方程组：

$$\begin{pmatrix} 0 & -4 & 0 & 8 & 0 \\ 1 & 0 & -1 & 0 & 1 \\ -4 & 0 & 36 & 0 & -100 \\ -8 & -64 & -216 & -512 & -1\,000 \\ 0 & 64 & 0 & -512 & 0 \end{pmatrix} \begin{pmatrix} \eta_2 \\ \eta_4 \\ \eta_6 \\ \eta_8 \\ \eta_{10} \end{pmatrix} = \begin{pmatrix} \phi'\left(\dfrac{\pi}{4}\right)-1 \\ \phi\left(\dfrac{\pi}{4}\right)-\dfrac{\pi}{4} \\ \phi''\left(\dfrac{\pi}{4}\right) \\ \phi'''(0) \\ \phi'''\left(\dfrac{\pi}{4}\right) \end{pmatrix} \tag{5.3.25}$$

求逆，解线性方程组，可得待定系数的形式解为

$$\begin{pmatrix} \eta_2 \\ \eta_4 \\ \eta_6 \\ \eta_8 \\ \eta_{10} \end{pmatrix} = \begin{pmatrix} 0 & -4 & 0 & 8 & 0 \\ 1 & 0 & -1 & 0 & 1 \\ -4 & 0 & 36 & 0 & -100 \\ -8 & -64 & -216 & -512 & -1\,000 \\ 0 & 64 & 0 & -512 & 0 \end{pmatrix}^{-1} \begin{pmatrix} \phi'\left(\dfrac{\pi}{4}\right)-1 \\ \phi\left(\dfrac{\pi}{4}\right)-\dfrac{\pi}{4} \\ \phi''\left(\dfrac{\pi}{4}\right) \\ \phi'''(0) \\ \phi'''\left(\dfrac{\pi}{4}\right) \end{pmatrix} \tag{5.3.26}$$

至此，式（5.3.25）中待定系数已经确定，借助计算机代数系统将式（5.3.26）进一步展开为椭球偏心率 e 的幂级数形式：

$$\begin{cases} \eta_2 = -\dfrac{1}{24}e^4 - \dfrac{5}{96}e^6 - \dfrac{29}{576}e^8 - \dfrac{13}{288}e^{10} \\ \eta_4 = \dfrac{1}{48}e^4 + \dfrac{1}{60}e^6 + \dfrac{23}{2\,304}e^8 + \dfrac{7}{1152}e^{10} \\ \eta_6 = \dfrac{1}{160}e^6 + \dfrac{3}{448}e^8 + \dfrac{1}{256}e^{10} \\ \eta_8 = \dfrac{83}{32\,256}e^8 + \dfrac{1}{256}e^{10} \\ \eta_{10} = \dfrac{13}{11\,520}e^{10} \end{cases} \tag{5.3.27}$$

式（5.2.20）和式（5.3.27）即采用 Hermite 插值法导出等角纬度反解展开式，式中的系数和采用幂级数展开法确定的系数式（5.2.27）完全一致。

5.3.5 基于 Hermite 插值法的等量纬度反解展开式

由地图投影理论可知，等量纬度 q 与等角纬度 φ 的关系式为

$$\varphi = \arcsin(\tanh q) \tag{5.3.28}$$

结合式（5.3.22），可得以地心纬度 ϕ 为变量的等量纬度 q 的反解展开式为

$$
\begin{cases}
\varphi = \arcsin(\tanh q) \\
\phi(\varphi) = \varphi + \eta_2 \sin 2\varphi + \eta_4 \sin 4\varphi + \eta_6 \sin 6\varphi + \eta_8 \sin 8\varphi + \eta_{10} \sin 10\varphi
\end{cases}
\tag{5.3.29}
$$

式中系数为

$$
\begin{cases}
\eta_2 = -\dfrac{1}{24}e^4 - \dfrac{5}{96}e^6 - \dfrac{29}{576}e^8 - \dfrac{13}{288}e^{10} \\
\eta_4 = \dfrac{1}{48}e^4 + \dfrac{1}{60}e^6 + \dfrac{23}{2\,304}e^8 + \dfrac{7}{1152}e^{10} \\
\eta_6 = \dfrac{1}{160}e^6 + \dfrac{3}{448}e^8 + \dfrac{1}{256}e^{10} \\
\eta_8 = \dfrac{83}{32\,256}e^8 + \dfrac{1}{256}e^{10} \\
\eta_{10} = \dfrac{13}{11\,520}e^{10}
\end{cases}
\tag{5.3.30}
$$

式（5.3.29）和式（5.3.30）即采用符号迭代法导出等量纬度反解展开式，式中的系数和采用幂级数展开法确定的系数式（5.2.30）完全一致。

5.4　基于 Lagrange 级数法反解展开式

利用 Lagrange 级数法求解归化纬度、等距离纬度、等面积纬度、等角纬度反解展开式的基本思路：首先根据 Lagrange 级数法写出这 4 种纬度的反解计算式，之后利用相应的正解展开式，在计算机代数系统中对反解计算式进行化简整理，得到正弦倍角多项式形式的反解展开式，最后借助计算机代数系统将展开式系数统一表示为椭球偏心率的幂级数形式。

5.4.1　基于 Lagrange 级数法的归化纬度反解展开式

归化纬度的反解展开式可以统一写成类似于式（3.3.29）的形式：

$$
\begin{cases}
\phi = u + f(\phi) \\
f(\phi) = -m_2 \sin 2\phi - m_4 \sin 4\phi - m_6 \sin 6\phi - m_8 \sin 8\phi - m_{10} \sin 10\phi
\end{cases}
\tag{5.4.1}
$$

式中：m_2、m_4、m_6、m_8、m_{10} 均为正解展开式系数。

根据式（3.3.29），可得式（5.4.1）的反解公式为

$$
\phi(u) = u + f(u) + \frac{1}{2!}\frac{\mathrm{d}}{\mathrm{d}u}[f(u)]^2 + \cdots + \frac{1}{5!}\frac{\mathrm{d}^4}{\mathrm{d}u^4}[f(u)]^4 + \cdots \tag{5.4.2}
$$

由于 $f(u)$ 形式比较复杂，人工推导其高阶导数难度极大，本书借助计算机代数系统推导出了式（5.4.2）的各阶导数，经整理并按正弦函数的倍角形式合并后可得

$$
\phi(u) = u + \alpha_2 \sin 2u + \alpha_4 \sin 4u + \alpha_6 \sin 6u + \alpha_8 \sin 8u + \alpha_{10} \sin 10u \tag{5.4.3}
$$

式中

$$
\begin{cases}
\alpha_2 = -m_2 - m_2 m_4 - m_4 m_6 + \dfrac{1}{2}m_2^3 + m_2 m_4^2 - \dfrac{1}{2}m_2^2 m_6 + \dfrac{1}{3}m_2^3 m_4 - \dfrac{1}{12}m_2^5 \\
\alpha_4 = -m_4 + m_2^2 - 2m_2 m_6 + 4m_2^2 m_4 - \dfrac{4}{3}m_2^4 \\
\alpha_6 = -m_6 + 3m_2 m_4 - 3m_2 m_8 - \dfrac{3}{2}m_2^3 + \dfrac{9}{2}m_2 m_4^2 + 9m_2^2 m_6 - \dfrac{27}{2}m_2^3 m_4 + \dfrac{27}{8}m_2^5 \\
\alpha_8 = -m_8 + 2m_4^2 + 4m_2 m_6 - 8m_2^2 m_4 + \dfrac{8}{3}m_2^4 \\
\alpha_{10} = -m_{10} + 5m_2 m_8 + 5m_4 m_6 - \dfrac{25}{2}m_2 m_4^2 - \dfrac{25}{2}m_2^2 m_6 + \dfrac{125}{6}m_2^3 m_4 - \dfrac{125}{24}m_2^5
\end{cases}
\tag{5.4.4}
$$

将式（4.1.4）中 m_2、m_4、m_6、m_8、m_{10} 的表达式代入式（5.4.4），在计算机代数系统中将反解系数展开为椭球偏心率 e 的幂级数形式：

$$
\begin{cases}
\alpha_2 = -\dfrac{1}{4}e^2 - \dfrac{1}{8}e^4 - \dfrac{5}{64}e^6 - \dfrac{7}{128}e^8 - \dfrac{21}{512}e^{10} \\
\alpha_4 = \dfrac{1}{32}e^4 + \dfrac{1}{32}e^6 + \dfrac{7}{256}e^8 + \dfrac{3}{128}e^{10} \\
\alpha_6 = -\dfrac{1}{192}e^6 - \dfrac{1}{128}e^8 - \dfrac{9}{1\,024}e^{10} \\
\alpha_8 = \dfrac{1}{1\,024}e^8 + \dfrac{1}{512}e^{10} \\
\alpha_{10} = -\dfrac{1}{5120}e^{10}
\end{cases}
\tag{5.4.5}
$$

式（5.4.3）和式（5.4.5）即采用 Lagrange 级数法导出归化纬度反解展开式，式中的系数和采用 Hermite 插值法确定的系数式（5.3.9）完全一致。

5.4.2 基于 Lagrange 级数法的等距离纬度反解展开式

等距离纬度的反解展开式可以统一写成类似于式（3.3.29）的形式：

$$
\begin{cases}
\phi = \psi + f(\phi) \\
f(\phi) = -a_2 \sin 2\phi - a_4 \sin 4\phi - a_6 \sin 6\phi - a_8 \sin 8\phi - a_{10} \sin 10\phi
\end{cases}
\tag{5.4.6}
$$

式中：a_2、a_4、a_6、a_8、a_{10} 均为正解展开式系数。

根据式（3.3.29），可得式（5.4.6）的反解公式为

$$
\phi(\psi) = \psi + f(\psi) + \frac{1}{2!}\frac{\mathrm{d}}{\mathrm{d}\psi}[f(\psi)]^2 + \cdots + \frac{1}{5!}\frac{\mathrm{d}^4}{\mathrm{d}\psi^4}[f(\psi)]^4 + \cdots \tag{5.4.7}
$$

由于 $f(\psi)$ 形式比较复杂，人工推导其高阶导数难度极大，本书借助计算机代数系统推导出了式（5.4.7）的各阶导数，经整理并按正弦函数的倍角形式合并后可得

$$
\phi(\psi) = \psi + \beta_2 \sin 2\psi + \beta_4 \sin 4\psi + \beta_6 \sin 6\psi + \beta_8 \sin 8\psi + \beta_{10} \sin 10\psi \tag{5.4.8}
$$

式中

$$
\begin{cases}
\beta_2 = -a_2 - a_2a_4 - a_4a_6 + \dfrac{1}{2}a_2^3 + a_2a_4^2 - \dfrac{1}{2}a_2^2a_6 + \dfrac{1}{3}a_2^3a_4 - \dfrac{1}{12}a_2^5 \\
\beta_4 = -a_4 + a_2^2 - 2a_2a_6 + 4a_2^2a_4 - \dfrac{4}{3}a_2^4 \\
\beta_6 = -a_6 + 3a_2a_4 - 3a_2a_8 - \dfrac{3}{2}a_2^3 + \dfrac{9}{2}a_2a_4^2 + 9a_2^2a_6 - \dfrac{27}{2}a_2^3a_4 + \dfrac{27}{8}a_2^5 \\
\beta_8 = -a_8 + 2a_4^2 + 4a_2a_6 - 8a_2^2a_4 + \dfrac{8}{3}a_2^4 \\
\beta_{10} = -a_{10} + 5a_2a_8 + 5a_4a_6 - \dfrac{25}{2}a_2a_4^2 - \dfrac{25}{2}a_2^2a_6 + \dfrac{125}{6}a_2^3a_4 - \dfrac{125}{24}a_2^5
\end{cases} \tag{5.4.9}
$$

将式（4.2.10）中 a_2、a_4、a_6、a_8、a_{10} 的表达式代入式（5.4.9），在计算机代数系统中将反解系数展开为椭球偏心率 e 的幂级数形式：

$$
\begin{cases}
\beta_2 = -\dfrac{1}{8}e^2 - \dfrac{1}{16}e^4 - \dfrac{103}{2\,048}e^6 - \dfrac{181}{4\,096}e^8 - \dfrac{61\,565}{1\,572\,864}e^{10} \\
\beta_4 = \dfrac{5}{256}e^4 + \dfrac{5}{256}e^6 + \dfrac{415}{24\,576}e^8 + \dfrac{175}{12\,288}e^{10} \\
\beta_6 = \dfrac{1}{2\,048}e^6 + \dfrac{3}{4\,096}e^8 + \dfrac{31}{131\,072}e^{10} \\
\beta_8 = \dfrac{283}{393\,216}e^8 + \dfrac{283}{196\,608}e^{10} \\
\beta_{10} = \dfrac{1\,301}{7\,864\,320}e^{10}
\end{cases} \tag{5.4.10}
$$

式（5.4.8）和式（5.4.10）即采用 Lagrange 级数法导出等距离纬度反解展开式，式中的系数和采用 Hermite 插值法确定的系数式（5.3.15）完全一致。

5.4.3 基于 Lagrange 级数法的等面积纬度反解展开式

等面积纬度的反解展开式可以统一写成类似于式（3.3.29）的形式：

$$
\begin{cases}
\phi = \vartheta + f(\phi) \\
f(\phi) = -b_2\sin 2\phi - b_4\sin 4\phi - b_6\sin 6\phi - b_8\sin 8\phi - b_{10}\sin 10\phi
\end{cases} \tag{5.4.11}
$$

式中：b_2、b_4、b_6、b_8、b_{10} 均为正解展开式系数。

根据式（3.3.29），可得式（5.4.11）的反解公式为

$$
\phi(\vartheta) = \vartheta + f(\vartheta) + \frac{1}{2!}\frac{\mathrm{d}}{\mathrm{d}\vartheta}[f(\vartheta)]^2 + \cdots + \frac{1}{5!}\frac{\mathrm{d}^4}{\mathrm{d}\vartheta^4}[f(\vartheta)]^4 + \cdots \tag{5.4.12}
$$

由于 $f(\vartheta)$ 形式比较复杂，人工推导其高阶导数难度极大，本书借助计算机代数系统推导出了式（5.4.12）的各阶导数，经整理并按正弦函数的倍角形式合并后可得

$$
\phi(\vartheta) = \vartheta + \gamma_2\sin 2\vartheta + \gamma_4\sin 4\vartheta + \gamma_6\sin 6\vartheta + \gamma_8\sin 8\vartheta + \gamma_{10}\sin 10\vartheta \tag{5.4.13}
$$

式中

$$
\begin{cases}
\gamma_2 = -b_2 - b_2 b_4 - b_4 b_6 + \dfrac{1}{2} b_2^3 + b_2 b_4^2 - \dfrac{1}{2} b_2^2 b_6 + \dfrac{1}{3} b_2^3 b_4 - \dfrac{1}{12} b_2^5 \\
\gamma_4 = -b_4 + b_2^2 - 2 b_2 b_6 + 4 b_2^2 b_4 - \dfrac{4}{3} b_2^4 \\
\gamma_6 = -b_6 + 3 b_2 b_4 - 3 b_2 b_8 - \dfrac{3}{2} b_2^3 + \dfrac{9}{2} b_2 b_4^2 + 9 b_2^2 b_6 - \dfrac{27}{2} b_2^3 b_4 + \dfrac{27}{8} b_2^5 \\
\gamma_8 = -b_8 + 2 b_4^2 + 4 b_2 b_6 - 8 b_2^2 b_4 + \dfrac{8}{3} b_2^4 \\
\gamma_{10} = -b_{10} + 5 b_2 b_8 + 5 b_4 b_6 - \dfrac{25}{2} b_2 b_4^2 - \dfrac{25}{2} b_2^2 b_6 + \dfrac{125}{6} b_2^3 b_4 - \dfrac{125}{24} b_2^5
\end{cases}
\tag{5.4.14}
$$

将式（4.3.5）中 b_2、b_4、b_6、b_8、b_{10} 的表达式代入式（5.4.14），在计算机代数系统中将反解系数展开为椭球偏心率 e 的幂级数形式：

$$
\begin{cases}
\gamma_2 = -\dfrac{1}{6} e^2 - \dfrac{7}{90} e^4 - \dfrac{137}{2\,520} e^6 - \dfrac{79\,711}{1\,814\,400} e^8 - \dfrac{4\,470\,689}{119\,750\,400} e^{10} \\
\gamma_4 = \dfrac{1}{45} e^4 + \dfrac{83}{3\,780} e^6 + \dfrac{35\,027}{1\,814\,400} e^8 + \dfrac{333\,097}{19\,958\,400} e^{10} \\
\gamma_6 = -\dfrac{29}{22\,680} e^6 - \dfrac{3\,019}{1\,814\,400} e^8 - \dfrac{483\,577}{239\,500\,800} e^{10} \\
\gamma_8 = \dfrac{719}{1\,209\,600} e^8 + \dfrac{144\,037}{119\,750\,400} e^{10} \\
\gamma_{10} = \dfrac{7\,177}{239\,500\,800} e^{10}
\end{cases}
\tag{5.4.15}
$$

式（5.4.13）和式（5.4.15）即采用 Lagrange 级数法导出等面积纬度反解展开式，式中的系数和采用 Hermite 插值法确定的系数式（5.3.21）完全一致。

5.4.4 基于 Lagrange 级数法的等角纬度反解展开式

等角纬度的反解展开式可以统一写成类似于式（3.3.29）的形式：

$$
\begin{cases}
\phi = \varphi + f(\phi) \\
f(\phi) = -c_2 \sin 2\phi - c_4 \sin 4\phi - c_6 \sin 6\phi - c_8 \sin 8\phi - c_{10} \sin 10\phi
\end{cases}
\tag{5.4.16}
$$

式中：c_2、c_4、c_6、c_8、c_{10} 均为正解展开式系数。

根据式（3.3.29），可得式（5.4.16）的反解公式为

$$
\phi(\varphi) = \varphi + f(\varphi) + \frac{1}{2!} \frac{\mathrm{d}}{\mathrm{d}\varphi} [f(\varphi)]^2 + \cdots + \frac{1}{5!} \frac{\mathrm{d}^4}{\mathrm{d}\varphi^4} [f(\varphi)]^4 + \cdots
\tag{5.4.17}
$$

由于 $f(\varphi)$ 形式比较复杂，人工推导其高阶导数难度极大，本书借助计算机代数系统推导出了式（5.4.17）的各阶导数，经整理并按正弦函数的倍角形式合并后可得

$$\phi(\varphi)=\varphi+\eta_2\sin 2\varphi+\eta_4\sin 4\varphi+\eta_6\sin 6\varphi+\eta_8\sin 8\varphi+\eta_{10}\sin 10\varphi \tag{5.4.18}$$

式中

$$\begin{cases}\eta_2=-c_2-c_2c_4-c_4c_6+\dfrac{1}{2}c_2^3+c_2c_4^2-\dfrac{1}{2}c_2^2c_6+\dfrac{1}{3}c_2^3c_4-\dfrac{1}{12}c_2^5\\ \eta_4=-c_4+c_2^2-2c_2c_6+4c_2^2c_4-\dfrac{4}{3}c_2^4\\ \eta_6=-c_6+3c_2c_4-3c_2c_8-\dfrac{3}{2}c_2^3+\dfrac{9}{2}c_2c_4^2+9c_2^2c_6-\dfrac{27}{2}c_2^3c_4+\dfrac{27}{8}c_2^5\\ \eta_8=-c_8+2c_4^2+4c_2c_6-8c_2^2c_4+\dfrac{8}{3}c_2^4\\ \eta_{10}=-c_{10}+5c_2c_8+5c_4c_6-\dfrac{25}{2}c_2c_4^2-\dfrac{25}{2}c_2^2c_6+\dfrac{125}{6}c_2^3c_4-\dfrac{125}{24}c_2^5\end{cases} \tag{5.4.19}$$

将式（4.5.2）中 c_2、c_4、c_6、c_8、c_{10} 的表达式代入式（5.4.19），在计算机代数系统中将反解系数展开为椭球偏心率 e 的幂级数形式：

$$\begin{cases}\eta_2=-\dfrac{1}{24}e^4-\dfrac{5}{96}e^6-\dfrac{29}{576}e^8-\dfrac{13}{288}e^{10}\\ \eta_4=\dfrac{1}{48}e^4+\dfrac{1}{60}e^6+\dfrac{23}{2\,304}e^8+\dfrac{7}{1152}e^{10}\\ \eta_6=\dfrac{1}{160}e^6+\dfrac{3}{448}e^8+\dfrac{1}{256}e^{10}\\ \eta_8=\dfrac{83}{32\,256}e^8+\dfrac{1}{256}e^{10}\\ \eta_{10}=\dfrac{13}{11\,520}e^{10}\end{cases} \tag{5.4.20}$$

式（5.4.18）和式（5.4.20）即采用 Lagrange 级数法导出等角纬度反解展开式，式中的系数和采用 Hermite 插值法确定的系数式（5.3.25）完全一致。

5.4.5 基于 Lagrange 级数法的等量纬度反解展开式

由地图投影理论可知，等量纬度 q 与等角纬度 φ 的关系式为

$$\varphi=\arcsin(\tanh q) \tag{5.4.21}$$

结合式（5.4.18），可得以地心纬度 ϕ 为变量的等量纬度 q 的反解展开式为

$$\begin{cases}\varphi=\arcsin(\tanh q)\\ \phi(\varphi)=\varphi+\eta_2\sin 2\varphi+\eta_4\sin 4\varphi+\eta_6\sin 6\varphi+\eta_8\sin 8\varphi+\eta_{10}\sin 10\varphi\end{cases} \tag{5.4.22}$$

式中系数为

$$
\begin{cases}
\eta_2 = -\dfrac{1}{24}e^4 - \dfrac{5}{96}e^6 - \dfrac{29}{576}e^8 - \dfrac{13}{288}e^{10} \\
\eta_4 = \dfrac{1}{48}e^4 + \dfrac{1}{60}e^6 + \dfrac{23}{2\,304}e^8 + \dfrac{7}{1152}e^{10} \\
\eta_6 = \dfrac{1}{160}e^6 + \dfrac{3}{448}e^8 + \dfrac{1}{256}e^{10} \\
\eta_8 = \dfrac{83}{32\,256}e^8 + \dfrac{1}{256}e^{10} \\
\eta_{10} = \dfrac{13}{11\,520}e^{10}
\end{cases}
\tag{5.4.23}
$$

式（5.4.22）和式（5.4.23）即采用 Lagrange 级数法导出等量纬度反解展开式，式中的系数和采用 Hermite 插值法确定的系数式（5.3.30）完全一致。

5.5　实用反解展开式

5.1 节～5.4 节分别将归化纬度、等距离纬度、等面积纬度和等角纬度用不同的方法反解，并将反解展开式的系数表示成了椭球第一偏心率 e 的幂级数形式，但高阶项（如 e^8 或 e^{10}）前的形式还是稍显复杂。为便于使用和记忆，本书引入新变量 $\varepsilon = \dfrac{e}{2}$，对正解展开式的系数作进一步的简化。

引入新变量后，归化纬度反解展开式的系数可以简化为

$$
\begin{cases}
\alpha_2 = -\varepsilon^2 - 2\varepsilon^4 - 5\varepsilon^6 - 14\varepsilon^8 - 42\varepsilon^{10} \\
\alpha_4 = \dfrac{1}{2}\varepsilon^4 + 2\varepsilon^6 + 7\varepsilon^8 + 24\varepsilon^{10} \\
\alpha_6 = -\dfrac{1}{3}\varepsilon^6 - 2\varepsilon^8 - 9\varepsilon^{10} \\
\alpha_8 = \dfrac{1}{4}\varepsilon^8 + 2\varepsilon^{10} \\
\alpha_{10} = -\dfrac{1}{5}\varepsilon^{10}
\end{cases}
\tag{5.5.1}
$$

引入新变量后，等距离纬度反解展开式的系数可以简化为

$$
\begin{cases}
\beta_2 = -\dfrac{1}{2}\varepsilon^2 - \varepsilon^4 - \dfrac{103}{32}\varepsilon^6 - \dfrac{181}{16}\varepsilon^8 - \dfrac{61\,565}{1\,536}\varepsilon^{10} \\
\beta_4 = \dfrac{5}{16}\varepsilon^4 + \dfrac{5}{4}\varepsilon^6 + \dfrac{415}{96}\varepsilon^8 + \dfrac{175}{12}\varepsilon^{10} \\
\beta_6 = \dfrac{1}{32}\varepsilon^6 + \dfrac{3}{16}\varepsilon^8 + \dfrac{31}{128}\varepsilon^{10} \\
\beta_8 = \dfrac{283}{1\,536}\varepsilon^8 + \dfrac{283}{192}\varepsilon^{10} \\
\beta_{10} = \dfrac{1301}{7\,680}\varepsilon^{10}
\end{cases}
\tag{5.5.2}
$$

引入新变量后，等面积纬度反解展开式的系数可以简化为

$$\begin{cases}\gamma_2=-\dfrac{2}{3}\varepsilon^2-\dfrac{56}{45}\varepsilon^4-\dfrac{1\,096}{315}\varepsilon^6-\dfrac{159\,422}{14\,175}\varepsilon^8-\dfrac{17\,882\,756}{467\,775}\varepsilon^{10}\\ \gamma_4=\dfrac{16}{45}\varepsilon^4+\dfrac{1\,328}{945}\varepsilon^6+\dfrac{70\,054}{14\,175}\varepsilon^8+\dfrac{2\,664\,776}{155\,925}\varepsilon^{10}\\ \gamma_6=-\dfrac{232}{2\,835}\varepsilon^6-\dfrac{6\,038}{14\,175}\varepsilon^8-\dfrac{967\,154}{467\,775}\varepsilon^{10}\\ \gamma_8=\dfrac{719}{4\,725}\varepsilon^8+\dfrac{576\,148}{467\,775}\varepsilon^{10}\\ \gamma_{10}=\dfrac{14\,354}{467\,775}\varepsilon^{10}\end{cases} \tag{5.5.3}$$

引入新变量后，等角纬度反解展开式的系数可以简化为

$$\begin{cases}\eta_2=-\dfrac{2}{3}\varepsilon^4-\dfrac{10}{3}\varepsilon^6-\dfrac{116}{9}\varepsilon^8-\dfrac{416}{9}\varepsilon^{10}\\ \eta_4=\dfrac{1}{3}\varepsilon^4+\dfrac{16}{15}\varepsilon^6+\dfrac{23}{9}\varepsilon^8+\dfrac{56}{9}\varepsilon^{10}\\ \eta_6=\dfrac{2}{5}\varepsilon^6+\dfrac{12}{7}\varepsilon^8+4\varepsilon^{10}\\ \eta_8=\dfrac{83}{126}\varepsilon^8+4\varepsilon^{10}\\ \eta_{10}=\dfrac{52}{45}\varepsilon^{10}\end{cases} \tag{5.5.4}$$

将我国常用大地坐标系采用的椭球参数代入式（5.5.1）～式（5.5.4），可得等距离纬度、等角纬度和等面积纬度正解展开式的系数值，如表 5.1～表 5.4 所示。

表 5.1　不同椭球下归化纬度反解展开式的系数值

椭球	α_2	α_4	α_6	α_8	α_{10}
克拉索夫斯基椭球	$-1.678\,979\,180\,655\times10^{-3}$	$1.409\,485\,543\times10^{-6}$	$-1.577\,664\times10^{-9}$	1.986×10^{-12}	-3×10^{-15}
IUGG1975椭球	$-1.679\,221\,647\,179\times10^{-3}$	$1.409\,892\,668\times10^{-6}$	$-1.578\,347\times10^{-9}$	1.988×10^{-12}	-3×10^{-15}
WGS84椭球	$-1.679\,220\,386\,381\times10^{-3}$	$1.409\,890\,551\times10^{-6}$	$-1.578\,344\times10^{-9}$	1.988×10^{-12}	-3×10^{-15}
CGCS2000椭球	$-1.679\,220\,394\,626\times10^{-3}$	$1.409\,890\,565\times10^{-6}$	$-1.578\,344\times10^{-9}$	1.988×10^{-12}	-3×10^{-15}

表 **5.2** 不同椭球下等距离纬度反解展开式的系数值

椭球	β_2	β_4	β_6	β_8	β_{10}
克拉索夫斯基椭球	$-8.394\,929\,921\,609\times10^{-3}$	$8.809\,280\,504\times10^{-7}$	$1.478\,981\times10^{-10}$	1.464×10^{-12}	2×10^{-15}
IUGG1975椭球	$-8.396\,142\,268\,969\times10^{-3}$	$8.811\,825\,037\times10^{-7}$	$1.479\,622\times10^{-10}$	1.465×10^{-12}	2×10^{-15}
WGS84椭球	$-8.396\,135\,964\,900\times10^{-3}$	$8.811\,811\,804\times10^{-7}$	$1.479\,618\times10^{-10}$	1.465×10^{-12}	2×10^{-15}
CGCS2000椭球	$-8.396\,136\,006\,126\times10^{-3}$	$8.811\,811\,891\times10^{-7}$	$1.479\,618\times10^{-10}$	1.465×10^{-12}	2×10^{-15}

表 **5.3** 不同椭球下等面积纬度反解展开式的系数值

椭球	γ_2	γ_4	γ_6	γ_8	γ_{10}
克拉索夫斯基椭球	$-1.119\,071\,253\,746\times10^{-3}$	$1.002\,510\,695\times10^{-6}$	$-3.869\,763\times10^{-10}$	1.209×10^{-12}	0.4×10^{-15}
IUGG1975椭球	$-1.119\,232\,826\,747\times10^{-3}$	$1.002\,510\,695\times10^{-6}$	$-3.869\,763\times10^{-10}$	1.210×10^{-12}	0.4×10^{-15}
WGS84椭球	$-1.119\,231\,986\,586\times10^{-3}$	$1.002\,509\,190\times10^{-6}$	$-3.869\,754\times10^{-10}$	1.210×10^{-12}	0.4×10^{-15}
CGCS2000椭球	$-1.119\,231\,992\,080\times10^{-3}$	$1.002\,509\,200\times10^{-6}$	$-3.869\,754\times10^{-10}$	1.210×10^{-12}	0.4×10^{-15}

表 **5.4** 不同椭球下等角纬度反解展开式的系数值

椭球	η_2	η_4	η_6	η_8	η_{10}
克拉索夫斯基椭球	$-1.882\,465\,850\,215\times10^{-6}$	$9.383\,908\,561\times10^{-7}$	$1.887\,731\times10^{-9}$	5.217×10^{-12}	2×10^{-15}
IUGG1975椭球	$-1.883\,010\,049\,566\times10^{-6}$	$9.386\,617\,241\times10^{-7}$	$1.888\,548\times10^{-9}$	5.220×10^{-12}	2×10^{-15}
WGS84椭球	$-1.883\,007\,219\,588\times10^{-6}$	$9.386\,603\,155\times10^{-7}$	$1.888\,544\times10^{-9}$	5.220×10^{-12}	2×10^{-15}
CGCS2000椭球	$-1.883\,007\,238\,094\times10^{-6}$	$9.386\,603\,247\times10^{-7}$	$1.888\,544\times10^{-9}$	5.220×10^{-12}	2×10^{-15}

5.6　反解展开式精度分析

为了说明导出的归化纬度u、等距离纬度ψ、等面积纬度ϑ和等角纬度φ反解展开式的准确性与可靠性，本书选用 CGCS2000 坐标系参考椭球常数对以地心纬度为变量的归化纬度u、等距离纬度ψ、等面积纬度ϑ和等角纬度φ进行反解精度分析，用以验证推导的公式，其中$a = 6\,378\,137\ \mathrm{m}$，$f = 1/298.257\,222\,101$。分析的基本思路：先取定大地纬度$B_0$，代入式（1.3.7）、式（1.3.9），得到归化纬度u_0和地心纬度ϕ_0的理论值，将B分别代入李厚朴等（2015）给出的大地纬度表示的等距离纬度、等面积纬度和等角纬度正解表达式，得到其理论值分别为ψ_0、ϑ_0和φ_0，再将理论值u_0、ψ_0、ϑ_0和φ_0代入本书导出的反解展开式中，便可得到地心纬度的计算值$\phi(u)$、$\phi(\psi)$、$\phi(\vartheta)$和$\phi(\varphi)$，将地心纬度理论值与计算值相减，便可得到不同反解表达式的计算误差，记为$\Delta\phi(u)$、$\Delta\phi(\psi)$、$\Delta\phi(\vartheta)$和$\Delta\phi(\varphi)$，结果如表 5.5 所示。

表 5.5　归化纬度、等距离纬度、等面积纬度和等角纬度反解展开式的计算误差

纬度 B_0/（°）	$\Delta\phi(u)$ /（″）	$\Delta\phi(\psi)$ /（″）	$\Delta\phi(\vartheta)$ /（″）	$\Delta\phi(\varphi)$ /（″）
10	-8.31×10^{-11}	-5.76×10^{-11}	-8.31×10^{-11}	-7.03×10^{-11}
20	-1.28×10^{-10}	-2.56×10^{-10}	-2.56×10^{-10}	-3.84×10^{-10}
30	-2.43×10^{-10}	-4.73×10^{-10}	-5.12×10^{-10}	-6.39×10^{-10}
40	-3.84×10^{-10}	-8.19×10^{-10}	-8.44×10^{-10}	-6.91×10^{-10}
50	-5.37×10^{-10}	-1.13×10^{-9}	-1.23×10^{-9}	-7.16×10^{-10}
60	-7.93×10^{-10}	-1.74×10^{-9}	-1.74×10^{-9}	-1.15×10^{-9}
70	-9.72×10^{-10}	-1.94×10^{-9}	-2.05×10^{-9}	-1.84×10^{-9}
80	-7.16×10^{-10}	-1.48×10^{-9}	-1.38×10^{-9}	-1.59×10^{-9}
89	0	-2.05×10^{-10}	-5.12×10^{-11}	-2.56×10^{-10}

由表 5.5 可以看出：误差$\Delta\phi(u)$、$\Delta\phi(\psi)$、$\Delta\phi(\vartheta)$和$\Delta\phi(\varphi)$随大地纬度B的变化不是单调的，其变化范围分别为$-9.72\times10^{-10\prime\prime}\sim0$、$-1.94\times10^{-9\prime\prime}\sim-5.76\times10^{-11\prime\prime}$、$-2.05\times10^{-9\prime\prime}\sim-5.12\times10^{-11\prime\prime}$、$-1.84\times10^{-9\prime\prime}\sim-7.03\times10^{-11\prime\prime}$。因此，本书导出的归化纬度$u$反解展开式的精度优于$10^{-9\prime\prime}$、等距离纬度$\psi$反解展开式的精度优于$10^{-8\prime\prime}$、等面积纬度$\vartheta$反解展开式的精度优于$10^{-8\prime\prime}$和等角纬度$\varphi$反解展开式的精度优于$10^{-8\prime\prime}$，完全可以满足测量和地图学的精度要求。

第6章 以大地纬度为变量的常用纬度差异分析

大地纬度是测量和地球科学计算中最常用的一种纬度，但是在测量和地图投影理论推导中，为满足某种投影性质，也常会用到其他5种辅助纬度（地心纬度、归化纬度、等距离纬度、等角纬度和等面积纬度）的概念。随着空间技术和计算机技术在大地测量及地图学中的应用和发展，研究大地纬度及其他5种辅助纬度间的关系，以及它们之间的差异问题具有更加重要的实用价值。对于大地纬度与其他5种辅助纬度间的变换这一问题，国内外许多学者进行了深入研究，取得了显著成果。杨启和（2000，1989）手工推导出了等角纬度、等面积纬度及等距离纬度展至 $\sin 8B$ 展开式；边少锋等(2018,2007)、李厚朴等（2019，2015，2013）借助具有强大数学分析功能的计算机代数系统推导出了等面积纬度、等角纬度及等距离纬度的偏心率 e 的幂级数展开式，发现和纠正了手工推导的正解公式中某些项的偏差，推导出的系数具有更高的精确度。

从目前来看，前人对这一领域做了很多卓有成效的工作，但是却鲜有文献将这几种常用纬度进行系统比较。为丰富对这一问题的研究，使人们对这几种常用纬度间的差异形成较直观的认识，本章将借助 Mathematica 计算机代数系统，对常用纬度间的差异进行分析，推导常用纬度间差异极值点和差异极值的符号表达式，以 CGCS2000 参考椭球为例，对常用纬度间的差异进行数值分析和对比。

6.1 归化纬度与大地纬度差异极值表达式

通过对辅助纬度与大地纬度的差值表达式进行求导，即可推算出辅助纬度与大地纬度差异极值点的解析表达式。对归化纬度与大地纬度的差值表达式进行求导并令导数为零，可得

$$\begin{aligned}\frac{\mathrm{d}(u-B)}{\mathrm{d}B}&=\frac{\mathrm{d}(\arctan(\sqrt{1-e^2}\ \tan B)-B)}{\mathrm{d}B}\\&=\frac{\sqrt{1-e^2}\sec^2 B}{1+(1-e^2)\tan^2 B}-1=0\end{aligned}\tag{6.1.1}$$

对式（6.1.1）移项并将等式两边同乘以 $\cos^2 B$，变形可得

$$\sqrt{1-e^2}=1-e^2\sin^2 B\tag{6.1.2}$$

将含 B 的式子移至等式的一边，并将分子有理化，可得

$$\sin^2 B=\frac{1}{1+\sqrt{1-e^2}}\tag{6.1.3}$$

顾及 $B\in[0,\pi/2]$，可得

$$B=\arcsin\frac{1}{\sqrt{1+\sqrt{1-e^2}}}\tag{6.1.4}$$

利用计算机代数系统求归化纬度与大地纬度差值表达式的二阶导数，可得

$$\frac{\mathrm{d}(\mathrm{d}(u-B)/\mathrm{d}B)}{\mathrm{d}B}=\frac{4e^2\sqrt{1-e^2}\sin 2B}{(2-e^2+e^2\cos 2B)^2} \tag{6.1.5}$$

将式（6.1.4）代入式（6.1.5）进行检验，可知二阶导数不为零，且在极值点处大于零，故式（6.1.4）所示的大地纬度即为所求的差异极值点的极小值点，将式（6.1.4）代入归化纬度与大地纬度的差值表达式，可得差异极小值为

$$\begin{aligned}(u-B)_{\min}&=\arctan(\sqrt{1-e^2}\tan B)-B\\&=-\arcsin(1+\sqrt{1-e^2})^{-1/2}+\arctan(\sqrt{1-e^2}\tan(\arcsin(1+\sqrt{1-e^2})^{-1/2}))\\&=-\arcsin(1+\sqrt{1-e^2})^{-1/2}+\arctan(\sqrt{1-e^2}\tan(\operatorname{arccsc}(1+\sqrt{1-e^2})^{1/2}))\\&=-\arcsin(1+\sqrt{1-e^2})^{-1/2}+\arctan(\sqrt{1-e^2}(1/(\sqrt{1+\sqrt{1-e^2}-1})))\\&=-\arcsin(1+\sqrt{1-e^2})^{-1/2}+\arctan(1-e^2)^{1/4}\\&=\arctan\frac{(1-e^2)^{1/4}-(1-e^2)^{-1/4}}{2}\end{aligned} \tag{6.1.6}$$

为方便说明归化纬度与大地纬度差异极值点和差异极值的大小，可进一步将式（6.1.4）、式（6.1.6）展开成椭球偏心率 e 的幂级数形式：

$$\begin{cases}B_{\min}=\dfrac{\pi}{4}+\dfrac{1}{8}e^2+\dfrac{1}{16}e^4+\dfrac{31}{768}e^6+\dfrac{15}{512}e^8+\dfrac{1863}{81920}e^{10}\\(u-B)_{\min}=-\dfrac{1}{4}e^2-\dfrac{1}{8}e^4-\dfrac{31}{384}e^6-\dfrac{15}{256}e^8-\dfrac{1863}{40960}e^{10}\end{cases} \tag{6.1.7}$$

6.2 地心纬度与大地纬度差异极值表达式

对地心纬度与大地纬度的差值表达式进行求导并令导数为零，可得

$$\begin{aligned}\frac{\mathrm{d}(\phi-B)}{\mathrm{d}B}&=\frac{\mathrm{d}(\arctan((1-e^2)\tan B)-B)}{\mathrm{d}B}\\&=\frac{(1-e^2)\sec^2 B}{1+(1-e^2)^2\tan^2 B}-1=0\end{aligned} \tag{6.2.1}$$

对式（6.2.1）移项并将等式两边同乘以 $\cos^2 B$，变形可得

$$1-e^2=\cos^2 B+(1-e^2)^2\sin^2 B \tag{6.2.2}$$

整理后化解可得

$$1-e^2=1+e^4\sin^2 B-2e^2\sin^2 B \tag{6.2.3}$$

将含 B 的式子移至等式的一边，可得

$$\sin^2 B=\frac{1}{2-e^2} \tag{6.2.4}$$

顾及 $B\in[0,\pi/2]$，可得

$$B=\arcsin\frac{1}{\sqrt{2-e^2}} \tag{6.2.5}$$

利用计算机代数系统求地心纬度与大地纬度差值表达式的二阶导数，可得

$$\frac{\mathrm{d}(\mathrm{d}(\phi-B)/\mathrm{d}B)}{\mathrm{d}B}=\frac{2e^2(2-3e^2+e^4)\sec^2 B\tan B}{(1+(-1+e^2)^2\tan^2 B)^2} \tag{6.2.6}$$

将式（6.2.5）代入（6.2.6）进行检验，可知二阶导数不为零，且在极值点处大于零，故式（6.2.5）所示的大地纬度即为所求的差异极值点的极小值点，将式（6.2.5）代入地心纬度与大地纬度的差值表达式，可得差异极小值为

$$\begin{aligned}(\phi-B)_{\min}&=\arctan((1-e^2)\tan B)-B\\&=\arctan((1-e^2)\tan(\arcsin(2-e^2)^{-1/2}))-\arcsin(2-e^2)^{-1/2}\\&=\arctan((1-e^2)\tan(\operatorname{arccsc}(2-e^2)^{1/2}))-\arcsin(2-e^2)^{-1/2}\\&=\arctan\left((1-e^2)\frac{1}{\sqrt{1-e^2}}\right)-\arcsin(2-e^2)^{-1/2}\\&=\arctan(1-e^2)^{1/2}-\arcsin(2-e^2)^{-1/2}\\&=\arctan\frac{(1-e^2)^{1/2}-(1-e^2)^{-1/2}}{2}\end{aligned} \tag{6.2.7}$$

类似地，将式（6.2.5）、式（6.2.7）展开为椭球偏心率 e 的幂级数形式：

$$\begin{cases}B_{\min}=\dfrac{\pi}{4}+\dfrac{1}{4}e^2+\dfrac{1}{8}e^4+\dfrac{7}{96}e^6+\dfrac{3}{64}e^8+\dfrac{83}{2\,560}e^{10}\\(\phi-B)_{\min}=-\dfrac{1}{2}e^2-\dfrac{1}{4}e^4-\dfrac{7}{48}e^6-\dfrac{3}{32}e^8-\dfrac{83}{1\,280}e^{10}\end{cases} \tag{6.2.8}$$

6.3 等距离纬度与大地纬度差异极值表达式

由式（1.5.1），等距离纬度 ψ 可用子午线弧长 X 表示为

$$\psi=\frac{X}{R}=\frac{X}{a(1-e^2)k_0} \tag{6.3.1}$$

式中：$k_0=1+\frac{3}{4}e^2+\frac{45}{64}e^4+\frac{175}{256}e^6+\frac{11\,025}{16\,384}e^8+\frac{43\,659}{65\,536}e^{10}$。

对等距离纬度与大地纬度的差值表达式求导并令导数为零，可得

$$\frac{\mathrm{d}(\psi-B)}{\mathrm{d}B}=\frac{\mathrm{d}\left(\dfrac{\int_0^B(1-e^2\sin^2 B)^{-3/2}\mathrm{d}B}{k_0}-B\right)}{\mathrm{d}B}=0 \tag{6.3.2}$$

由于积分和微分是相反的一对运算，故式（6.3.2）可化简为

$$\frac{(1-e^2\sin^2 B)^{-3/2}}{k_0}-1=0 \tag{6.3.3}$$

将式（6.3.4）移项，将含 B 的式子移至等式的一边，化简可得

$$\sin^2 B=\frac{1-k_0^{-\frac{2}{3}}}{e^2} \tag{6.3.4}$$

顾及 $B\in[0,\pi/2]$，可得

$$B=\arcsin\sqrt{\frac{1-k_0^{-\frac{2}{3}}}{e^2}} \tag{6.3.5}$$

利用计算机代数系统求等距离纬度与大地纬度差值表达式的二阶导数，可得

$$\frac{\mathrm{d}(\mathrm{d}(\psi-B)/\mathrm{d}B)}{\mathrm{d}B}=\frac{3e^2\cos B\sin B}{k_0(1-e^2\sin^2 B)^{5/2}} \tag{6.3.6}$$

将式（6.3.5）代入式（6.3.6）进行检验，可知二阶导数不为零，且在极值点处大于零，故式（6.3.5）所示的大地纬度即为所求的差异极值点的极小值点，为方便不同极值间大小的比较，在计算机代数系统中将式（6.3.5）展开为关于偏心率 e 的幂级数形式，得差异极值点的符号表达式：

$$B_{\min}=\frac{\pi}{4}+\frac{5}{32}e^2+\frac{5}{64}e^4+\frac{2\,435}{49\,152}e^6+\frac{1155}{32\,768}e^8-\frac{20\,846\,011}{50\,331\,648}e^{10} \tag{6.3.7}$$

将式（6.3.7）代入 $\psi-B$ 表达式中，并对结果进行幂级数展开，可推导出等距离纬度与大地纬度差异的极值：

$$(\psi-B)_{\min}=-\frac{3}{8}e^2-\frac{3}{16}e^4-\frac{1\,417}{12\,288}e^6-\frac{649}{8\,192}e^8-\frac{1\,225\,533}{20\,971\,520}e^{10} \tag{6.3.8}$$

6.4 等面积纬度与大地纬度差异极值表达式

由式（1.6.7）可知，等面积纬度与大地纬度的关系为

$$\vartheta=\arcsin\left(\frac{1}{A}\left(\frac{\sin B}{2(1-e^2\sin^2 B)}+\frac{1}{4e}\ln\frac{1+e\sin B}{1-e\sin B}\right)\right) \tag{6.4.1}$$

对等面积纬度与大地纬度的差值表达式求导并令导数为零，可得

$$\frac{\mathrm{d}(\vartheta-B)}{\mathrm{d}B}=\frac{\mathrm{d}\left(\arcsin\left(\frac{1}{A}\left(\frac{\sin B}{2(1-e^2\sin^2 B)}+\frac{1}{4e}\ln\frac{1+e\sin B}{1-e\sin B}\right)\right)-B\right)}{\mathrm{d}B}=0 \tag{6.4.2}$$

在计算机代数系统中求导后可得

$$\begin{aligned}&-\frac{2}{3}\cos 2Be^2+\frac{-31\cos 2B+17\cos 4B}{90}e^4\\&+\frac{-1\,593\cos 2B+1\,464\cos 4B-383\cos 6B}{7560}e^6\\&+\frac{-128\,433\cos 2B+153\,938\cos 4B-70\,287\cos 6B+12\,014\cos 8B}{907\,200}e^8\\&+\frac{-10048-2\,7703\sin^2 B-57\,898\sin^4 B-118\,651\sin^6 B-433\,306\sin^8 B+817\,460\sin^{10} B}{467\,775}e^{10}\\&=0\end{aligned} \tag{6.4.3}$$

由式（6.4.3）可以看出，地球椭球偏心率约为$1/300$，在$B\in[0,\pi/2]$范围内，椭球偏心率很小的情况下，若要使差值表达式的导数为零，则e^2项需近似为零，也就是差异极值点在$B\approx\pi/4$附近。

将$\cos 2B$项作为等式左边项，其他项移到等式右边，并对等式两端同时取反三角函数：

$$B=\frac{3}{2}\arccos\left(\begin{aligned}&\frac{1}{90}(-31\cos 2B+17\cos 4B)e^2\\&+\frac{-1\,593\cos 2B+1\,464\cos 4B-383\cos 6B}{7\,560}e^4\\&+\frac{-128\,433\cos 2B+153\,938\cos 4B-70\,287\cos 6B+12\,014\cos 8B}{907\,200}e^6\\&+\frac{-10\,048-27\,703\sin^2 B-57\,898\sin^4 B-118\,651\sin^6 B-433\,306\sin^8 B+817\,460\sin^{10} B}{467\,775}e^8\end{aligned}\right) \tag{6.4.4}$$

将初值$B_0=\pi/4$代入式（6.4.4）进行迭代，经过一次迭代后的结果为

$$B_1=\frac{\pi}{4}+\frac{17}{120}e^2+\frac{61}{420}e^4+\frac{2\,163\,251}{18\,144\,000}e^6+\frac{3\,113\,459}{33\,264\,000}e^8+\frac{10\,927\,449\,193}{1\,016\,064\,000\,000}e^{10} \tag{6.4.5}$$

将B_1代入式（6.4.4）继续进行第二次迭代，依此类推，可以发现第 6 次迭代结果与第 5 次迭代结果相比，它们扩展至e^{10}的展开式中各项系数已不再发生变化，故迭代终止。略去推导过程，得差异极值点的符号表达式：

$$B=\frac{\pi}{4}+\frac{17}{120}e^2+\frac{3\,631}{50\,400}e^4+\frac{848\,753}{18\,144\,000}e^6+\frac{316\,477\,927}{9\,313\,920\,000}e^8-\frac{179\,803\,851\,193}{4\,790\,016\,000\,000}e^{10} \tag{6.4.6}$$

利用计算机代数系统求等面积纬度与大地纬度差值表达式的二阶导数，可得

$$\begin{aligned}\frac{\mathrm{d}(\mathrm{d}(\vartheta-B)/\mathrm{d}B)}{\mathrm{d}B}&=3\sin 2Be^2+\frac{31\sin 2B-34\sin 4B}{45}e^4+\frac{531\sin 2B-976\sin 4B+383\sin 6B}{1\,260}e^6\\&+\frac{128\,433\sin 2B-307\,876\sin 4B+210\,861\sin 6B-48\,056\sin 8B}{453\,600}e^8\\&+\frac{6\,053\,990\sin 2B-17\,234\,480\sin 4B+15\,766\,119\sin 6B-6\,441\,376\sin 8B+1\,021\,825\sin 10B}{29\,937\,600}e^{10}\end{aligned} \tag{6.4.7}$$

将式（6.4.6）代入式（6.4.7）进行检验，可知二阶导数不为零，且在极值点处大于零，故式（6.4.6）所示的大地纬度即为所求的差异极值点的极小值点，将式（6.4.6）代入$\vartheta-B$表达式中，并展开为椭球偏心率e的幂级数形式，取至e^{10}项，可得等面积纬度与大地纬度差异极小值为

$$(\vartheta-B)_{\min}=-\frac{1}{3}e^2-\frac{31}{180}e^4-\frac{7\,147}{64\,800}e^6-\frac{711\,187}{9\,072\,000}e^8-\frac{9\,953\,278\,469}{167\,650\,560\,000}e^{10} \tag{6.4.8}$$

6.5 等角纬度与大地纬度差异极值表达式

由式（2.5.4）可得等角纬度与大地纬度的关系为

$$\varphi = 2\arctan\left(\tan\left(\frac{\pi}{4}+\frac{B}{2}\right)\left(\frac{1-e\sin B}{1+e\sin B}\right)^{e/2}\right)-\frac{\pi}{2} \tag{6.5.1}$$

对等角纬度与大地纬度的差值表达式求导并令导数为零，可得

$$\frac{\mathrm{d}(\varphi-B)}{\mathrm{d}B}=\frac{\mathrm{d}\left(2\arctan\left(\tan\left(\frac{\pi}{4}+\frac{B}{2}\right)\left(\frac{1-e\sin B}{1+e\sin B}\right)^{e/2}\right)-\frac{\pi}{2}-B\right)}{\mathrm{d}B}=0 \tag{6.5.2}$$

在计算机代数系统中求导后可得

$$\begin{aligned}&-\cos 2Be^2-\frac{5\sin B\sin 3B}{6}e^4\\&+\frac{(-1-2\cos 2B+13\cos 4B)\sin^2 B}{20}e^6\\&+\frac{(653+1\,598\cos 2B+2\,474\cos 4B)\sin^4 B}{2\,520}e^8\\&-\frac{(208+51\cos 2B-1044\cos 4B+1\,835\cos B)\sin^4 B}{5\,040}e^{10}=0\end{aligned} \tag{6.5.3}$$

由式（6.5.3）可以看出，地球椭球偏心率约为$1/300$，在$B\in[0,\pi/2]$范围内，椭球偏心率很小的情况下，若要使差值表达式的导数为零，则e^2项需近似为零，也就是差异极值点在$B\approx\pi/4$附近。

将$\cos 2B$项作为等式左边项，其他项移至等式右边，并对等式两端同时取反三角函数：

$$B=\frac{1}{2}\arccos\left(\begin{aligned}&-\frac{5}{6}\sin B\sin 3Be^2\\&+\frac{(-1-2\cos 2B+13\cos 4B)\sin^2 B}{20}e^4\\&+\frac{(653+1\,598\cos 2B+2\,474\cos 4B)\sin^4 B}{2\,520}e^6\\&-\frac{(208+51\cos 2B-1\,044\cos 4B+1835\cos B)\sin^4 B}{5\,040}e^8\end{aligned}\right) \tag{6.5.4}$$

将初值$B_0=\pi/4$代入式（6.5.4）进行迭代，经过一次迭代后的结果为

$$B_1=\frac{\pi}{4}+\frac{5}{24}e^2+\frac{7}{40}e^4+\frac{69\,931}{725\,760}e^6+\frac{1\,243}{26\,880}e^8+\frac{978\,779}{46\,448\,640}e^{10} \tag{6.5.5}$$

将B_1代入式（6.5.4）继续进行第二次迭代，依此类推，可以发现第6次迭代结果与第5次迭代结果相比，它们扩展至e^{10}的展开式中各项系数已不再发生变化，故迭代终止。略去推导过程，得差异极值点的符号表达式：

$$B=\frac{\pi}{4}+\frac{5}{24}e^2+\frac{127}{1\,440}e^4+\frac{36\,121}{725\,760}e^6+\frac{160\,781}{4\,838\,400}e^8+\frac{675\,433}{33\,177\,600}e^{10} \tag{6.5.6}$$

利用计算机代数系统求等角纬度与大地纬度差值表达式的二阶导数，可得

$$\frac{\mathrm{d}(\mathrm{d}(\varphi-B)/\mathrm{d}B)}{\mathrm{d}B}=\frac{1}{10\,080}e^2\begin{bmatrix} e^6(-5\,505e^2+2(8\,420-883e^2)\cos B \\ -9\,175e^2\cos 2B+102(188-3e^2)\cos 3B+ \\ 32(1\,237+261e^2)\cos 5B)\sin^3 B \\ +84(5(48+20e^2+9e^4)\sin 2B- \\ 8e^2(25+21e^2)\sin 4B+117e^4\sin 6B) \end{bmatrix} \tag{6.5.7}$$

将式（6.5.6）代入式（6.5.7）进行检验，可知二阶导数不为零，且在极值点处大于零，故式（6.5.7）所示的大地纬度即为所求的差异极值点的极小值点，将式（6.5.6）代入 $\varphi-B$ 表达式中，并展开为椭球偏心率 e 的幂级数形式，取至 e^{10} 项，可得等角纬度与大地纬度差异极小值为

$$(\varphi-B)_{\min}=-\frac{1}{2}e^2-\frac{5}{24}e^4-\frac{317}{2\,880}e^6-\frac{16\,769}{241\,920}e^8-\frac{406\,151}{8\,294\,400}e^{10} \tag{6.5.8}$$

6.6 常用纬度差异极值分析

6.6.1 辅助纬度与大地纬度差异极值符号表达式

为了方便比较辅助纬度与大地纬度差异极值点、差异极值的大小，将 6.1～6.5 节推导出的辅助纬度与大地纬度的差异极值点及对应的差异极值符号表达式分别列于表 6.1、表 6.2。

表 6.1 辅助纬度与大地纬度差异极值点

差值	差异极小值点 B
$u-B$	$\frac{\pi}{4}+\frac{1}{8}e^2+\frac{1}{16}e^4+\frac{31}{768}e^6+\frac{15}{512}e^8+\frac{1\,863}{81\,920}e^{10}$
$\phi-B$	$\frac{\pi}{4}+\frac{1}{4}e^2+\frac{1}{8}e^4+\frac{7}{96}e^6+\frac{3}{64}e^8+\frac{83}{2\,560}e^{10}$
$\psi-B$	$\frac{\pi}{4}+\frac{5}{32}e^2+\frac{5}{64}e^4+\frac{2\,435}{49\,152}e^6+\frac{1\,155}{32\,768}e^8-\frac{20\,846\,011}{50\,331\,648}e^{10}$
$\vartheta-B$	$\frac{\pi}{4}+\frac{17}{120}e^2+\frac{3\,631}{50\,400}e^4+\frac{848\,753}{18\,144\,000}e^6+\frac{316\,477\,927}{9\,313\,920\,000}e^8-\frac{179\,803\,851\,193}{4\,790\,016\,000\,000}e^{10}$
$\varphi-B$	$\frac{\pi}{4}+\frac{5}{24}e^2+\frac{127}{1\,440}e^4+\frac{36\,121}{725\,760}e^6+\frac{160\,781}{4\,838\,400}e^8+\frac{675\,433}{33\,177\,600}e^{10}$

表 6.2　辅助纬度与大地纬度差异极值符号表达式

差值	对应差异极小值
$u-B$	$-\frac{1}{4}e^2-\frac{1}{8}e^4-\frac{31}{384}e^6-\frac{15}{256}e^8-\frac{1\,863}{40\,960}e^{10}$
$\phi-B$	$-\frac{1}{2}e^2-\frac{1}{4}e^4-\frac{7}{48}e^6-\frac{3}{32}e^8-\frac{83}{1\,280}e^{10}$
$\psi-B$	$-\frac{3}{8}e^2-\frac{3}{16}e^4-\frac{1\,417}{12\,288}e^6-\frac{649}{8\,192}e^8-\frac{1\,225\,533}{20\,971\,520}e^{10}$
$\vartheta-B$	$-\frac{1}{3}e^2-\frac{31}{180}e^4-\frac{7\,147}{64\,800}e^6-\frac{711\,187}{9\,072\,000}e^8-\frac{9\,953\,278\,469}{167\,650\,560\,000}e^{10}$
$\varphi-B$	$-\frac{1}{2}e^2-\frac{5}{24}e^4-\frac{317}{2\,880}e^6-\frac{16\,769}{241\,920}e^8-\frac{406\,151}{8\,294\,400}e^{10}$

由表 6.1 可以看出，各辅助纬度与大地纬度的差异极小值点均在 $B\approx\pi/4$ 右侧，且略有不同，辅助纬度中与大地纬度差异极值的绝对值较大的是地心纬度和等角纬度；等距离纬度次之，而归化纬度与大地纬度的差异极值的绝对值最小。

6.6.2　辅助纬度之间的差异极值符号表达式

为系统地比较各常用纬度之间的差异，除对辅助纬度与大地纬度间的差异进行分析以外，需对辅助纬度之间的差异进行分析。以下分别对大地测量中常用的地心纬度与归化纬度间的差异，地图学中常用的等距离纬度、等角纬度及等面积纬度之间的差异进行分析。与推导辅助纬度和大地纬度间差异极值点类似，通过对辅助纬度之间的差值表达式进行求导并令导数为零（以地心纬度与归化纬度间为例），可得

$$\frac{\mathrm{d}(\phi-u)}{\mathrm{d}B}=\frac{\mathrm{d}(\arctan((1-e^2)\tan B)-\arctan(\sqrt{1-e^2}\,\tan B))}{\mathrm{d}B}=0 \tag{6.6.1}$$

即

$$\frac{(1-e^2)\sec^2 B}{1+(1-e^2)^2\tan^2 B}=\frac{\sqrt{1-e^2}\sec^2 B}{1+(1-e^2)\tan^2 B} \tag{6.6.2}$$

对式（6.6.2）化简，并将含 B 的式子移至等式的一边，可得

$$\begin{aligned}\tan^2 B&=\frac{\sqrt{1-e^2}-1}{(1-e^2)(1-e^2-\sqrt{1-e^2})}\\&=\frac{1-e^2-1}{(1-e^2)\sqrt{1-e^2}(1-e^2-1)}\\&=(1-e^2)^{-3/2}\end{aligned} \tag{6.6.3}$$

顾及 $B\in[0,\pi/2]$，可得

$$B=\arctan(1-e^2)^{-3/4} \tag{6.6.4}$$

$$\frac{\mathrm{d}(\mathrm{d}(\phi-u)/\mathrm{d}B)}{\mathrm{d}B}=2\sec^2 B\tan B\left[\begin{aligned}&\frac{(1-e^2)^{3/2}\sec^2 B}{[-1+(-1+e^2)\tan^2 B]^2}+\frac{\sqrt{1-e^2}}{-1+(-1+e^2)\tan^2 B}\\&+\frac{(-1+e^2)^3\sec^2 B}{[1+(-1+e^2)^2\tan^2 B]^2}+\frac{1-e^2}{1+(-1+e^2)^2\tan^2 B}\end{aligned}\right] \tag{6.6.5}$$

将式（6.6.4）代入式（6.6.5）进行检验，可知二阶导数不为零，且在极值点处大于零，故式（6.6.4）所示的大地纬度即为所求的差异极值点的极小值点，将式（6.6.4）代入地心纬度与归化纬度的差值表达式，可得差异极小值为

$$\begin{aligned}(\phi-u)_{\min}&=\arctan\left((1-e^2)\tan B\right)-\arctan(\sqrt{1-e^2}\tan B)\\&=\arctan\frac{(1-e^2)\tan B-\sqrt{1-e^2}\tan B}{1+(1-e^2)\sqrt{1-e^2}\tan^2 B}\\&=\arctan\frac{(1-e^2)\tan(\arctan(1-e^2)^{-3/4})-\sqrt{1-e^2}\tan(\arctan(1-e^2)^{-3/4})}{1+(1-e^2)\sqrt{1-e^2}\tan^2(\arctan(1-e^2)^{-3/4})}\\&=\arctan\frac{(1-e^2)^{1/4}-(1-e^2)^{-1/4}}{2}\end{aligned} \tag{6.6.6}$$

为方便不同极值间的比较，将式（6.6.4）、式（6.6.6）展开为椭球偏心率 e 的幂级数形式，取至 e^{10} 项，可得差异极值点及对应极值的级数展开式：

$$\begin{cases}B_{\min}=\dfrac{\pi}{4}+\dfrac{3}{8}e^2+\dfrac{3}{16}e^4+\dfrac{23}{256}e^6+\dfrac{21}{512}e^8+\dfrac{1\,509}{81\,920}e^{10}\\(\phi-u)_{\min}=-\dfrac{1}{4}e^2-\dfrac{1}{8}e^4-\dfrac{31}{384}e^6-\dfrac{15}{256}e^8-\dfrac{1\,863}{40\,960}e^{10}\end{cases} \tag{6.6.7}$$

与推导辅助纬度和大地纬度间差异极值点类似，通过对等面积纬度与等角纬度的差值表达式求导，并利用迭代法推导出其差异极值点及对应的差异极值：

$$\frac{\mathrm{d}(\vartheta-\varphi)}{\mathrm{d}B}=\frac{\mathrm{d}\left(\arcsin\left(\dfrac{1}{A}\left(\dfrac{\sin B}{2\left(1-e^2\sin^2 B\right)}+\dfrac{1}{4e}\ln\dfrac{1+e\sin B}{1-e\sin B}\right)\right)-2\arctan\left(\tan\left(\dfrac{\pi}{4}+\dfrac{B}{2}\right)\left(\dfrac{1-e\sin B}{1+e\sin B}\right)^{e/2}\right)+\dfrac{\pi}{2}\right)}{\mathrm{d}B}=0 \tag{6.6.8}$$

在计算机代数系统中求导后可得

$$
\begin{aligned}
&\frac{1}{3}\cos 2Be^2+\frac{13}{180}\cos 2Be^4-\frac{13}{560}\cos 2Be^6\\
&-\frac{6\,653\cos 2B}{151\,200}e^8-\frac{256\,127\cos 2B}{5\,987\,520}e^{10}-\frac{41\cos 4B}{180}e^4\\
&-\frac{197\cos 4B}{1\,260}e^6-\frac{65\,617\cos 4B}{907\,200}e^8-\frac{16\,579\cos 4B}{748\,440}e^{10}\\
&+\frac{1\,691\cos 6B}{15\,120}e^6+\frac{19\,403\cos 6B}{151\,200}e^8+\frac{4\,038\,733\cos 6B}{39\,916\,800}e^{10}\\
&-\frac{43\,651\cos 8B}{907\,200}e^3-\frac{576\,847\cos 8B}{7\,484\,400}e^{10}+\frac{463\,249\cos 10B}{23\,950\,080}e^{10}=0
\end{aligned}
\tag{6.6.9}
$$

由式（6.6.8）可以看出，地球椭球偏心率约为 1/300，在 $B\in[0,\pi/2]$ 范围内，椭球偏心率很小的情况下，若要使差值表达式的导数为零，则 e^2 项需近似为零，也就是差异极值点在 $B\approx\pi/4$ 附近。

将 $\cos 2B$ 项作为等式左边项，其他项移到等式右边，并对等式两端同时取反三角函数

$$
B=\frac{1}{2}\arccos\left(\begin{aligned}
&-\frac{13\cos 2B}{60}e^2+\frac{39\cos 2B}{560}e^4+\frac{6\,653\cos 2B}{50\,400}e^6+\frac{256\,127\cos 2B}{1\,995\,840}e^8\\
&+\frac{41\cos 4B}{60}e^2+\frac{197\cos 4B}{420}e^4+\frac{65\,617\cos 4B}{302\,400}e^6+\frac{16\,579\cos 4B}{249\,480}e^8\\
&-\frac{1\,691\cos 6B}{5\,040}e^4-\frac{19\,403\cos 6B}{50\,400}e^6-\frac{4\,038\,733\cos 6B}{13\,305\,600}e^8\\
&+\frac{43\,651\cos 8B}{302\,400}e^6+\frac{576\,847\cos 8B}{2\,494\,800}e^8-\frac{463\,249\cos 10B}{7\,983\,360}e^8
\end{aligned}\right)
\tag{6.6.10}
$$

对式（6.6.10）采用迭代法，即可推算出等面积纬度与等角纬度之间的差异极值点。

$$
B=\frac{\pi}{4}+\frac{41}{60}e^2+\frac{8\,089}{25\,200}e^4-\frac{167\,903}{453\,600}e^6-\frac{390\,473\,597}{582\,120\,000}e^8+\frac{53\,205\,547\,007}{65\,488\,500\,000}e^{10}
\tag{6.6.11}
$$

利用计算机代数系统求等面积纬度与等角纬度差值表达式的二阶导数，可得

$$
\begin{aligned}
&\frac{\mathrm{d}(\mathrm{d}(\vartheta-\varphi)/\mathrm{d}B)}{\mathrm{d}B}\\
&=\frac{1}{59\,875\,200}\left[\begin{aligned}
&4e^2(-9\,979\,200-2\,162\,160e^2+694\,980e^4+1\,317\,294e^6+1\,280\,635e^8)\sin 2B\\
&+8e^4(6\,819\,120+4\,680\,720e^2+216\,5361e^4+663\,160e^6)\sin 4B\\
&-9e^6(4\,464\,240+5\,122\,392e^2+4\,038\,733e^4)\sin 6B\\
&+16e^8(1\,440\,483+2\,307\,388e^2)\sin 8B-11\,581\,225e^{10}\sin 10B
\end{aligned}\right]
\end{aligned}
\tag{6.6.12}
$$

将式（6.6.11）代入式（6.6.12）进行检验，可知二阶导数不为零，且在极值点处小于零，故式（6.6.11）所示的大地纬度即为所求的差异极值点的极大值点，将式（6.6.11）代入 $\vartheta-\varphi$ 表达式中，并展开为椭球偏心率 e 的幂级数形式，取至 e^{10} 项，可得等面积纬度与等角纬度差异的极值为

$$(\vartheta-\varphi)_{\max}=\frac{1}{6}e^2+\frac{13}{360}e^4-\frac{49}{1\,620}e^6-\frac{19\,681}{453\,600}e^8+\frac{6\,978\,863}{149\,688\,000}e^{10} \quad (6.6.13)$$

类似地，可推导出等角纬度、等面积纬度分别与等距离纬度间的差异极值点及对应极值，结果列于表 6.3 和表 6.4。

表 6.3 等角纬度、等面积纬度和等距离纬度间差异极值点

差值	差异极值点
$\vartheta-\varphi$	$\frac{\pi}{4}+\frac{41}{60}e^2+\frac{8\,089}{25\,200}e^4-\frac{167\,903}{453\,600}e^6-\frac{390\,473\,597}{582\,120\,000}e^8+\frac{53\,205\,547\,007}{65\,488\,500\,000}e^{10}$
$\psi-\varphi$	$\frac{\pi}{4}+\frac{35}{48}e^2+\frac{491}{1\,440}e^4-\frac{1\,460\,941}{2\,903\,040}e^6-\frac{132\,011}{153\,600}e^8+\frac{9\,083\,172\,379}{7\,431\,782\,400}e^{10}$
$\psi-\vartheta$	$\frac{\pi}{4}+\frac{131}{240}e^2+\frac{14\,543}{50\,400}e^4-\frac{1\,475\,833}{14\,515\,200}e^6-\frac{6\,126\,008\,549}{18\,627\,840\,000}e^8+\frac{15\,360\,849\,370\,267}{97\,542\,144\,000\,000}e^{10}$

表 6.4 等角纬度、等面积纬度和等距离纬度间差异极值符号表达式

差值	对应差异极值
$\vartheta-\varphi$	$\frac{1}{6}e^2+\frac{13}{360}e^4-\frac{49}{1\,620}e^6-\frac{19\,681}{453\,600}e^8+\frac{6\,978\,863}{149\,688\,000}e^{10}$
$\psi-\varphi$	$\frac{1}{8}e^2+\frac{1}{48}e^4-\frac{233}{7\,680}e^6-\frac{12\,023}{322\,560}e^8+\frac{2\,052\,185}{37\,158\,912}e^{10}$
$\psi-\vartheta$	$-\frac{1}{24}e^2-\frac{11}{720}e^4-\frac{19}{207\,360}e^6+\frac{88\,757}{14\,515\,200}e^8-\frac{127\,680\,983}{153\,280\,512\,000}e^{10}$

由表 6.3 可以看出，等角纬度、等面积纬度和等距离纬度间的差异极值点均在 $B\approx\pi/4$ 右侧，且存在微小差异。结合表 6.2 可知，它们之间差异极值的绝对值均小于它们与大地纬度差异极值的绝对值，其中，等距离纬度与等面积纬度间差异极值的绝对值最小，而等面积纬度与等角纬度差异极值的绝对值最大。

6.7 算例分析

由于地球椭球偏心率很小，且不同参考椭球的偏心率非常接近。为使人们对各纬度的差异在数值上有一个直观的认识，下面以 CGCS2000 参考椭球 ($e=0.081\,819\,191\,042\,8$) 为例，对 6 种常用纬度间的差异进行数值比较与分析。

6.7.1 辅助纬度与大地纬度的差异极值

为了解常用辅助纬度与大地纬度的差异情况，可绘制出大地纬度 $B\in[0^{\circ},90^{\circ}]$ 范围内，常用辅助纬度与大地纬度的差异曲线图，如图 6.1 所示。

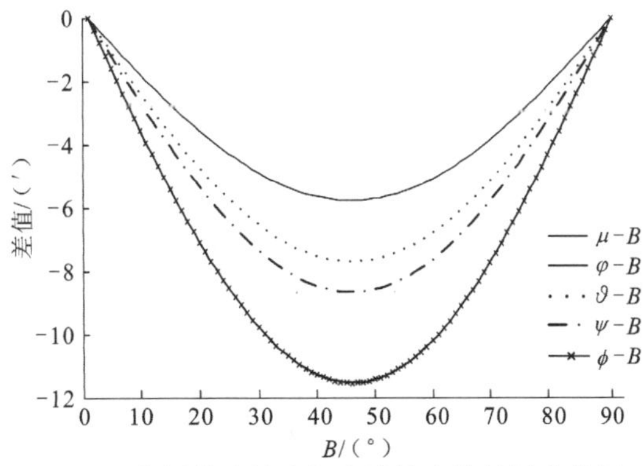

图 6.1 常用辅助纬度与大地纬度的差异曲线图

表 6.5 为大地纬度 $B\in[0^{\circ},90^{\circ}]$ 时，每隔 15° 对应的常用辅助纬度与大地纬度间的差异。

表 6.5 常用辅助纬度与大地纬度的差异

B	15°	30°	45°	60°	75°	90°
$u-B$	−2′52.93″	−4′59.71″	−5′46.36″	−5′00.21″	−2′53.43″	0
$\phi-B$	−5′45.36″	−9′58.91″	−11′32.72″	−10′00.92″	−5′47.37″	0
$\psi-B$	−4′19.30″	−7′29.47″	−8′39.54″	−7′30.41″	−4′20.25″	0
$\varphi-B$	−5′45.33″	−9′58.74″	−11′32.34″	−10′00.42″	−5′47.01″	0
$\vartheta-B$	−3′50.55″	−6′39.61″	−7′41.87″	−6′40.37″	−3′51.32″	0

由图 6.1 及表 6.5 可以看出，常用辅助纬度与大地纬度差异的绝对值先变大后变小，且在大地纬度 $\pi/4$ 附近处，常用辅助纬度与大地纬度的差异出现极值。

根据已推导出的常用辅助纬度与大地纬度的差异极值点及对应的差异极值的符号表达式，可以计算出 $B\in[0,\pi/2]$ 时，常用辅助纬度与大地纬度间的差异极值，如表 6.6 所示。

表 6.6 常用辅助纬度与大地纬度差异极值

差值	差异极值点	对应差异极值
$u-B$	45°02′53″	−5′46.36″
$\phi-B$	45°05′46″	−11′32.73″
$\psi-B$	45°03′36″	−8′39.55″
$\varphi-B$	45°04′48.5″	−11′32.34″
$\vartheta-B$	45°03′16″	−7′41.87″

由图 6.1 及表 6.6 可以看出，辅助纬度与大地纬度的差异极值点均在 $B \approx \pi/4$ 右侧，地心纬度、等角纬度与大地纬度的差异极值最大，差异绝对值最大达到 $11'32.73''$。等距离纬度与大地纬度差异极值的绝对值次之，为 $8'39.55''$，而归化纬度与大地纬度的差异最小，它们的差异绝对最大值为 $5'46.36''$。等角纬度和地心纬度这两种纬度与大地纬度的差异十分接近，它们与大地纬度的差异曲线近乎重合。

6.7.2 辅助纬度间的差异极值

为全面分析辅助纬度间的差异极值大小，以 CGCS2000 参考椭球为例，可绘制出大地纬度 $B \in [0, \pi/2]$ 时地心纬度与归化纬度间的差异如图 6.2 所示，等角纬度、等面积纬度和等距离纬度间的差异如图 6.3 所示。

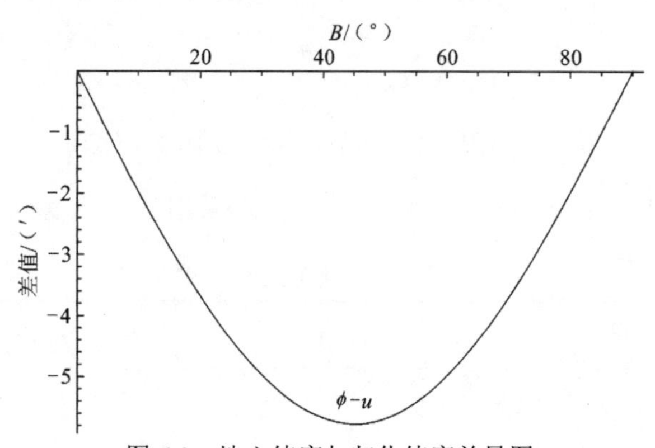

图 6.2　地心纬度与归化纬度差异图

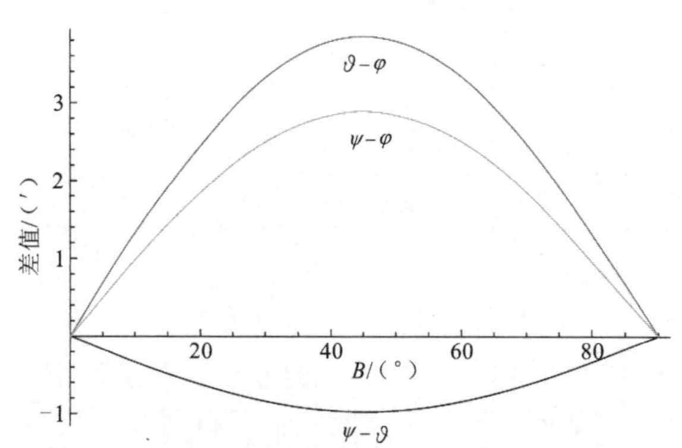

图 6.3　等角纬度、等面积纬度、等距离纬度间的差异图

表 6.7 为大地纬度 $B \in [0, \pi/2]$ 时，每隔 15° 对应的辅助纬度间的差异。

表 6.7　辅助纬度间的差异

B	15°	30°	45°	60°	75°	90°
$\phi - u$	$-2'52''$	$-4'59''$	$-5'46''$	$-5'01''$	$-2'54''$	0
$\vartheta - \varphi$	$1'55''$	$3'19''$	$3'50''$	$3'20''$	$1'56''$	0
$\psi - \varphi$	$1'26''$	$2'29''$	$2'53''$	$2'30''$	$1'27''$	0
$\psi - \vartheta$	$-29''$	$-50''$	$-58''$	$-50''$	$-29''$	0

由图 6.2、图 6.3 及表 6.7 可以看出，在 $B \in [0, \pi/2]$ 范围内，地心纬度与归化纬度间差异的绝对值和等角纬度、等面积纬度与等距离纬度间差异的绝对值都是先变大后变小，且这 4 种差异极值均出现在大地纬度 $\pi/4$ 附近。根据推导出的辅助纬度间差异点和极值符号表达式，可计算出辅助纬度间差异极值点和差异极值的具体数值，如表 6.8 所示。

表 6.8　辅助纬度间差异极值点和差异极值

差值	差异极值点	对应差异极值
$\phi - u$	$45^\circ08'39''$	$-5'46.36''$
$\vartheta - \varphi$	$45^\circ15'46.5''$	$3'50.47''$
$\psi - \varphi$	$45^\circ16'50''$	$2'52.79''$
$\psi - \vartheta$	$45^\circ12'36''$	$-57.68''$

由图 6.2、图 6.3 及表 6.8 可以看出，地心纬度与归化纬度的差异极值点为 $B=45^\circ08'39''$，对应差异极值为 $-5'46.36''$；等角纬度、等面积纬度和等距离纬度间的差异中，等面积纬度与等角纬度间差异极值最大，为 $3'50.47''$，而等距离纬度与等面积纬度间差异最小，它们差异的极值为 $-57.68''$。

第 7 章　以地心纬度为变量的常用纬度差异分析

测量和地图学、卫星测高和卫星轨道确定等问题中经常使用地心纬度，研究其他 5 种辅助纬度与地心纬度之间的关系和差异极值很有意义。许多文献研究了常用纬度间正反解的展开式，分析了常用纬度间的差异极值，可以得到常用纬度间差异极值的符号表达式，但是对常用纬度与地心纬度的差异却少有研究。本章将借助 Mathematica 计算机代数系统，对常用纬度与地心纬度间的差异进行研究，推导常用纬度关于地心纬度的差异极值点和差异极值的符号表达式，以 CGCS2000 椭球为例，对常用纬度与地心纬度间的差异进行数值分析与对比。

7.1　归化纬度与地心纬度差异极值表达式

通过对辅助纬度与地心纬度的差值表达式进行求导，即可推算出辅助纬度与地心纬度差异极值点的解析表达式。对归化纬度与地心纬度的差值表达式进行求导并令导数为零，可得

$$\begin{aligned}\frac{\mathrm{d}(u-\phi)}{\mathrm{d}\phi}&=\frac{\mathrm{d}\left(\arctan\left(\frac{1}{\sqrt{1-e^2}}\tan\phi\right)-\phi\right)}{\mathrm{d}\phi}\\&=\frac{2\sqrt{1-e^2}}{2-e^2-e^2\cos 2\phi}-1\\&=\frac{2\sqrt{1-e^2}}{2-e^2+e^2-2e^2\cos^2\phi}-1\\&=\frac{\sqrt{1-e^2}}{1-e^2\cos^2\phi}-1\\&=\frac{\sqrt{1-e^2}\sec^2\phi}{\sec^2\phi-e^2}-1=0\end{aligned}\tag{7.1.1}$$

对式（7.1.1）移项，由于 $\sec^2\phi=1+\tan^2\phi$，式（7.1.1）可变形为

$$\sqrt{1-e^2}(1+\tan^2\phi)=1+\tan^2\phi-e^2$$

$$(\sqrt{1-e^2}-1)\tan^2\phi=1-e^2-\sqrt{1-e^2}$$

$$\tan^2\phi=\frac{1-e^2-\sqrt{1-e^2}}{\sqrt{1-e^2}-1} \tag{7.1.2}$$

$$\tan^2\phi=\frac{\sqrt{1-e^2}(\sqrt{1-e^2}-1)}{\sqrt{1-e^2}-1}$$

将含ϕ的式子移至等式的一边，并将分母有理化可得

$$\tan^2\phi=\sqrt{1-e^2} \tag{7.1.3}$$

顾及$\phi\in[0,\pi/2]$，可得

$$\phi=\arctan\sqrt[4]{1-e^2} \tag{7.1.4}$$

利用计算机代数系统求归化纬度与地心纬度差值表达式的二阶导数，可得

$$\frac{\mathrm{d}(\mathrm{d}(u-\phi)/\mathrm{d}\phi)}{\mathrm{d}\phi}=\frac{-2e^2\sqrt{1-e^2}\sec^2\phi\tan\phi}{(\sec^2\phi-e^2)^2} \tag{7.1.5}$$

将式（7.1.4）代入（7.1.5）进行检验，可知二阶导数不为零，且在极值点处小于零，故式（7.1.4）所示的地心纬度即为所求的差异极值点的极大值点，将式（7.1.4）代入归化纬度与地心纬度的差值表达式，可得差异极值为

$$\begin{aligned}(u-\phi)_{\max}&=\arctan\left(\frac{1}{\sqrt{1-e^2}}\tan\phi\right)-\phi\\&=\arctan\left(\frac{1}{\sqrt{1-e^2}}\tan(\arctan\sqrt[4]{1-e^2})\right)-\arctan\sqrt[4]{1-e^2}\\&=\arctan(1-e^2)^{-1/4}-\arctan(1-e^2)^{1/4}\\&=\arctan\frac{(1-e^2)^{-1/4}-(1-e^2)^{1/4}}{2}\end{aligned} \tag{7.1.6}$$

为方便不同极值间的比较，可进一步将式（7.1.4）、式（7.1.6）展开成椭球偏心率e的幂级数形式：

$$\begin{cases}\phi_{\max}=\dfrac{\pi}{4}-\dfrac{1}{8}e^2-\dfrac{1}{16}e^4-\dfrac{31}{768}e^6-\dfrac{15}{512}e^8-\dfrac{1863}{81920}e^{10}\\(u-\phi)_{\max}=\dfrac{1}{4}e^2+\dfrac{1}{8}e^4+\dfrac{31}{384}e^6+\dfrac{15}{256}e^8+\dfrac{1863}{40960}e^{10}\end{cases} \tag{7.1.7}$$

7.2 大地纬度与地心纬度差异极值表达式

对大地纬度与地心纬度的差值表达式进行求导并令导数为零，可得

$$\begin{aligned}\frac{\mathrm{d}(B-\phi)}{\mathrm{d}\phi}&=\frac{\mathrm{d}\left(\arctan\left(\frac{1}{1-e^2}\tan\phi\right)-\phi\right)}{\mathrm{d}\phi}\\&=\frac{(1-e^2)\sec^2\phi}{(1-e^2)^2+\tan^2\phi}-1=0\end{aligned} \tag{7.2.1}$$

对式（7.2.1）移项，由于$\sec^2\phi=1+\tan^2\phi$，式（7.2.1）可变形为

$$(1-e^2)(1+\tan^2\phi)=(1-e^2)^2+\tan^2\phi \tag{7.2.2}$$

将含ϕ的式子移至等式的一边，化简可得

$$\tan^2\phi=1-e^2 \tag{7.2.3}$$

顾及$\phi\in[0,\pi/2]$，可得

$$\phi=\arctan\sqrt{1-e^2} \tag{7.2.4}$$

利用计算机代数系统求大地纬度与地心纬度差值表达式的二阶导数，可得

$$\frac{\mathrm{d}(\mathrm{d}(B-\phi)/\mathrm{d}\phi)}{\mathrm{d}\phi}=-\frac{2e^2(2-3e^2+e^4)\sec^2\phi\tan\phi}{[(-1+e^2)^2+\tan^2\phi]^2} \tag{7.2.5}$$

将式（7.2.4）代入式（7.2.5）进行检验，可知二阶导数不为零，且在极值点处小于零，故式（7.2.4）所示的地心纬度即为所求的差异极值点的极大值点，将式（7.2.4）代入大地纬度与地心纬度的差值表达式，可得差异极大值为：

$$\begin{aligned}(B-\phi)_{\max}&=\arctan\left(\frac{1}{1-e^2}\tan\phi\right)-\phi\\&=\arctan\left(\frac{1}{1-e^2}\tan(\arctan\sqrt{1-e^2})\right)-\arctan\sqrt{1-e^2}\\&=\arctan(1-e^2)^{-1/2}-\arctan(1-e^2)^{1/2}\\&=\arctan\frac{(1-e^2)^{-1/2}-(1-e^2)^{1/2}}{2}\end{aligned} \tag{7.2.6}$$

类似地，将式（7.2.4）、式（7.2.6）展开为椭球偏心率e的幂级数形式，取至e^{10}项，可得

$$\begin{cases}\phi_{\max}=\dfrac{\pi}{4}-\dfrac{1}{4}e^2-\dfrac{1}{8}e^4-\dfrac{7}{96}e^6-\dfrac{3}{64}e^8-\dfrac{83}{2\,560}e^{10}\\(B-\phi)_{\max}=\dfrac{1}{2}e^2+\dfrac{1}{4}e^4+\dfrac{7}{48}e^6+\dfrac{3}{32}e^8+\dfrac{83}{1\,280}e^{10}\end{cases} \tag{7.2.7}$$

7.3 等距离纬度与地心纬度差异极值表达式

结合式（4.2.6）、式（4.2.7），对等距离纬度与地心纬度的差值表达式求导并令导数为零，可得

$$\frac{\mathrm{d}(\psi-\phi)}{\mathrm{d}\phi}=\frac{\mathrm{d}\left(\dfrac{1}{\sqrt{1-e^2}k_0}\displaystyle\int_0^{\phi}\sqrt{\frac{1-(2-e^2)\ e^2\cos^2\phi}{(1-e^2\cos^2\phi)^3}}\mathrm{d}\phi-\phi\right)}{\mathrm{d}\phi}=0 \tag{7.3.1}$$

由于积分和微分是相反的一对运算，式（7.3.1）可化简为

$$\frac{1}{\sqrt{1-e^2}k_0}\sqrt{\frac{1-(2-e^2)\ e^2\cos^2\phi}{(1-e^2\cos^2\phi)^3}}-1=0 \tag{7.3.2}$$

式（7.3.2）移项，展开后可得

$$1-(2-e^2)e^2\cos^2\phi=(1-e^2){k_0}^2(1-3e^2\cos^2\phi+3e^4\cos^4\phi-e^6\cos^6\phi) \tag{7.3.3}$$

地球椭球偏心率约为$1/300$，在$\phi\in[0,\pi/2]$范围内，椭球偏心率很小的情况下，若要使差值表达式的导数为零，则e^2项需近似为零，对式（7.3.3）进行化简，保留e^2项可得

$$1-2e^2\cos^2\phi=\left(1+\frac{1}{2}e^2\right)(1-3e^2\cos^2\phi) \tag{7.3.4}$$

略去高阶项后可得

$$1-2e^2\cos^2\phi=1-3e^2\cos^2\phi+\frac{1}{2}e^2 \tag{7.3.5}$$

即

$$\cos^2\phi=\frac{1}{2} \tag{7.3.6}$$

由式(7.3.6)可以看出，在$\phi\in[0,\pi/2]$范围内，式(7.3.6)开方后取正值，解得$\phi=\pi/4$。

对式（7.3.3）进行变形，将$\frac{1}{2}-\cos^2\phi$项作为等式左边项，其他项移至等式右边，对等式左边项进行化简，并对等式两端同时取反三角函数，可得

$$\phi=\frac{1}{2}\arccos\begin{pmatrix}-5\cos^2\phi e^2-\dfrac{45\cos^2\phi}{16}e^4-\dfrac{87\cos^2\phi}{32}e^6-\dfrac{10\,905\cos^2\phi}{4\,096}e^8\\ +6\cos^4\phi e^2+3\cos^4\phi e^4+\dfrac{45\cos^4\phi}{16}e^6+\dfrac{87\cos^4\phi}{32}e^8-2\cos^6\phi e^4\\ -\cos^6\phi e^6-\dfrac{15\cos^6\phi}{16}e^8+\dfrac{15}{16}e^2+\dfrac{29}{32}e^4+\dfrac{3\,635}{4\,096}e^6+\dfrac{7\,167}{8\,192}e^8\end{pmatrix} \tag{7.3.7}$$

将初值$\phi_0\approx\pi/4$代入式（7.3.7）进行迭代，经过一次迭代后的结果为

$$\phi_1=\frac{\pi}{4}+\frac{1}{32}e^2-\frac{2\,609}{49\,152}e^6-\frac{435}{8\,192}e^8-\frac{8\,697}{83\,886\,080}e^{10} \tag{7.3.8}$$

将ϕ_1代入式（7.3.7）继续进行第二次迭代，依此类推，可以发现第6次迭代结果与第5次迭代结果相比，它们扩展至e^{10}的展开式中各项系数已不再发生变化，故迭代终止。略去推导过程，得差异极值点的符号表达式：

$$\phi=\frac{\pi}{4}+\frac{1}{32}e^2+\frac{1}{64}e^4-\frac{3\,377}{49\,152}e^6-\frac{3\,633}{32\,768}e^8-\frac{1\,192\,697}{83\,886\,080}e^{10} \tag{7.3.9}$$

利用计算机代数系统求等距离纬度与地心纬度差值表达式的二阶导数，可得

$$\frac{\mathrm{d}(\mathrm{d}(\psi-\phi)/\mathrm{d}\phi)}{\mathrm{d}\phi}=-\frac{e^2\cos\phi[1+e^2+2e^2(-2+e^2)\cos^2\phi]\sin\phi}{\sqrt{1-e^2}\,k_0(-1+e^2\cos^2\phi)^4\sqrt{-\dfrac{1+e^2(-2+e^2)\cos^2\phi}{(-1+e^2\cos^2\phi)^3}}} \tag{7.3.10}$$

将式（7.3.9）代入式（7.3.10）进行检验，可知二阶导数不为零，且在极值点处小于零，故式（7.3.9）所示的地心纬度即为所求的差异极值点的极大值点，将式（7.3.9）代入$\psi-\phi$表达式中，并对结果进行幂级数展开，可推导出等距离纬度与大地纬度差异的极值：

$$(\psi-\phi)_{\max}=\frac{1}{8}e^2+\frac{1}{16}e^4+\frac{233}{4\,096}e^6+\frac{443}{8\,192}e^8+\frac{985\,199}{20\,971\,520}e^{10} \tag{7.3.11}$$

7.4 等角纬度与地心纬度差异极值表达式

利用计算机代数系统将式（4.4.1）中的被积函数在 $e=0$ 处进行级数展开，取至 e^{10} 项，积分后可得

$$
\begin{aligned}
q=&\left(-\ln\left(\cos\frac{\phi}{2}-\sin\frac{\phi}{2}\right)+\ln\left(\cos\frac{\phi}{2}+\sin\frac{\phi}{2}\right)\right)+\frac{\sin^3\phi}{6}e^4\\
&+\frac{(7+3\cos 2\phi)\sin^3\phi}{30}e^6+\frac{(123+88\cos 2\phi+13\cos 4\phi)\sin^3\phi}{448}e^8\\
&+\frac{(878+807\cos 2\phi+210\cos 4\phi+25\cos 6\phi)\sin^3\phi}{2\,880}e^{10}
\end{aligned}
\tag{7.4.1}
$$

将式（7.4.1）代入式（4.4.2）化简后可得

$$
\varphi=\left(\begin{aligned}
&2\arctan\left(1+\frac{2}{-1+\cot\phi/2}\right)+\frac{\cos\phi\sin^3\phi}{6}e^4+\frac{(17\cos\phi+3\cos 3\phi)\sin^3\phi}{60}e^6\\
&+\frac{(1\,496\cos\phi+465\cos 3\phi+55\cos 5\phi)\sin^3\phi}{4\,032}e^8\\
&+\frac{(1\,269\cos\phi+525\cos 3\phi+115\cos 5\phi+11\cos 7\phi)\sin^3\phi}{2\,880}e^{10}
\end{aligned}\right)-\frac{\pi}{2}
\tag{7.4.2}
$$

对等角纬度与地心纬度的差值表达式求导并令导数为零，可得

$$
\begin{aligned}
\frac{\mathrm{d}(\varphi-\phi)}{\mathrm{d}\phi}=&\frac{(1+2\cos 2\phi)\sin^2\phi}{6}e^4+\frac{(17+34\cos 2\phi+9\cos 4\phi)\sin^2\phi}{60}e^6\\
&+\frac{(374+748\cos 2\phi+335\cos 4\phi+55\cos 6\phi)\sin^2\phi}{1\,008}e^8\\
&+\frac{(1\,269+2\,538\cos 2\phi+1\,460\cos 4\phi+438\cos 6\phi+55\cos 8\phi)\sin^2\phi}{2880}e^{10}\\
=&0
\end{aligned}
\tag{7.4.3}
$$

由式（7.4.3）可以看出，地球椭球偏心率约为 $1/300$，在 $\phi\in[0,\pi/2]$ 范围内，椭球偏心率很小的情况下，若要使差值表达式的导数为零，则 e^4 项需近似为零，也就是 $(1+2\cos 2\phi)\sin^2\phi\approx 0$，解得 $\phi\approx 0$ 或 $\pi/3$，由于 $\phi=0$ 时，$\varphi=0$，极值点在 $\phi\approx\pi/3$ 附近。

将 $\cos 2\phi$ 项作为等式左边项，其他项移至等式右边，并对等式两端同时取反三角函数：

$$
\phi=\frac{1}{2}\arccos\left(\left(\begin{aligned}
&-\frac{17+34\cos 2\phi+9\cos 4\phi}{20}e^2\\
&-\frac{374+748\cos 2\phi+335\cos 4\phi+55\cos 6\phi}{336}e^4\\
&-\frac{1\,269+2\,538\cos 2\phi+1\,460\cos 4\phi+438\cos 6\phi+55\cos 8\phi}{960}e^6
\end{aligned}\right)-\frac{1}{2}\right)
\tag{7.4.4}
$$

取初值 $\phi_0=\pi/3$ 进行迭代，在计算机代数系统中可得

$$\phi_1=\frac{\pi}{3}-\frac{3\sqrt{3}}{40}e^2-\frac{1\,313\sqrt{3}}{11\,200}e^4-\frac{7\,339\sqrt{3}}{56\,000}e^6-\frac{565\,897\sqrt{3}}{12\,544\,000}e^8-\frac{13\,386\,131\sqrt{3}}{196\,000\,000}e^{10} \quad (7.4.5)$$

将ϕ_1代入式（7.4.4）继续迭代，得到ϕ_2，依此法进行迭代5次之后，迭代解不变，即得到方程（7.4.2）展开至e^{10}的解为

$$\phi=\frac{\pi}{3}-\frac{3\sqrt{3}}{40}e^2-\frac{103\sqrt{3}}{2\,240}e^4-\frac{31\sqrt{3}}{1\,000}e^6+\frac{129\,247\sqrt{3}}{1\,792\,000}e^8-\frac{10\,221\,453\sqrt{3}}{1\,568\,000\,000}e^{10} \quad (7.4.6)$$

利用计算机代数系统求等角纬度与地心纬度差值表达式的二阶导数，可得

$$\frac{\mathrm{d}(\mathrm{d}(\varphi-\phi)/\mathrm{d}\phi)}{\mathrm{d}\phi}=\frac{1}{40\,320}e^4\begin{pmatrix}-14(480+600e^2+590e^4+539e^6)\sin 2\phi\\ +56(240+192e^2+95e^4+14e^6)\sin 4\phi\\ +27e^2(336+500e^2+497e^4)\sin 6\phi\\ +16e^4(275+574e^2)\sin 8\phi+1925e^6\sin 10\phi\end{pmatrix} \quad (7.4.7)$$

将式（7.4.6）代入式（7.4.7）进行检验，可知二阶导数不为零，且在极值点处小于零，故式（7.4.6）所示的地心纬度即为所求的差异极值点的极大值点，将式（7.4.6）代入$\varphi-\phi$可得等角纬度与地心纬度差异极值的表达式，取至e^{10}项：

$$(\varphi-\phi)_{\max}=\frac{\sqrt{3}}{32}e^4+\frac{11\sqrt{3}}{320}e^6+\frac{5\,553\sqrt{3}}{179\,200}e^8+\frac{24\,049\sqrt{3}}{896\,000}e^{10} \quad (7.4.8)$$

7.5 等面积纬度与地心纬度差异极值表达式

结合式（4.3.1）、式（4.3.2），采用与等距离纬度类似的方法，可推导出其与地心纬度的差异极值点及对应的差异极值符号表达式。对等面积纬度与地心纬度的差值表达式求导并令导数为零，可得

$$\frac{\mathrm{d}(\vartheta-\phi)}{\mathrm{d}\phi}=\frac{\mathrm{d}\left(\arcsin\left[\frac{1}{A}\int_0^{\phi}\frac{\cos\phi\sqrt{1-(2-e^2)e^2\cos^2\phi}}{(1-e^2\cos^2\phi)^2}\mathrm{d}\phi\right]-\phi\right)}{\mathrm{d}\phi}=0 \quad (7.5.1)$$

利用计算机代数系统求取式（7.5.1）中的导数并将其展开为椭球偏心率e的幂级数形式，取至e^{10}项可得

$$\begin{aligned}&\frac{1}{3}\cos 2\phi e^2+\frac{7\cos 2\phi+\cos 4\phi}{45}e^4\\&+\frac{843\cos 2\phi+120\cos 4\phi-131\cos 6\phi}{7\,560}e^6\\&+\frac{83\,607\cos 2\phi+21\,338\cos 4\phi-26\,007\cos 6\phi-11\,866\cos 8\phi}{907\,200}e^8\\&+\frac{4\,745\,656\cos 2\phi+2\,031\,364\cos 4\phi-1\,611\,777\cos 6\phi-1\,624\,580\cos 8\phi-400\,055\cos 10\phi}{59\,875\,200}e^{10}\\&=0\end{aligned} \quad (7.5.2)$$

由式（7.5.2）可以看出，地球椭球偏心率约为$1/300$，在$\phi\in[0,\pi/2]$范围内，地球偏心率很小的情况下，若要使差值表达式的导数为零，则e^2项需近似为零，也就是$\frac{1}{3}\cos 2\phi\approx 0$，解得$\phi\approx 0$或$\pi/4$，由于$\phi=0$时，$\vartheta=0$，故极值点在$\phi\approx\pi/4$附近。

在式（7.5.1）中，将$\cos 2\phi$项作为等式左边项，其他项移到等式右边，并对等式两端同时取反三角函数：

$$\phi=\frac{1}{2}\arccos\left(\begin{array}{l}-\dfrac{7\cos 2\phi+\cos 4\phi}{15}e^2\\ -\dfrac{843\cos 2\phi+120\cos 4\phi-131\cos 6\phi}{2\,520}e^4\\ -\dfrac{83\,607\cos 2\phi+21\,338\cos 4\phi-26\,007\cos 6\phi-11\,866\cos 8\phi}{302\,400}e^6\\ -\dfrac{4\,745\,656\cos 2\phi+2\,031\,364\cos 4\phi-1611777\cos 6\phi-1\,624\,580\cos 8\phi-400\,055\cos 10\phi}{19\,958\,400}e^8\end{array}\right)$$

（7.5.3）

将初值$\phi_0=\pi/4$代入式（7.5.3）进行迭代，经过一次迭代后的结果为

$$\phi_1=\frac{\pi}{4}-\frac{1}{30}e^2-\frac{1}{42}e^4-\frac{124\,571}{2\,268\,000}e^6-\frac{152\,419}{1\,663\,200}e^8-\frac{634\,421}{3\,969\,000\,000}e^{10}\quad(7.5.4)$$

将ϕ_1代入式（7.5.3）继续进行第二次迭代，依此类推，可以发现第 6 次迭代结果与第 5 次迭代结果相比，它们扩展至e^{10}的展开式中各项系数已不再发生变化，故迭代终止。略去推导过程，得差异极值点的符号表达式：

$$\phi=\frac{\pi}{4}-\frac{1}{30}e^2-\frac{13}{1\,575}e^4-\frac{78\,083}{2\,268\,000}e^6-\frac{15\,522\,119}{291\,060\,000}e^8+\frac{1\,979\,687\,687\,243}{32\,744\,250\,000}e^{10}\quad(7.5.5)$$

利用计算机代数系统求等面积纬度与地心纬度差值表达式的二阶导数，可得

$$\begin{aligned}&\frac{\mathrm{d}(\mathrm{d}(\vartheta-\phi)/\mathrm{d}\phi)}{\mathrm{d}\phi}\\ &=\frac{1}{3}\cos 2\phi e^2+\frac{1}{45}(7\cos 2\phi+\cos 4\phi)e^4+\frac{843\cos 2\phi+120\cos 4\phi-131\cos 6\phi}{7\,560}e^6\\ &\quad+\frac{83\,607\cos 2\phi+21\,338\cos 4\phi-26\,007\cos 6\phi-11\,866\cos 8\phi}{907\,200}e^8\\ &\quad-\frac{-4\,745\,656\cos 2\phi-2\,031\,364\cos 4\phi+1\,611\,777\cos 6\phi+1\,624\,580\cos 8\phi+40\,055\cos 10\phi}{59\,875\,200}e^{10}\end{aligned}$$

（7.5.6）

将式（7.5.5）代入式（7.5.6）进行检验，可知二阶导数不为零，且在极值点处小于零，故式（7.5.5）所示的地心纬度即为所求的差异极值点的极大值点，将式（7.5.5）代入$\vartheta-\phi$表达式中，并对结果进行幂级数展开，可推导出等角纬度与大地纬度差异的极值：

$$(\vartheta-\phi)_{\max}=\frac{1}{6}e^2+\frac{7}{90}e^4+\frac{239}{4\,050}e^6+\frac{116153}{2\,268\,000}e^8+\frac{3\,643\,364}{81\,860\,625}e^{10}\quad(7.5.7)$$

7.6 常用纬度差异极值分析

7.6.1 辅助纬度与地心纬度差异极值符号表达式

为了方便比较辅助纬度与地心纬度差异极值点、差异极值的大小，将 7.1 节～7.5 节推导出的辅助纬度与地心纬度的差异极值点及对应的差异极值符号表达式分别列于表 7.1。

表 7.1 常用纬度与地心纬度差异极值点和差异极值

差值	差异极大值点
$u-\phi$	$\frac{\pi}{4}-\frac{1}{8}e^2-\frac{1}{16}e^4-\frac{31}{768}e^6-\frac{15}{512}e^8-\frac{1\,863}{81\,920}e^{10}$
$B-\phi$	$\frac{\pi}{4}-\frac{1}{4}e^2-\frac{1}{8}e^4-\frac{7}{96}e^6-\frac{3}{64}e^8-\frac{83}{2\,560}e^{10}$
$\psi-\phi$	$\frac{\pi}{4}+\frac{1}{32}e^2+\frac{1}{64}e^4-\frac{3\,377}{49\,152}e^6-\frac{3\,633}{32\,768}e^8-\frac{1\,192\,697}{83\,886\,080}e^{10}$
$\varphi-\phi$	$\frac{\pi}{3}-\frac{3\sqrt{3}}{40}e^2-\frac{103\sqrt{3}}{2\,240}e^4-\frac{31\sqrt{3}}{1\,000}e^6+\frac{129\,247\sqrt{3}}{1\,792\,000}e^8-\frac{10\,221\,453\sqrt{3}}{1\,568\,000\,000}e^{10}$
$\vartheta-\phi$	$\frac{\pi}{4}-\frac{1}{30}e^2-\frac{13}{1\,575}e^4-\frac{78\,083}{2\,268\,000}e^6-\frac{15\,522\,119}{291\,060\,000}e^8+\frac{1\,979\,687\,687\,243}{32\,744\,250\,000}e^{10}$
差值	**差异极大值**
$u-\phi$	$\frac{1}{4}e^2+\frac{1}{8}e^4+\frac{31}{384}e^6+\frac{15}{256}e^8+\frac{1\,863}{40\,960}e^{10}$
$B-\phi$	$\frac{1}{2}e^2+\frac{1}{4}e^4+\frac{7}{48}e^6+\frac{3}{32}e^8+\frac{83}{1\,280}e^{10}$
$\psi-\phi$	$\frac{1}{8}e^2+\frac{1}{16}e^4+\frac{233}{4\,096}e^6+\frac{443}{8\,192}e^8+\frac{985\,199}{20\,971\,520}e^{10}$
$\varphi-\phi$	$\frac{\sqrt{3}}{32}e^4+\frac{11\sqrt{3}}{320}e^6+\frac{5\,553\sqrt{3}}{179\,200}e^8+\frac{24\,049\sqrt{3}}{896\,000}e^{10}$
$\vartheta-\phi$	$\frac{1}{6}e^2+\frac{7}{90}e^4+\frac{239}{4\,050}e^6+\frac{116\,153}{2\,268\,000}e^8+\frac{3\,643\,364}{81\,860\,625}e^{10}$

由表 7.1 可以看出，除等角纬度外，其余辅助纬度与地心纬度的差异极值点均在 $\phi=\pi/4$ 左右，而等角纬度与地心纬度的差异极值点在 $\phi=\pi/3$ 左侧，等角纬度与地心纬度的差异极值最小，大地纬度与地心纬度的差异极值最大，归化纬度次之。

7.6.2 算例分析

为全面分析常用纬度间的差异极值大小，以 CGCS2000 参考椭球为例，可绘制出地心纬度 $\phi\in[0,\pi/2]$ 时，常用纬度与地心纬度的差异如图 7.1 所示。图 7.1 中等角纬度与地心纬度的差异比其他纬度与地心纬度的差异小得多，具体变化如图 7.2 所示。

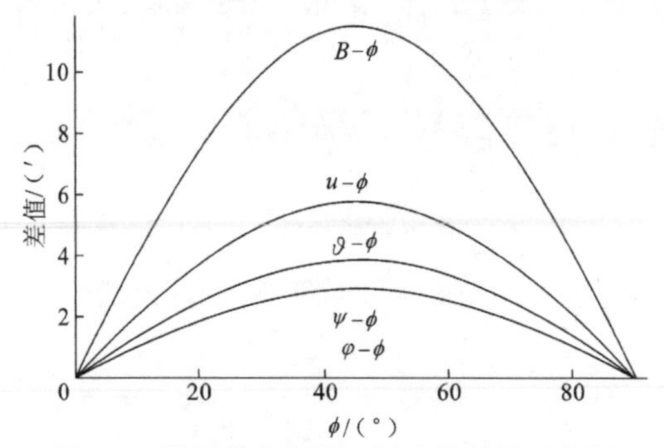

图 7.1　常用纬度与地心纬度的差异示意图

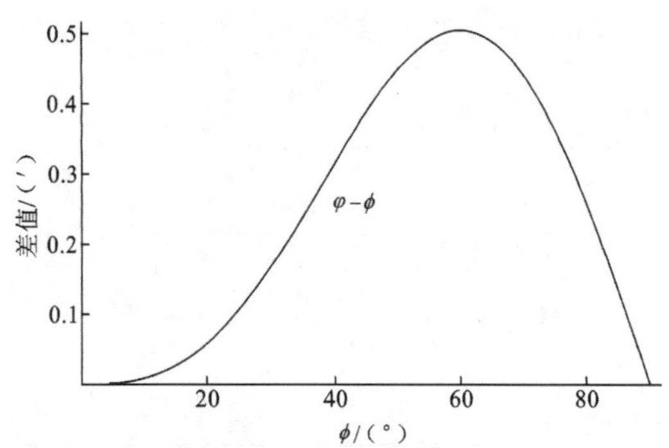

图 7.2　等角纬度与地心纬度的差异示意图

也可求出常用纬度与地心纬度差异极值点和差异极值的具体数值，列于表 7.2。

表 7.2　常用纬度与地心纬度差异极值点和差异极值

差值	差异极值点	差异极值
$u-\phi$	44°57′06.8″	5′46.4″
$B-\phi$	44°54′13.6″	11′32.7″
$\psi-\phi$	45°00′43.3″	2′53.2″
$\varphi-\phi$	59°56′59.9″	0.5″
$\vartheta-\phi$	44°59′13.9″	3′50.9″

由图 7.1、图 7.2 可以看出，等角纬度、等距离纬度、等面积纬度、大地纬度、归化纬度与地心纬度的差异随地心纬度的变化都是先增大后减小，均大于 0，除等角纬度之外，差值都达到角分级，极值点多在 $\phi=\pi/4$ 附近，大地纬度与地心纬度的差值最大，归化纬度与地心纬度的差值次之。等角纬度与地心纬度的差异最小，达到角秒级，为 0.5″，极值点在 $\phi=\pi/3$ 附近，在图 7.1 中几乎看不出来。另外，等角纬度是椭球等角投影到球面上的纬度，也可以看作一种“地心纬度”，这可能是等角纬度与地心纬度比较接近的原因。

由表 7.2 可以看出，$\varphi-\phi$ 极值为 0.5″，在所有差异极值中最小，$B-\phi$ 极值为 11′32.7″，为常用纬度与地心纬度差异极值中最大的。常用纬度与地心纬度的差异极值点多在 $\phi=\pi/4$ 附近，只有等角纬度与地心纬度的差异极值点在 $\phi=\pi/3$ 附近。等角纬度与地心纬度的差异极值是最小的，只有 e^4 阶，这也是所有常用纬度间的差异极值最小的情况。

下篇

高斯投影复变函数论

高斯投影是在大地测量学、地图学、工程测量学等领域得到极其广泛应用的一种地图投影。传统的高斯投影正(反)解公式表示为经差(横坐标)的实数型幂级数形式，虽然有容易理解和直观的优点，但表达式复杂冗长，而且对于正解中子午线弧长的计算，给出的是适用于特定椭球的数值公式，反解中底点纬度则需要迭代求出，较为烦琐；特别是在实际应用中需要分带处理，经常划分为3°或6°带(方炳炎，1978；方俊，1957)。

鉴于复变函数与等角投影之间存在天然联系，利用复变函数表示等角投影具有简单、方便、准确的优点。本篇引入复变函数，将子午线弧长展开式进行解析开拓，导出形式上更简单、精度上更精确、理论上更严密的用复变函数表示的高斯投影正反解非迭代公式，与传统的实数型幂级数公式相比，该式形式紧凑、结构简单，彻底消除了迭代运算，同时不再受带宽的限制；在此基础上引入复变等角余纬度的概念，避免了等量纬度在极点的奇异性，将极点作为高斯投影的坐标原点，建立极区椭球高斯投影非奇异复变函数表示形式，一定程度上丰富和发展高斯投影理论。

第 8 章　高斯投影实数表示

目前世界上许多国家均采用高斯投影作为地形图的数学基础，我国从 1952 年开始正式采用高斯投影作为国家大地测量和地形图的基本投影，并作为我国 1∶50 万及更大比例尺的国家基本地形图的数学基础。实际应用中，经常会遇到该投影的正反解算问题。根据地球椭球体上各点的大地坐标计算投影平面上相应的直角坐标，称为高斯投影的正解；反之，已知投影平面上的直角坐标，需要推算相应的大地坐标，称为高斯投影的反解。

本章综合前人研究成果，介绍高斯投影基本概念与分带方法，并给出高斯投影正反解实数形式的幂级数展开式。

8.1　高斯投影与分带

8.1.1　高斯投影概述

椭球面是大地测量计算的基准面，椭球面上的大地坐标是大地测量的基本坐标系，它对于大地问题解算、研究地球形状和大小，编制地图等都很有用。大地测量的作用之一是测定地面的坐标以控制地形测图，地图是平面的，作为控制测图的大地点的坐标也必须是平面坐标，否则，一个是平面系统，一个是椭球面系统，自然起不到控制作用，所以需要投影，这是问题的一个方面；另一个方面，尽管椭球面是一个数学曲面，但是在它面上进行测量计算仍然是相当复杂的，如果能把椭球面上的元素归算到平面上来，然后在平面上进行计算，问题就简单多了。例如，平面上的坐标计算就可按简单的三角公式进行。由此可见，提出投影的问题是十分自然的。

所谓地图投影，简略说来就是将椭球面上的大地坐标、大地线的方向和长度及大地方位角按照一定的数学法则投影到平面上，可以用下面两个方程式表示：

$$\begin{cases} x = F_1(B,L) \\ y = F_2(B,L) \end{cases}$$

式中：(B,L) 为椭球面上某一点的大地坐标；(x,y) 为该点投影到平面上的直角坐标。这里所说的平面，通常也叫投影平面。

上式表示了椭球面上一点同投影平面上对应点之间的解析关系，称之为坐标投影方程。各种不同的投影就是按其特定的条件来确定具体的函数形式 F_1、F_2 的。同样，高斯投影有它本身的特定条件。一旦函数形式 F_1、F_2 确定后，则椭球面上各点的大地坐标投影平面上各对应点的直角坐标就一一确定了。点的坐标确定后，点与点之间的方向和长度自然也就确定了。由此可见，在研究投影问题时，根据该投影本身的特定条件，首先应当研究坐标的投影公式；然后，根据坐标投影公式进一步研究大地线方向和长度及大地方位角的投影公式。

椭球面是一个不可直接展开的曲面，故将椭球面上的元素按一定条件投影为平面上的元素时，这些元素之间的相互关系不可能保持完全不变，即产生了所谓投影变形。

地图投影必然产生投影变形。投影变形一般可分为角度变形、长度变形和面积变形三种。对于各种变形，人们是可以掌握和控制的。可以使某一种变形为 0；也可以使全部变形都存在，但减小到某种适当程度。企图使全部变形同时消失，显然是不可能的。

投影的选择，完全由实际需要决定。大地测量中所有的地图投影，应该按计算和测图两个要求来考虑。如果将椭球面上的微小图形投影到平面上，能使前后图形保持相似，即角度保持不变，这样在计算和测图、用图时将有很大的便利。在这种投影中，角度不产生变形，叫作等角投影；又在一定范围内，投影前后图形相似，叫作正形投影。鉴于正形投影使投影前后角度不变，计算时就可以把椭球面上的角度不加改正地直接转换到平面上，唯一需要顾及的是，椭球面上的大地线投影在平面上通常为一曲线，而平面上计算是采用两点间弦线，因此要把投影曲线方向化为弦线方向。这种方向改化一般很小，改化公式也较简单，因此范围不大，图内各种地形、地物相对位置，在顾及地图比例尺后，与实地完全相同。显然，这样的地图对国防和经济建设极为方便。因此，只有正形投影才最适用于地形测图。

地图投影的种类很多。按变形的性质区分，除上述正形投影外，还有等距离投影（沿特定方向任意两点间的投影平面与椭球面上的距离保持不变）和等面积投影（投影平面上的面积与椭球面上的原面积保持不变）。而正形投影又可根据不同投影的本身特定条件区分为很多种，高斯投影只是其中的一种。

高斯投影是德国数学家、物理学家、天文学家高斯（Gauss）在 1820~1830 年，为解决汉诺威地区大地测量投影问题提出的。1912 年德国大地测量学家克吕格（Krüger）对高斯投影加以补充和完善，并求出实用公式，所以高斯投影的全名应为高斯-克吕格投影。以后，保加利亚学者赫里斯托夫（Hristov）等对高斯投影作了进一步的更新和扩充。目前高斯投影已属国际性投影，在世界上，中国、俄罗斯、德国等较多国家均采用此投影（边少锋 等，2005）。

为了便于理解高斯投影，从感性认识入手，先对高斯投影作概略介绍。

高斯投影是横切椭圆柱正形投影。如图 8.1（a）所示，可以想象有一个椭圆柱横套在地球椭球的外面，并与某一子午线相切（此子午线称为中央子午线或轴子午线）。椭圆

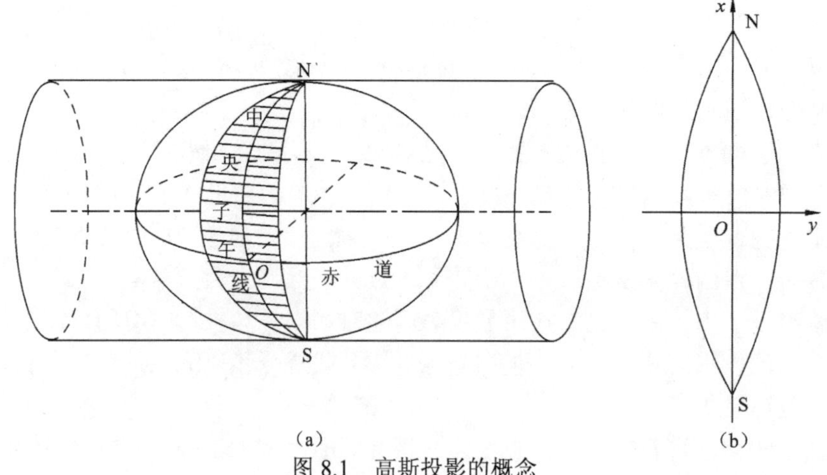

图 8.1　高斯投影的概念

柱的中心轴通过椭球中心，将中央子午线两侧一定经差（例如 3° 或 1.5° ）的范围内的椭球面元素，正形投影到椭圆柱上，然后，将椭圆柱面沿着通过南极及北极的母线展开，即成高斯投影平面。在此平面上，中央子午线和赤道交点的投影为原点，中央子午线的投影为纵坐标轴，即 x 轴，赤道的投影为横坐标轴，即 y 轴，构成高斯平面直角坐标系，如图 8.1（b）所示。

8.1.2 高斯投影分带

高斯投影中，除中央子午线没有长度变形外，其他位置上的任何线段，投影后均产生长度变形，而且离中央子午线越远，变形越大。为此，要对它加以限制，使其在测图和用图时的影响甚小，以至可以略去。限制长度变形的最有效的方法是“分带”投影。具体地说，将椭球面沿子午线划分成若干经差相等的狭窄地带，各带分别进行投影，于是得出不同的投影带，位于各带中央的子午线即为该带的中央子午线，用以分带的子午线叫作分带子午线。显然，在一定范围内，如果带分得越多，则各带所包含的投影范围越小，长度变形自然也就越小。

分带投影后，各投影带将有自己的坐标轴和原点，从而形成各自独立的坐标系。这样在相邻两带的分带子午线两侧的点，就分属于相邻两个不同的坐标系，在生产作业中往往需要化为同一坐标系，因此必须进行邻带之间的坐标换算。为了减少换带计算，则要求分带不宜过多。

因此，在实际分带时，应兼顾这样两个方面的要求。

遵循上述原则，我国投影分带主要有六分带（每隔经差 6° 分一带）和三度带（每隔经差 3° 分一带）两种。在《大地测量规范》中规定：所有国家大地点均按高斯正形投影计算其在六度带内的平面直角坐标。在 1∶1 万和更大比例尺测图的地区，还应加算其在三度带内的平面直角坐标。

高斯投影六度带，在 0° 子午线起向东划分，每隔 6° 为一带。带号依次编为第 1,2,…,60 带。各带中央子午线的经度依次为 3°，9°，…，357°。设带号为 n，中央子午线经度为 L_0，则有

$$\begin{cases} L_0 = 6^\circ n - 3^\circ \\ n = \dfrac{1}{6}(L_0 + 3^\circ) \end{cases} \tag{8.1.1}$$

已知某点大地经度 L 时，可按式（8.1.2）计算该点所在的带号

$$n = \frac{L}{6} \text{的整数商} + 1 \text{（有余数时）} \tag{8.1.2}$$

例如，假设某点的 $L = 114^\circ 36'$，则按式（8.1.2）可得 $n=20$。

高斯投影三度带是在六度带的基础上划分的，它的中央子午线：奇数带与六度带中央子午线重合：偶数带与六度带分带子午线重合。即自 1.5° 子午线起向东划分，每隔经差 3° 为一带。带号依次编为第 1，2，…，120 带。设带号为 n'，则各带中央子午线的经度为

$$L_0 = 3^\circ n' \tag{8.1.3}$$

我国幅员辽阔，西起东经73°40′（新疆帕米尔高原乌孜别里山口附近），东至东经135°2′30″（黑龙江省抚远县乌苏里江与黑龙江汇合处）；南起北纬3°52′（南海南沙群岛的曾母暗沙），北至北纬53°31′10″（黑龙江省漠河镇以北的黑龙江江心）。《大地测量规范》规定，在我国的经度范围内，六度带和三度带的中央子午线经度，均由东经75°起，分别每隔6°和3°至东经135°。共计六度带 11 个或三度带 21 个。其分带方法如图 8.2 所示。

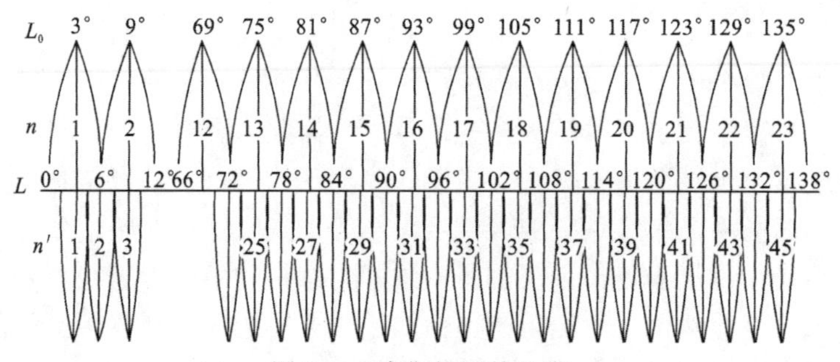

图 8.2　高斯投影的分带

分带投影后，相邻两带的直角坐标系是相互独立的。为了进行跨带计算、地图使用、位于分带子午线附近的图幅测图时，规定相邻投影带要有一定的重叠，如图 8.3 所示。

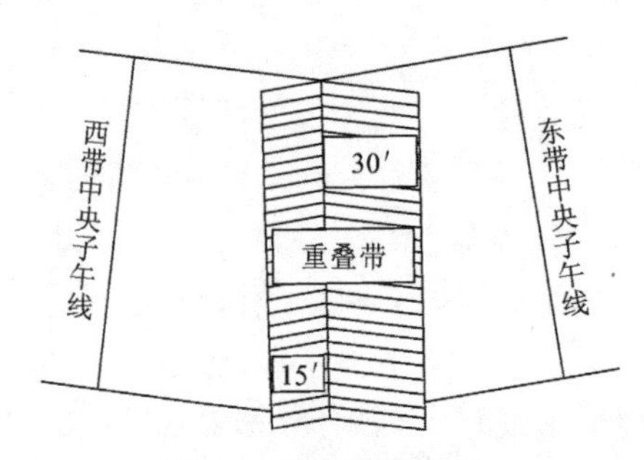

图 8.3　投影带的重叠

所谓重叠就是在一定范围内大地点有相邻两带的坐标值，在这个范围内的地形图上有两套方里网（分别是本带和邻带坐标系的方里网）。

目前，我国对投影带重叠作如下规定：西带重叠东带为经差30′，相当于 1∶10 万图幅的经幅；东带重叠西带为经差15′，相当于 1∶5 万图幅的经幅。也就是说，每个投影带向东扩延30′，向西扩延15′。

为了避免横坐标出现负号，并对各带的坐标加以区别，规定在 y 值加上 500 000 m 的基础上，再在前面冠以带号。按上述规定形成的坐标，称为“假定坐标”。至于纵坐标，由于我国位于北半球，x 均为正值。例如，在六度带第 20 带中，$y = -200.25$ m，它的“假定坐标”是 $y_{假定} = 20\,499\,799.75$。在点的成果表中，均以 $y_{假定}$ 的形式表示。在实际投影的有关计算中，点的高斯坐标 y 不加 500 000 m，也不冠以带号，通常称之为“自然值”。

8.2 高斯投影正解实数形式幂级数展开式

高斯-克吕格投影又称等角横切椭圆柱投影，其投影条件有以下三点。

（1）椭球面与椭圆柱面相切于某一经线，该经线称为中央子午线，在椭圆柱面上它被描写为与实地等长的直线，并与赤道组成投影面上直角坐标系的纵横坐标轴。

（2）把椭圆面按一定经差等分若干带，每带单独投影。

（3）投影具有等角性质。

由条件（3），根据复变函数理论，该投影应满足：

$$x + \mathrm{i}y = f(q + \mathrm{i}\lambda) \tag{8.2.1}$$

式中：x 与 y、q 与 λ 均为等量坐标。其中

$$q = \int \frac{M}{N\cos\varphi}\mathrm{d}\varphi \tag{8.2.2}$$

称为等量纬度。

当经差 λ 以弧度表示时，按条件（2），应为一微小量，故式（8.2.1）可以 λ 为变量展为泰勒级数

$$\begin{aligned} x + \mathrm{i}y &= f(q + \mathrm{i}\lambda) \\ &= f(q) + f'(q)(\mathrm{i}\lambda) + \frac{1}{2}f''(q)(\mathrm{i}\lambda)^2 \\ &\quad + \frac{1}{6}f'''(q)(\mathrm{i}\lambda)^3 + \frac{1}{24}f^{(4)}(q)(\mathrm{i}\lambda)^4 \\ &\quad + \frac{1}{120}f^{(5)}(q)(\mathrm{i}\lambda)^5 + \frac{1}{720}f^{(6)}(q)(\mathrm{i}\lambda)^6 + \cdots \end{aligned} \tag{8.2.3}$$

分离虚、实部后可得

$$\begin{cases} x = f(q) - \dfrac{1}{2}f''(q)\lambda^2 + \dfrac{1}{24}f^{(4)}(q)\lambda^4 - \dfrac{1}{720}f^{(6)}(q)\lambda^6 + \cdots \\ y = f'(q) - \dfrac{1}{6}f''(q)\lambda^3 + \dfrac{1}{120}f^{(5)}(q)\lambda^5 - \cdots \end{cases} \tag{8.2.4}$$

由条件（1）可知，当 $\lambda = 0$ 时，$y = 0$，x 就是中央子午线从赤道起算的弧长，因此

$$x = f(q) = X \tag{8.2.5}$$

由大地测量学可知，子午线弧长公式为

$$X = \int M\,\mathrm{d}\varphi \tag{8.2.6}$$

右端取 0 至 φ 的积分后可得

$$X = a(1-e^2)\left(A\varphi - \frac{1}{2}B\sin 2\varphi + \frac{1}{4}C\sin 4\varphi - \frac{1}{6}D\sin 6\varphi + \cdots\right) \tag{8.2.7}$$

式中

$$
\begin{cases}
A = 1 + \dfrac{3}{4}e^2 + \dfrac{45}{64}e^4 + \dfrac{175}{256}e^6 + \cdots \\
B = \dfrac{3}{4}e^2 + \dfrac{15}{16}e^4 + \dfrac{525}{512}e^6 + \cdots \\
C = \dfrac{15}{64}e^4 + \dfrac{105}{256}e^6 + \cdots \\
D = \dfrac{35}{512}e^6 + \cdots
\end{cases}
\tag{8.2.8}
$$

对式（8.2.6）取微分后得

$$
\frac{\mathrm{d}x}{\mathrm{d}\varphi} = M \tag{8.2.9}
$$

而

$$
f'(q) = \frac{\mathrm{d}f(q)}{\mathrm{d}q} = \frac{\mathrm{d}x}{\mathrm{d}q} = \frac{\mathrm{d}x}{\mathrm{d}\varphi}\frac{\mathrm{d}\varphi}{\mathrm{d}q} \tag{8.2.10}
$$

由式（8.2.2），可知

$$
\frac{\mathrm{d}\varphi}{\mathrm{d}q} = \frac{N\cos\varphi}{M} \tag{8.2.11}
$$

将式（8.2.9）、式（8.2.11）代入式（8.1.10），得

$$
f'(q) = N\cos\varphi \tag{8.2.12}
$$

$$
f''(q) = \frac{\mathrm{d}(N\cos\varphi)}{\mathrm{d}\varphi}\frac{\mathrm{d}\varphi}{\mathrm{d}q} = M\sin\varphi\frac{N\cos\varphi}{M} = -N\cos\varphi\sin\varphi \tag{8.2.13}
$$

$$
f'''(q) = \frac{\mathrm{d}(-N\cos\varphi\sin\varphi)}{\mathrm{d}\varphi}\frac{\mathrm{d}\varphi}{\mathrm{d}q} = M\cos^2\varphi\left(\mathrm{tg}^2\varphi - \frac{N}{M}\right)\frac{N\cos\varphi}{M} = N\cos^2\varphi\left(\mathrm{tg}^2\varphi - \frac{N}{M}\right) \tag{8.2.14}
$$

令

$$
\begin{cases}
\mathrm{ctg}\,\alpha_1 = \cos\varphi\,\mathrm{tg}\,\varphi_1\csc(\lambda-\lambda_1) - \sin\varphi\,\mathrm{ctg}\,(\lambda-\lambda_1) \\
\mathrm{ctg}\,\alpha_2 = \cos\varphi\,\mathrm{tg}\,\varphi_2\csc(\lambda-\lambda_2) - \sin\varphi\,\mathrm{ctg}\,(\lambda-\lambda_2)
\end{cases}
$$

并注意 $\dfrac{N}{M} = V^2 = 1 + e'^2\cos^2\varphi = 1 + \eta^2$，则

$$
f'''(q) = -N\cos^3\varphi(1+\eta^2-t^2) \tag{8.2.15}
$$

继续推求四阶、五阶导数，并略去五阶导数中 η^4 以下，得

$$
f^{(4)}(q) = N\cos^3\varphi\sin\varphi(5-t^2+9\eta^2+4\eta^4) \tag{8.2.16}
$$

$$
f^{(5)}(q) = N\cos^5\varphi(5-18t^2+t^4+14\eta^2-58\eta^2t^2) \tag{8.2.17}
$$

由于$|\lambda| \leqslant 3°30'$（包括重叠部分），而 λ^6 以上各项不超过 0.005 m，用于制图完全可以忽略，将式（8.2.5）、式（8.2.12）～（8.2.17）代入式（8.2.4）可得高斯-克吕格投影的正解式为

$$
x = X + \frac{N}{2}\sin\varphi\cos\varphi\lambda^2 + \frac{N}{24}\sin\varphi\cos^3\varphi(5-t^2+9\eta^2+4\eta^4)\lambda^4 + \cdots \tag{8.2.18}
$$

$$y = N\cos\varphi\lambda + \frac{N}{6}\cos^3\varphi(1-t^2+\eta^2)\lambda^3 + \frac{N}{120}\cos^5\varphi(5-18t^2+t^4+14\eta^2-58\eta^2t^2)\lambda^5+\cdots$$

（8.2.19）

【例 8.1】 以 CGCS2000 椭球 $a = 6\,378\,137\ \mathrm{m}$, $f = 1/298.257\,222\,101$ 作为参考椭球，设某点大地坐标为

$$\begin{cases}\phi = 32^\circ 47' 29''.06\mathrm{N}\\ \lambda = 125^\circ 51' 48''.93\mathrm{E}\end{cases}$$

试求其 6° 带高斯坐标。

【解】 由该点大地坐标可知其中央经线 $\lambda_0 = 123^\circ$ ，带号 n=21，经差 λ=125° 51′48″.93−123° =2° 51′48″.93，化为弧度时， $\lambda = 0.049\,979\,103$。

按式（8.2.18）～式（8.2.19），可算得

$$\begin{cases}x = 3\,633\,247.172\ \mathrm{m}\\ y = 268\,286.315\ \mathrm{m}\end{cases}$$

考虑带号和坐标平移 500 km 后，化为通用坐标，则有

$$\begin{cases}x = 3\,633\,247.172\ \mathrm{m}\\ y = 218\,286.315\ \mathrm{m}\end{cases}$$

8.3 高斯投影反解实数形式幂级数展开式

投影反解的目的在于把投影面上的直角坐标还原为椭球面上的大地坐标。由于高斯-克吕格投影的正解为等角投影，其反解仍为等角投影，满足

$$q + \mathrm{i}\lambda = f(x+\mathrm{i}y) \tag{8.3.1}$$

将式（8.3.1）右边以 iy 为变量展成泰勒级数

$$\begin{aligned} q + \mathrm{i}\lambda = f(x+\mathrm{i}y) &= f(x) + f'(x)(\mathrm{i}y) + \frac{1}{2}f''(x)(\mathrm{i}y)^2 + \frac{1}{6}f'''(x)(\mathrm{i}y)^3 \\ &+ \frac{1}{24}f^{(4)}(x)(\mathrm{i}y)^4 + \frac{1}{120}f^{(5)}(x)(\mathrm{i}y)^5 + \frac{1}{720}f^{(6)}(x)(\mathrm{i}y)^6 + \cdots \end{aligned} \tag{8.3.2}$$

分离虚、实部后可得

$$\begin{cases} q = f(x) - \frac{1}{2}f''(x)y^2 + \frac{1}{24}f^{(4)}(x)y^4 - \frac{1}{720}f^{(6)}(x)y^6 + \cdots \\ \lambda = f'(x) - \frac{1}{6}f'''(x)y^3 - \frac{1}{120}f^{(5)}(x)y^5 - \cdots \end{cases} \tag{8.3.3}$$

当 $y = 0$ 时， $\lambda = 0$，则

$$q = f(x) \tag{8.3.4}$$

此时 q 值就是将 x 视作子午线弧长 X 时所对应的纬度 φ_1 的等量纬度 q_1。φ_1 又称为底点纬度，其可由子午线弧长正解公式（8.2.7）反求而得。

因此

$$q_1 = f(x) = \int \frac{M_1}{N_1\cos\varphi_1}\mathrm{d}\varphi_1 \tag{8.3.5}$$

顾及式（8.2.6），则

$$dx = M_1 d\varphi_1 \tag{8.3.6}$$

所以

$$q_1 = \int \frac{dx}{N_1 \cos\varphi_1} \tag{8.3.7}$$

取微分后可得

$$\frac{dq_1}{dx} = \frac{1}{N_1 \cos\varphi_1} \tag{8.3.8}$$

即

$$f'(x) = \frac{dq_1}{dx} = \frac{1}{N_1 \cos\varphi_1} \tag{8.3.9}$$

继续推求 $f(x)$的二、三、四、五、六阶导数，且顾及 φ 是 x 的函数，

$$\frac{d\varphi_1}{dx} = \frac{1}{M_1} \tag{8.3.10}$$

于是，可得

$$f''(x) = \frac{t_1}{N_1^2 \cos\varphi_1} \tag{8.3.11}$$

$$f'''(x) = \frac{1 + 2t_1^2 + \eta_1^2}{N_1^3 \cos\varphi_1} \tag{8.3.12}$$

$$f^{(4)}(x) = \frac{t_1}{N_1^4 \cos\varphi_1}(5 + 6t_1^2 + \eta_1^2 - 4\eta_1^4) \tag{8.3.13}$$

$$f^{(5)}(x) = \frac{t_1}{N_1^5 \cos\varphi_1}(5 + 28t_1^2 + 24t_1^4 + 6\eta_1^2 + 8\eta_1^2 t_1^2) \tag{8.3.14}$$

$$f^{(6)}(x) = \frac{t_1}{N_1^6 \cos\varphi_1}(61 + 180t_1^2 + 120t_1^4) \tag{8.3.15}$$

其中五阶导数中已略去 η_1^4 项以上，六阶导数中已略去 η_1^2 项以上。

将式（8.3.5）、式（8.3.9）、式（8.3.11）～式（8.3.15）代入式（8.3.3）可得

$$q = q_1 - \frac{y^2 t_1}{2N_1^2 \cos\varphi_1} + \frac{y^4 t_1}{24N_1^4 \cos\varphi_1}(5 + 6t_1^2 + \eta_1^2 - 4\eta_1^4) - \frac{y^6 t_1}{720N_1^6 \cos\varphi_1}(61 + 180t_1^2 + 120t_1^4) + \cdots \tag{8.3.16}$$

$$\lambda = \frac{y}{N_1 \cos\varphi_1} + \frac{y^3}{6N_1^3 \cos\varphi_1}(1 + \eta_1^2 + 2t_1^2) + \frac{y^5}{120N_1^5 \cos\varphi_1}(5 + 28t_1^2 + 24t_1^4 + 6\eta_1^2 + 8\eta_1^2 t_1^2) - \cdots \tag{8.3.17}$$

由式（8.3.16）求得的是等量纬度 q，可根据等量纬度反解公式求出纬度 φ，但这样做较烦琐，应导出由 x，y 直接解算 φ 的表达式。

令

$$\Delta q = q_1 - q \tag{8.3.18}$$

则式（8.3.16）变为

$$\Delta q=\frac{y^2t_1}{2N_1^2\cos\varphi_1}-\frac{y^4t_1}{24N_1^4\cos\varphi_1}(5+6t_1^2+\eta_1^2-4\eta_1^4)+\frac{y^6t_1}{720N_1^6\cos\varphi_1}(61+180t_1^2+120t_1^4)-\cdots$$

（8.3.19）

当已知等量纬度求纬度时，它的函数为

$$\varphi_1=f(q_1) \quad （8.3.20）$$

当 q_1 得一增量时，φ_1 也相应得增量

$$\varphi_1-\Delta\varphi=f(q_1-\Delta q) \quad （8.3.21）$$

将式（8.3.21）右边展为泰勒级数，并顾及式（8.3.20），有

$$\Delta\varphi=f'(q_1)\Delta q-\frac{1}{2}f''(q_1)\Delta q^2+\frac{1}{6}f'''(q_1)\Delta q^3-\cdots \quad （8.3.22）$$

而由式（8.3.2）、式（8.3.4）、式（8.3.6），可知

$$\begin{cases}f'(q)=V^2\cos\varphi\\ f''(q)=-(1+3\eta^2)V^2\sin\varphi\cos\varphi\\ f'''(q)=-\cos^3\varphi(1+5\eta^2+7\eta^4+3\eta^5-t^2-13\eta^2t^2-27\eta^4t^2-15\eta^6t^2)\end{cases} \quad （8.3.23）$$

令 $q=q_1$，则 $\varphi=\varphi_1$，$t=t_1$，$\eta=\eta_1$，顾及

$$V_1^2=1+\eta_1^2=\frac{N_1}{M_1} \quad （8.3.24）$$

则有

$$\begin{cases}f'(q_1)=\dfrac{N_1\cos\varphi_1}{M_1}\\ f''(q_1)=-\dfrac{N_1}{M_1}\sin\varphi_1\cos\varphi_1(1+3\eta_1^2)\\ f'''(q_1)=-\dfrac{N_1}{M_1}\cos^3\varphi_1(1-t_1^2+4\eta_1^2-12\eta_1^2t_1^2)\end{cases} \quad （8.3.25）$$

由式（8.3.19）取 Δq 的平方，取至 y^6 项有

$$\Delta q^2=\frac{y^4t_1^2}{4N_1^4\cos^2\varphi_1}-\frac{y^6t_1^2}{24N_1^6\cos^2\varphi_1}(5+6t_1^2) \quad （8.3.26）$$

以同样的精度，取 Δq 的立方：

$$\Delta q^3=\frac{y^6t_1^3}{8N_1^6\cos^3\varphi_1} \quad （8.3.27）$$

将式（8.3.19）、式（8.3.5）、式（8.3.23）及式（8.3.27）代入式（8.3.22），并略去 y^6 项中 η^2，整理后得

$$\Delta\varphi=\frac{y^2t_1}{2M_1N_1}-\frac{y^4t_1}{24M_1N_1^3}(5+3t_1^2+\eta_1^2-9\eta_1^2t_1^2)+\frac{y^6t_1}{720M_1N_1^5}(61+90t_1+45t_1^4)-\cdots \quad （8.3.28）$$

因 $\varphi=\varphi-\Delta\phi$，故式（8.3.28）可写作

$$\varphi=\varphi_1-\frac{y^2t_1}{2M_1N_1}+\frac{y^4t_1}{24M_1N_1^3}(5+3t_1^2+\eta_1^2-9\eta_1^2t_1^2)-\frac{y^6t_1}{720M_1N_1^5}(61+90t_1+45t_1^4)+\cdots \quad （8.3.29）$$

式（8.3.17）、式（8.3.29）即是由 x、y 反求 φ、λ 的公式。式（8.3.29）中 y^6 项的最大值不超过 0.0004″，式(8.3.17)中 y^5 项的最大值不超过 0.015″，在我国海区不超过 0.01″，

用于制图完全可以忽略，因此得实用公式为

$$\begin{cases}\varphi=\varphi_1-\dfrac{y^2t_1}{2M_1N_1}+\dfrac{y^4t_1}{24M_1N_1^3}\left(5+3t_1^2+\eta_1^2-9\eta_1^2t_1^2\right)\\ \lambda=\dfrac{y}{N_1\cos\phi_1}-\dfrac{y^3}{6N_1^3\cos\phi_1}\left(1+\eta_1^2+2t_1^2\right)\end{cases} \tag{8.3.30}$$

下面推求底点纬度 φ_1 的表达式。

由式（8.2.7），可得

$$\frac{X}{a(1-e^2)A}=\varphi-\frac{B}{2A}\sin 2\varphi+\frac{C}{4A}\sin 4\varphi-\frac{D}{6A}\sin 6\varphi+\cdots \tag{8.3.31}$$

令

$$\begin{cases}s=\dfrac{X}{a(1-e^2)A}\\ A_2'=\dfrac{B}{2A}\\ A_4'=-\dfrac{C}{4A}\\ A_6'=\dfrac{D}{6A}\end{cases}$$

则式（8.3.31）变为

$$s=\phi-A_2'\sin 2\phi-A_4'\sin 4\phi-A_6'\sin 6\phi-\cdots \tag{8.3.32}$$

反解此三角级数可得

$$\phi=s+B_2'\sin 2s+B_4'\sin 4s+B_6'\sin 6s+\cdots \tag{8.3.33}$$

式中

$$\begin{cases}B_2'=A_2'-A_2'A_4'-\dfrac{1}{2}A_2'^3\\ B_4'=A_4'+A_2'^2\\ B_6'=A_6'+3A_2'A_4'+\dfrac{3}{2}A_2'^3\end{cases} \tag{8.3.34}$$

以克拉索夫斯基椭球体数据代入式（8.2.8）可得

$$\begin{cases}A=1.005\,051\,773\,9\\ B=0.005\,062\,377\,64\\ C=0.000\,010\,624\,51\\ D=0.000\,000\,020\,81\end{cases}$$

于是

$$\begin{cases}A_2'=2.518\,466\,1\times10^{-3}\\ A_4'=-2.642\,776\,8\times10^{-6}\\ A_6'=3.450\,900\,2\times10^{-9}\end{cases}$$

$$\begin{cases} B_2' = 2.518\,464\,8\times10^{-3} \\ B_4' = 3.699\,894\,7\times10^{-6} \\ B_6' = 7.444\,373\,6\times10^{-9} \end{cases}$$

$$\begin{cases} \varphi = s + 2.518\,464\,8\times10^{-3}\sin 2s + 3.699\,894\,7\times10^{-6}\sin 4s + 7.444\,373\,6\times10^{-9}\sin 6s + \cdots \\ s = X / 6\,367\,558.498 \end{cases}$$

（8.3.35）

8.4 高斯-克吕格投影正、反解实用公式

本节介绍的高斯-克吕格投影正、反解实用公式是在保证制图精度下推导的，参考椭球采用克拉索夫斯基椭球参数，其中经、纬度精度取至0.01″，坐标值取至 0.1 m。具体演算简述如下。

《高斯-克吕格投影计算表》中正解公式为

$$x = X + \frac{N}{2}\sin\varphi\cos\varphi\cdot\lambda^2 + \frac{N}{24}\sin\varphi\cdot\cos^3\varphi(5-t^2+9\eta^2+9\eta^4)\lambda^4 \tag{8.4.1}$$

$$y = N\cos\varphi\cdot\lambda + \frac{N}{6}\cos^3\varphi(1-t^2+\eta^2)\lambda^3 + \frac{N}{120}\cdot\cos^5\varphi(5-18t^2+t^4+14\eta^2-58\eta^2t^2)\lambda^5 \tag{8.4.2}$$

反解公式为

$$\varphi = \varphi_1 - \frac{\rho' t_1}{2M_1N_1}y^2 + \frac{\rho' t_1}{24M_1N_1^3}\cdot(5+3t_1^2+\eta_1^2-9\eta_1^2t_1^2)y^4 \tag{8.4.3}$$

$$\lambda = \frac{\rho'}{N_1\cos\varphi_1}y\frac{\rho'}{6N_1^3\cos\varphi_1}(1+2t_1^2+\eta_1^2)y^3 + \frac{\rho'}{120N_1^5\cos\varphi_1}(5+28t_1^2+24t_1^4+6\eta_1^2+8\eta_1^2t_1^2)y^5$$

（8.4.4）

式中：λ 为某点经度 L 与中央子午线经度 L_0 之差，在式（8.4.1）、式（8.4.2）中为弧度值，在式（8.4.3）、式（8.4.4）中为角度值；N 为该点卯酉圈的曲率半径；X 为该点平行圈所截中央子午线的弧长（从赤道起算）；而 $\eta^2 = e'^2\cos^2\varphi$，$t=\mathrm{tg}\,\varphi$，$\varphi_1$ 为横坐标（y）线在中央子午线上“垂足点”的纬度，也叫“底点纬度”；N_1、M_1 分别为纬度 φ_1 处的卯酉圈曲率半径和子午线曲率半径，$\eta_1^2=\theta'^2\cos^2\varphi_1$，$t_1=\mathrm{tg}\,\varphi$，$\rho'=3\,437'.746\,770\,78$。由大地测量学可知

$$N = c/V = c(1+\eta^2)^{-\frac{1}{2}} = c\left(1-\frac{1}{2}\eta^2+\frac{3}{8}\eta^4-\frac{15}{48}\eta^6+\cdots\right) \tag{8.4.5}$$

式中：$c=\frac{a^2}{b}$，按克拉索夫斯基椭球元素，$c=6\,399\,698.901\,78$ m；$V^2=1+\eta^2$。

因 $M=\frac{c}{V^3}$、$N=\frac{c}{V}$，故有

$$
\begin{cases}
\dfrac{1}{M_1N_1}=\dfrac{1}{c^2}(1+2\eta_1^2+\eta_1^4) \\
\dfrac{1}{M_1N_1^3}=\dfrac{1}{c^4}(1+3\eta_1^2+3\eta_1^4+\eta_1^6) \\
\dfrac{1}{N_1\cos\phi_1}=\dfrac{1}{c}\sin\varphi_1\left(1+\dfrac{1}{2}\eta_1^4-\dfrac{1}{8}\mu_1^4+\dfrac{1}{16}\eta_1^6-\cdots\right) \\
\dfrac{1}{N_1^3\cos\phi_1}=\dfrac{1}{c^3}\sec\varphi_1\left(1+\dfrac{3}{2}\eta_1^2+\dfrac{3}{8}\eta_1^4-\dfrac{1}{16}\eta_1^6+\cdots\right) \\
\dfrac{1}{N_1^5\cos\phi_1}=\dfrac{1}{c^5}\sec\varphi_1\left(1+\dfrac{5}{2}\eta_1^2+\dfrac{15}{8}\eta_1^4+\cdots\right)
\end{cases}
\tag{8.4.6}
$$

将式（8.4.5）及式（8.4.6）代入式（8.4.1）～式（8.4.4）中，并考虑在我国范围内采用高斯-克吕格投影时，$\varphi<55°$，又由于六度分带中，$\lambda\leqslant 3°30'$，舍去小于 0.01 m 和 0.001″的各项，则

$$
x=X+\frac{c}{2}\sin\varphi\cos\varphi\left(1-\frac{1}{2}\eta^2+\frac{3}{8}\eta^4\right)\lambda^2+\frac{c}{24}\sin\varphi\cos^3\varphi\left(5-t^2+\frac{13}{2}\eta^2+\frac{1}{2}\eta^2t^2\right)\lambda^4 \tag{8.4.7}
$$

$$
\begin{aligned}
y=&c(1-\frac{1}{2}\eta^2+\frac{3}{8}\eta^4-\frac{15}{48}\eta^6)\cos\varphi\cdot\lambda \\
&+\frac{c}{6}(1-t^2+\frac{1}{2}\eta^2+\frac{1}{2}\eta^2t^2-\frac{1}{8}\eta^4-\frac{3}{8}\lambda^4t^2)\cdot\cos^3\varphi\cdot\lambda^3 \\
&+\frac{c}{120}(5-18t^2+t^4+\frac{23}{2}\eta^2-49\eta^2-\frac{1}{2}\eta^2t^4)\cdot\cos^5\varphi\cdot\lambda^5
\end{aligned}
\tag{8.4.8}
$$

$$
\varphi=\varphi_1-\rho'\left[\frac{1}{2}(t_1+2\eta_1^2t_1+\eta^4t_1)\left(\frac{y}{c}\right)^2-\frac{1}{24}(5t_1+3t_1^3+16\eta_1^2t_1+18\eta_1^4t_1-18\eta_1^4t_1^3)\left(\frac{y}{c}\right)^4\right] \tag{8.4.9}
$$

$$
\begin{aligned}
\lambda=\rho'\Bigg[&\sec\varphi_1\left(1+\frac{1}{2}\eta_1^2-\frac{1}{8}\eta_1^4+\frac{1}{16}\eta_1^6\right)\left(\frac{y}{c}\right) \\
&-\frac{1}{6}\sec\varphi_1\left(1+\frac{5}{2}\eta_1^2+\frac{15}{8}\eta_1^4+2t_1^2+3\eta_1^2t_1^2+\frac{3}{4}\eta_1^4t_1^2\right)\left(\frac{y}{c}\right)^3 \\
&+\frac{1}{120}\sec\varphi_1\left(5+28t_1^2+24t_1^4+\frac{37}{2}\eta_1^2+78\eta_1^2t_1^2+60\eta_1^2t_1^4\right)\left(\frac{y}{c}\right)^5\Bigg]
\end{aligned}
\tag{8.4.10}
$$

式（8.4.6）、式（8.4.7）、式（8.4.8）、式（8.4.9）分别简化，由式（8.4.6）得

$$
\begin{aligned}
x=&X+\frac{c}{4}\sin2\varphi\left(1-\frac{1}{2}e'^2\cos^2\varphi+\frac{3}{8}e'^4\cos^4\varphi\right)\lambda^2 \\
&+\frac{c}{48}\left(\frac{1}{2}\sin2\varphi+\frac{1}{4}\sin4\varphi\right)\cdot\left(5-\mathrm{tg}^2\varphi+\frac{13}{2}e'^2\cos^2\varphi+\frac{1}{2}e'^2\sin^2\varphi\right)\lambda^4
\end{aligned}
\tag{8.4.11}
$$

由三角学可知

$$
\sin^2\varphi=\frac{1}{2}-\frac{1}{2}\cos2\varphi
$$

$$
\cos^2\varphi=\frac{1}{2}+\frac{1}{2}\cos2\varphi
$$

$$\cos^4\varphi=\frac{3}{8}+\frac{1}{2}\cos 2\varphi+\frac{1}{8}\cos 4\varphi$$

将 $\sin^2\varphi$、$\cos^2\varphi$、$\cos^4\varphi$ 代入式（8.4.10），得

$$\begin{aligned}x&=X+\frac{c}{4}\sin 2\varphi\left[\left(1-\frac{1}{4}e'^2+\frac{9}{64}e'^4\right)-\left(\frac{1}{4}e'^2-\frac{3}{16}e'^4\right)\cos 2\varphi+\frac{3}{64}e'^4\cos 4\varphi\right]\lambda^2\\&\quad+\frac{c}{48}\left(\frac{1}{2}\sin 2\varphi+\frac{1}{4}\sin 4\varphi\right)\cdot\left[\left(5+\frac{7}{2}e'^2\right)-\operatorname{tg}^2\varphi+3e'^2\cos 2\varphi\right]\lambda^4\\&=X+(1\,597\,237.956\sin 2\varphi-1\,340.831\cdot\sin 4\varphi+1.703\sin 6\varphi)\lambda^2\\&\quad+(268\,563.280\sin 2\varphi+201\,450.536\cdot\sin 4\varphi+336.910\sin 6\varphi)\lambda^4\end{aligned}\tag{8.4.12}$$

又因

$$X=6\,367\,558.497\varphi-16\,036.480\sin 2\varphi+16.828\sin 4\varphi-0.022\sin 6\varphi\tag{8.4.13}$$

将式（8.4.12）代入式（8.4.11），即可得实用公式为

$$\begin{aligned}x&=6\,367\,558.497\varphi-(16\,036.480-1\,597\,237.956\lambda^2-268\,563.280\lambda^4)\cdot\sin 2\varphi\\&\quad+(16.828-1\,340.831\lambda^2+201\,450.536\lambda^4)\sin 4\varphi\end{aligned}\tag{8.4.14}$$

式（8.4.13）中已略去小于 0.01 m 的各项。

同理，简化式（8.4.7）和式（8.4.8）可得

$$\begin{aligned}y=c\lambda\Bigg\{&\left(\cos\varphi-\frac{1}{2}e'^2\cos^3\varphi+\frac{3}{8}e'^4\cos^5\varphi-\frac{15}{48}e'^6\cos^7\varphi\right)\\&-\frac{1}{6}\left[\cos\varphi-\left(2+\frac{1}{2}e'^2\right)\cos^3\varphi+\frac{3}{8}e'^4\cos^5\varphi-\frac{1}{4}e'^4\cos^7\varphi\right]\lambda\\&+\frac{1}{120}\left[\cos\varphi-\left(20+\frac{1}{2}e'^2\right)\cos^3\varphi+(24-48e'^2)\cos^5\varphi+60e'^2\cos^7\varphi\right]\lambda^4\Bigg\}\end{aligned}\tag{8.4.15}$$

因

$$\cos^3\varphi=\frac{3}{4}\cos\varphi+\frac{1}{4}\cos 3\varphi$$

$$\cos^5\varphi=\frac{5}{8}\cos\varphi+\frac{5}{16}\cos 3\varphi+\frac{1}{16}\cos 5\varphi$$

$$\cos^7\varphi=\frac{35}{64}\cos\varphi+\frac{21}{64}\cos 3\varphi+\frac{7}{64}\cos 5\varphi-\frac{1}{64}\cos 7\varphi$$

将上式代入式（8.4.15），经整理后，舍去式中小于 0.01 m 的各项，即得计算 y 的实用公式。

$$\begin{aligned}y=\lambda[&(6\,383\,594.975+535\,998.795\lambda^2+54\,206.791\lambda^4)\cos\varphi\\&-(5\,356.713-534\,204.967\lambda^2-134\,966.691\lambda^4)\cos\varphi\\&+(6.744+81\,276.496\lambda^4)\cos 5\varphi]\end{aligned}\tag{8.4.16}$$

对于式（8.4.9），也容易化得

$$\varphi=\varphi_1-p'\left\{\left(\frac{1}{2}y'^2-\frac{5}{24}y'^4\right)t_1-\frac{1}{8}y'^4t_1^3+\left[\left(\frac{1}{2}e'^2+\frac{1}{8}e'^4\right)y'^2-\frac{1}{3}e'^2y'^4\right]\sin 2\varphi_1\right.$$
$$\left.+\left(\frac{1}{16}e'^4y'^2-\frac{9}{48}e'^4y'^4\right)\sin 4\varphi_1\right\}$$

式中，$y'^4\sin 4\phi_1$ 项最大值小于 0″.0001，可略去，故

$$\begin{aligned}\varphi=\varphi_1-\rho'\{&(0.5y'^2-0.208\,333\,333\,3y'^4)t-0.125y'^4t_1^3+(0.003\,374\,938\,7y'^2\\&-0.002\,246\,175\,1y'^4)\sin 2\varphi_1+0.000\,002\,838\,0y'^2\sin 4\varphi_1\}\end{aligned} \tag{8.4.17}$$

其中

$$\varphi_1=p'(x'+0.002\,518\,464\,776\sin 2x'+0.000\,003\,700\,115\sin 4x'+0.000\,000\,007\,447\sin 6x') \tag{8.4.18}$$

$$\begin{cases}x'(\text{弧度})=x/6\,367\,558.496\,87\\y'(\text{弧度})=y/6\,399\,698.901\,78\end{cases} \tag{8.4.19}$$

对于式（8.4.10）同样容易化得

$$\begin{aligned}\lambda=\rho'y'\{&(1+0.163\,297\,404\,0y'+0.005\,974\,849y'^4)\sec\varphi_1\\&-(0.333\,333\,333\,3y'^2+0.163\,297\,404\,0y'^4)\sec^3\varphi_1+0.2y'^4\sec^5\varphi_1\\&+(0.003\,365\,017\,7+0.000\,549\,482\,4y'^2)\cos\varphi_1-0.000\,001\,413\,3\cos 3\varphi_1\}\end{aligned} \tag{8.4.20}$$

式中，小于 0″.001 的各项均已略去。

综合看来，式（8.4.14）～式（8.4.20）六式就是高斯-克吕格投影正、反解的实用公式，其坐标精度足可供小于 1∶2 000 比例尺制图之用。

8.5　投影长度比和子午线收敛角

高斯-克吕格投影为等角投影，等角投影从一点出发各方向的长度比是相等的。因此只要推求出某一方向的长度比，即是各方向的长度比。由《地图投影学》（方俊，1957）知任一方向长度比可表示为

$$\mu^2=\frac{E}{M^2}\cos^2\alpha+\frac{F}{Mr}\sin 2\alpha+\frac{G}{r^2}\sin^2\alpha \tag{8.5.1}$$

式中

$$\begin{cases}E=\left(\dfrac{\partial x}{\partial\varphi}\right)^2+\left(\dfrac{\partial y}{\partial\varphi}\right)^2\\F=\dfrac{\partial x}{\partial\varphi}\dfrac{\partial x}{\partial\lambda}+\dfrac{\partial y}{\partial\varphi}\dfrac{\partial y}{\partial\lambda}\\G=\left(\dfrac{\partial x}{\partial\lambda}\right)^2+\left(\dfrac{\partial y}{\partial\lambda}\right)^2\end{cases} \tag{8.5.2}$$

α 为某点上微分线段的方位角；M、r 分别为子午圈曲率半径、平行圈曲率半径。

为推演方便，对高斯-克吕格投影来说，用纬线长度比代替任一方向长度比较为合宜。在式（8.5.1）中，令 α=90°，可得纬线长度比

$$\mu = n = \frac{\sqrt{G}}{r} \tag{8.5.3}$$

代入式（8.5.2），顾及$r = N\cos\varphi$，则

$$\mu = \frac{1}{N\cos\varphi}\sqrt{\left(\frac{\partial x}{\partial \lambda}\right)^2 + \left(\frac{\partial y}{\partial \lambda}\right)^2} \tag{8.5.4}$$

对式（8.4.1）、式（8.4.2）分别取x对λ及y对λ的偏导数，取至λ^4项已足。

$$\frac{\partial x}{\partial \lambda} = N\cos\varphi\left[\lambda\sin\varphi + \frac{\lambda^3}{6}\sin\varphi\cos^2\varphi(5 - t^2 + 9\eta^2 + 4\eta^4)\right] \tag{8.5.5}$$

$$\frac{\partial y}{\partial \lambda} = N\cos\varphi\left[1 + \frac{\lambda^2}{2}\cos^2\varphi(1 - t^2 + \eta^2) + \frac{\lambda^4}{24}\cos^4\varphi(5 - 18t^2 + t^4)\right] \tag{8.5.6}$$

平方式（8.5.5）、式（8.5.6），取至λ^4项并略去η^2项的以上各项。

$$\left(\frac{\partial x}{\partial \lambda}\right)^2 = N^2\cos^2\varphi\left[\lambda^2\sin^2\varphi + \frac{\lambda^3}{3}\sin^2\varphi\cos^2\varphi(5 - t^2)\right] \tag{8.5.7}$$

$$\left(\frac{\partial y}{\partial \lambda}\right)^2 = N^2\cos^2\varphi\left[1 + \lambda^2\cos^2\varphi(1 - t^2 + \eta^2) + \frac{1}{3}\lambda^4\cos^4\varphi(2 - 6t^2 + t^4)\right] \tag{8.5.8}$$

将式（8.5.7）、式（8.5.8）代入式（8.5.4），整理后得

$$\mu = \left[1 + \lambda^2\cos^2\varphi(1 + \eta^2) + \frac{\lambda^4}{3}\cos^4\varphi(2 - t^2)\right]^{\frac{1}{2}} \tag{8.5.9}$$

将式（8.5.9）按二项级数展开法展开，也取至λ^4项，并略去λ^4项中的η^2以上各项。

$$\mu = 1 + \frac{\lambda^2}{2}\cos^2\varphi(1 + \eta^2) + \frac{\lambda^4}{24}\cos^4\varphi(5 - 4t^2) \tag{8.5.10}$$

根据式（8.5.10）来分析高斯-克吕格投影的变形规律。

（1）当$\lambda = 0$时，$\mu = 1$，即中央子午线上无长度变形，这是符合本投影所设条件的。

（2）在同一条纬线上（即φ为常数时），长度变形随经差λ的增大而增大。

（3）在同一条经线上（即λ为常数时），长度变形随纬度φ的减小而增大，在赤道为最大。

（4）因λ和$\cos\varphi$均为偶次方，且各项均为正号，故长度变形恒为正，即除中央子午线外，其他线段都有所增长。

（5）由于$\cos\varphi$为小于1的值，其二次方、四次方的值更小，长度变形主要随λ的增大而增大。因此高斯投影只能按经差分带投影，以减小投影变形。

（6）若按6°分带，相邻两带重叠处距中央子午线的最大经差为3°30′，按式（8.5.10）可算得最不利时（$\varphi = 0$）其长度比为1.001 881 25，即长度变形约为0.2%，而面积变形不大于0.4%。因此可得出结论，高斯-克吕格投影是投影变形较小的一种投影。

下面推求子午线收敛角公式。

子午线收敛角是投影平面上，过某一点的经线与坐标纵线间的夹角，即

$$\tan\gamma = \frac{\partial y}{\partial \varphi}\bigg/\frac{\partial x}{\partial \varphi} \tag{8.5.11}$$

由于高斯投影系等角投影，可在式（8.5.12）中引入

$$\begin{cases}\dfrac{\partial y}{\partial \lambda}=\dfrac{r}{M}\dfrac{\partial x}{\partial \varphi}\\[2ex]\dfrac{\partial x}{\partial \lambda}=-\dfrac{r}{M}\dfrac{\partial y}{\partial \varphi}\end{cases}$$

变为对λ的偏导数形式：

$$\tan\gamma=\frac{\partial x}{\partial \lambda}\Big/\frac{\partial y}{\partial \lambda} \tag{8.5.12}$$

将式（8.5.5）、式（8.5.6）代入式（8.5.12），得

$$\begin{aligned}\tan\gamma&=\frac{\lambda\sin\varphi+\dfrac{\lambda^3}{6}\sin\varphi\cos^2\varphi(5-t^2+9\eta^2+4\eta^4)}{1+\dfrac{\lambda^2}{2}\cos^2\varphi(1-t^2+\eta^2)+\dfrac{\lambda^4}{24}\cos^4\varphi(5-18t^2+t^4)}\\&=\lambda\sin\varphi+\frac{\lambda^3}{3}\sin\varphi(1+2t^2+3\eta^2+2\eta^4)+\cdots\end{aligned} \tag{8.5.13}$$

为便于计算，按已知展开式

$$\gamma=\tan^{-1}(\mathrm{tg}\,\gamma)=\tan\gamma-\frac{1}{3}\tan^3\gamma+\cdots \tag{8.5.14}$$

引入式（8.5.13），取至λ^3项，并略去η^4项，最后得

$$\gamma=\lambda\sin\varphi+\frac{\lambda^3}{3}\sin\varphi\cos^2\varphi(1+3\eta^2) \tag{8.5.15}$$

式中：γ、λ均以弧度为单位。在中央子午线以东γ为负值，反之γ为正值，并且γ随λ的增大而增大，随纬度的升高而增大。

第9章　高斯投影复变函数迭代表示

高斯投影是一种等角投影，而复变函数作为一种强有力的数学方法，在等角投影中的优势是无可替代的，近年来已有学者注意到了这一问题并进行了研究。Bowring（1990）讨论了横轴墨卡托投影的复变函数表示，但其给出的反解变换是在子午线弧长正解公式的基础上迭代得到的，导致计算过于烦琐；Klotz（1993）基于一种有效的递推公式给出了任意带宽的高斯投影复变函数解法，但所给公式较为复杂，且递推过程耗时，计算效率较低；Schuhr（1995）给出了用复变函数表示的高斯投影正反解的FORTRAN程序并进行了计算。边少锋等（2001）将子午线弧长正反解公式拓展至复数域，导出了形式紧凑、结构简单的正反解公式。本章在此基础上对这一方法做进一步完善和改进，建立高斯投影复变函数迭代表示。

9.1　等量纬度的解析开拓

研究高斯投影离不开等量纬度，由熊介（1988）知，等量纬度与大地纬度有如下数学关系：

$$q=\int_0^B \frac{1-e^2}{(1-e^2\sin^2 B)\cos B}\mathrm{d}B=\ln\left(\tan\left(\frac{\pi}{4}+\frac{B}{2}\right)\left(\frac{1-e\sin B}{1+e\sin B}\right)^{\frac{e}{2}}\right) \tag{9.1.1}$$

$$=\operatorname{arctanh}(\sin B)-e\operatorname{arctanh}(e\sin B)$$

式中：$\operatorname{arctanh}(*)$为反双曲正切函数；$e$为参考椭球第一偏心率。

由式（9.1.1）经移项变形可得

$$B=\arcsin(\tanh(q+e\operatorname{arctanh}(e\sin B))) \tag{9.1.2}$$

式（9.1.2）决定了等量纬度与大地纬度一一对应的函数关系，如果将其中的等量纬度向复变量作开拓，用$\boldsymbol{w}=q+\mathrm{i}l$代替$q$，并将相应的实变函数作向复变量函数的开拓，由此复变量函数确定的因变量亦为复变量，本节用黑体$\boldsymbol{B}$表示，可称为复数纬度。

$$\boldsymbol{B}=\arcsin(\tanh(w+e\operatorname{arctanh}(e\sin\boldsymbol{B}))) \tag{9.1.3}$$

注意到式（9.1.3）两端都含有纬度$\boldsymbol{B}$，故$\boldsymbol{B}$需要迭代求出。迭代式可取为

$$\begin{cases}\boldsymbol{B}_0\approx\arcsin(\tanh\boldsymbol{w})\\ \boldsymbol{B}_i=\arcsin(\tanh(\boldsymbol{w}+e\operatorname{arctanh}(e\sin\boldsymbol{B}_{i-1})))\end{cases} \tag{9.1.4}$$

式中：$\boldsymbol{B}_0$为初值；$\boldsymbol{B}_{i-1}$和$\boldsymbol{B}_i$分别为复数纬度的第$i-1$次和第i次迭代值，由于偏心率很小，迭代又以e^2量级收敛，一般迭代3或4次即可。

9.2 高斯投影正解复变函数迭代表示

高斯投影是涉及大地测量学、地图制图学、地理信息系统、“数字地球”的一个基本问题，应用范围非常广泛。我国现行的 1∶50 万及更大比例尺的各种地形图，大都采用高斯投影。实际应用中，经常会遇到该投影的正反解算问题。

传统的高斯投影正（反）算公式一般是将正（反）解表示为经差（横坐标）的实数型幂级数形式（杨启和，1989；熊介，1988）。这种形式虽然有直观和容易理解的优点，但表达式复杂冗长，且反解时底点纬度是在子午线弧长正解公式的基础上迭代求出的，计算较为烦琐。

鉴于复变函数与保角映射之间存在天然联系，近年来已有学者将这一数学方法引入等角投影的研究中，并取得了较为显著的成果。程阳（1985）给出一系列等角投影的解析函数表达式，并基于此进行了投影的各种计算和诸投影之间的坐标转换。

传统的表示方法是利用高斯投影的三个条件。

（1）保角映射（正形）；

（2）中央子午线投影后为直线（一般为纵轴）；

（3）中央子午线投影后长度不变。

将高斯投影展开为经差的幂级数。这种实数型幂级数虽有容易理解、直观的优点，但失去了保角映射与复变函数内在的数学联系，表达式变得冗长。事实上，复变函数作为一种强有力的数学分析方法，它在保角映射中的独特地位和作用是无可替代的。本节在综合国内外学者和作者研究成果的基础上，推出高斯投影的复变函数迭代表示。

设

$$\begin{cases} \boldsymbol{w} = q + \mathrm{i}l \\ \boldsymbol{z} = x + \mathrm{i}y \end{cases} \tag{9.2.1}$$

式中：$\mathrm{i} = \sqrt{-1}$ 为虚数单位；q、l 为投影前等量纬度与经差；$\boldsymbol{z}$ 为投影后平面纵横坐标组成的复变量。

设 f 为任意解析函数，由复变函数理论可知，解析函数满足保角映射条件。因此，高斯投影条件“保角映射（正形）”的基本数学形式应为

$$\boldsymbol{z} = x + \mathrm{i}y = f(q + \mathrm{i}l) \tag{9.2.2}$$

又由高斯投影条件“中央子午线投影后为直线（一般为纵轴）”，当 $l=0$ 时，应有 $y=0$，即式（9.2.2）虚数部分消失，只有实数部分

$$x = f(q) \tag{9.2.3}$$

最后，由高斯投影条件“中央子午线投影后长度不变”，当 $l=0$ 时，式（9.2.3）实际上即为子午线弧长正解公式

$$\begin{aligned} x = f(q) = f[q(B)] = X(B) &= a(1-e^2)\int_0^B \frac{\mathrm{d}B}{(1-e^2\sin^2 B)^{\frac{3}{2}}} \\ &= a(1-e^2)(k_0 B + k_2 \sin 2B + k_4 \sin 4B + k_6 \sin 6B + k_8 \sin 8B + k_{10} \sin 10B) \end{aligned} \tag{9.2.4}$$

式中

$$
\begin{cases}
k_0 = 1+\dfrac{3}{4}e^2+\dfrac{45}{64}e^4+\dfrac{175}{256}e^6+\dfrac{11\,025}{16\,384}e^8+\dfrac{43\,659}{65\,536}e^{10} \\
k_2 = -\dfrac{3}{8}e^2-\dfrac{15}{32}e^4-\dfrac{525}{1\,024}e^6-\dfrac{2\,205}{4\,096}e^8-\dfrac{72\,765}{131\,072}e^{10} \\
k_4 = \dfrac{15}{256}e^4+\dfrac{105}{1\,024}e^6+\dfrac{22\,025}{16\,384}e^8+\dfrac{10\,395}{65\,536}e^{10} \\
k_6 = -\dfrac{35}{3\,072}e^6-\dfrac{105}{4\,096}e^8-\dfrac{10\,395}{262\,144}e^{10} \\
k_8 = \dfrac{315}{131\,072}e^8+\dfrac{3\,465}{524\,288}e^{10} \\
k_{10} = -\dfrac{693}{131\,072}e^{10}
\end{cases}
\tag{9.2.5}
$$

然后，将式（9.1.3）确定的复数纬度 $\boldsymbol{B}$ 代入实数子午线弧长正解公式，作相应的复变函数开拓，并将等式左端改为投影后相应的复变后相应的复变量，则有

$$
\begin{aligned}
\boldsymbol{z} = x+\mathrm{i}y &= a(1-e^2)\int_0^{B}\frac{\mathrm{d}\boldsymbol{B}}{(1-e^2\sin^2\boldsymbol{B})^{\frac{3}{2}}} \\
&= a(1-e^2)(k_0\boldsymbol{B}+k_2\sin 2\boldsymbol{B}+k_4\sin 4\boldsymbol{B}+k_6\sin 6\boldsymbol{B}+k_8\sin 8\boldsymbol{B}+k_{10}\sin 10\boldsymbol{B})
\end{aligned}
\tag{9.2.6}
$$

式中：$\boldsymbol{z}$ 的实部 x 和虚部 y 即为高斯投影后的纵横坐标。

式（9.2.6）的正确性可进一步阐述如下。

（1）因为由 $\boldsymbol{w}$ 所决定的纬度和由复数纬度所决定的纵横坐标，函数关系均为初等函数，作复数开拓后，在其主值范围内仍是单值单叶的解析函数，而解析函数必然满足保角映射条件，高斯投影条件“保角映射（正形）”得以保证。

（2）$l=0$ 时，虚部消失 $y=0$，且投影公式（9.2.4）即为一般的子午线弧长反解公式，高斯投影条件“中央子午线投影后为直线（一般为纵轴）”和“中央子午线投影后长度不变”得以保证。

（3）因此，式（9.2.4）是满足高斯投影全部条件的正解表示式。

【例 9.1】 以 CGCS2000 椭球 $a=6\,378\,137$ m，$f=1/298.257\,222\,101$ 作为参考椭球，当大地纬度 $B=45^\circ$，经差 $l=3^\circ$ 时，试进行高斯投影正解计算。

【解】 以下是在 Mathematica 计算机代数系统中计算高斯投影正解的全过程。

（1）求复数等量纬度。

```
B = Pi / 4;
l = 3 * Pi / 180;
f = 1 / 298.257222101;
a = 6378137;
e = (f * (2 - f)) ^0.5;
q = ArcTanh[Sin[B]] - e * ArcTanh[e * Sin[B]]
```
（先由 B 求等量纬度）

```
0.876635
w = q + I * l
```
（然后与 l 组成复变量）

```
0.876635 + 0.0523599 i
```

（2）迭代计算复数纬度 ***B***。

```
B0 = ArcSin[Tanh[w]]
```
（***B*** 的初值为 $\boldsymbol{B}_0$）

迭代值依次为

```
B1 = ArcSin[Tanh[w + e * ArcTanh[e * Sin[B0]]]]
0.786082 + 0.0371494 i

B2 = ArcSin[Tanh[w + e * ArcTanh[e * Sin[B1]]]]
0.786093 + 0.0371486 i

B3 = ArcSin[Tanh[w + e * ArcTanh[e * Sin[B2]]]]
0.786093 + 0.0371485 i

B4 = ArcSin[Tanh[w + e * ArcTanh[e * Sin[B3]]]]
0.786093 + 0.0371485 i
```

以后迭代表明该数值在 6 位有效数字范围内已无任何变化。

（3）确定高斯投影坐标。

$$k_0 = 1 + \frac{3e^2}{4} + \frac{45e^4}{64} + \frac{175e^6}{256} + \frac{11025e^8}{16384} + \frac{43659e^{10}}{65536};$$

$$k_2 = -\frac{3e^2}{8} - \frac{15e^4}{32} - \frac{525e^6}{1024} - \frac{2205e^8}{4096} - \frac{72765e^{10}}{131072};$$

$$k_4 = \frac{15e^4}{256} + \frac{105e^6}{1024} + \frac{2205e^8}{16384} + \frac{10395e^{10}}{65536};$$

$$k_6 = -\frac{35e^6}{3072} - \frac{105e^8}{4096} - \frac{10359e^{10}}{262144};$$

$$k_8 = \frac{315e^8}{131072} + \frac{3465e^{10}}{524288};$$

$$k_{10} = -\frac{693e^{10}}{131072};$$

$$z = a\left(1-e^2\right)\left(k_0 * B4 + k_2 * \mathrm{Sin}[2\,B4] + k_4 * \mathrm{Sin}[4\,B4] + k_6 * \mathrm{Sin}[6\,B4] + k_8 * \mathrm{Sin}[8\,B4] + k_{10} * \mathrm{Sin}[10\,B4]\right)$$

$4.98933 \times 10^6 + 236541.\ \mathrm{i}$

```
NumberForm[z, 10]
```

$4.989325235 \times 10^6 + 236540.6424\ \mathrm{i}$

至此，高斯投影复变坐标已经解出，为

$$z = x + \mathrm{i}y = 4\,989\,325.235 + 236\,540.642\,4\mathrm{i}$$

即 x=4 989 325.235 m，y=236 540.642 4 m。

9.3 高斯投影反解复变函数迭代表示

高斯投影的正解形式已经确定，因此高斯投影的反解公式形式上可表示为

$$\boldsymbol{w} = q + \mathrm{i}l = f^{-1}(x + \mathrm{i}y) \tag{9.3.1}$$

式中：f^{-1}表示f的反函数，它仍然是解析函数。

首先，定义“复数底点纬度”：

$$\boldsymbol{\psi}=\frac{z}{a(1-e^2)\cdot k_0}=\frac{x+\mathrm{i}y}{a(1-e^2)\left(1+\frac{3}{4}e^2+\frac{45}{64}e^4+\frac{175}{256}e^6+\frac{11\,025}{16\,384}e^8+\frac{43\,659}{65\,536}e^{10}\right)} \quad (9.3.2)$$

当$y=0$时，它可看成是x对应的弧度值。

其次，由高斯投影条件（2）知$y=0$时，$l=0$，虚部消失，应有

$$q=f^{-1}\left[\frac{x}{a(1-e^2)\left(1+\frac{3}{4}e^2+\frac{45}{64}e^4+\frac{175}{256}e^6+\frac{11\,025}{16\,384}e^8+\frac{43\,659}{65\,536}e^{10}\right)}\right] \quad (9.3.3)$$

式中：q为等量纬度，它与大地纬度有着确定的函数关系，故式（9.3.3）又可以写为

$$B=f^{-1}\left[\frac{x}{a(1-e^2)\left(1+\frac{3}{4}e^2+\frac{45}{64}e^4+\frac{175}{256}e^6+\frac{11\,025}{16\,384}e^8+\frac{43\,659}{65\,536}e^{10}\right)}\right] \quad (9.3.4)$$

再由高斯投影条件 3“中央子午线投影后长度不变”知式（9.3.4）应为子午线弧长反解公式。略去推导，可直接写出子午线弧长的反解公式：

$$B=\psi+a_2\sin 2\psi+a_4\sin 4\psi+a_6\sin 6\psi+a_8\sin 8\psi+a_{10}\sin 10\psi \quad (9.3.5)$$

式中

$$\begin{cases}\psi=\dfrac{X}{a(1-e^2)\left(1+\frac{3}{4}e^2+\frac{45}{64}e^4+\frac{175}{256}e^6+\frac{11\,025}{16\,384}e^8+\frac{43\,659}{65\,536}e^{10}\right)}\\ a_2=\dfrac{3}{8}e^2+\dfrac{3}{16}e^4+\dfrac{213}{2\,048}e^6+\dfrac{255}{4\,096}e^8+\dfrac{20\,861}{524\,288}e^{10}\\ a_4=\dfrac{21}{256}e^4+\dfrac{21}{256}e^6+\dfrac{533}{8\,192}e^8+\dfrac{197}{4\,096}e^{10}\\ a_6=\dfrac{151}{6\,144}e^6+\dfrac{151}{4\,096}e^8+\dfrac{5\,019}{131\,072}e^{10}\\ a_8=\dfrac{1\,097}{131\,072}e^8+\dfrac{1\,097}{65\,536}e^{10}\\ a_{10}=\dfrac{8\,011}{2\,621\,440}e^{10}\end{cases} \quad (9.3.6)$$

ψ可以理解为“等弧长纬度”。

为导出高斯投影复变函数表示的反解公式，将式（9.3.5）原实数变量ψ用本节复数变量$\boldsymbol{\psi}$代替，实变函数拓展为复变函数，原实数变量纬度（即通常所说的底点纬度）相应变化为复数，仍称为复数纬度，用黑体$\boldsymbol{B}$表示，即

$$\boldsymbol{B}=\boldsymbol{\Psi}+a_2\sin 2\boldsymbol{\psi}+a_4\sin 4\boldsymbol{\psi}+a_6\sin 6\boldsymbol{\psi}+a_8\sin 8\boldsymbol{\psi}+a_{10}\sin 10\boldsymbol{\psi} \quad (9.3.7)$$

式中各系数值仍同式（9.3.6），为方便阅读，下面仍列出其值。

$$\begin{cases} a_2=\dfrac{3}{8}e^2+\dfrac{3}{16}e^4+\dfrac{213}{2\,048}e^6+\dfrac{255}{4\,096}e^8+\dfrac{20\,861}{524\,288}e^{10} \\ a_4=\dfrac{21}{256}e^4+\dfrac{21}{256}e^6+\dfrac{533}{8\,192}e^8+\dfrac{197}{4\,096}e^{10} \\ a_6=\dfrac{151}{6\,144}e^6+\dfrac{151}{4\,096}e^8+\dfrac{5\,019}{131\,072}e^{10} \\ a_8=\dfrac{1\,097}{131\,072}e^8+\dfrac{1\,097}{65\,536}e^{10} \\ a_{10}=\dfrac{8\,011}{2\,621\,440}e^{10} \end{cases} \tag{9.3.8}$$

求出复数纬度后，复变量 $\boldsymbol{w}=q+\mathrm{i}l$ 的值可在式（9.1.1）基础上，经过复变函数解析开拓后的数学关系得出

$$\boldsymbol{w}=q+\mathrm{i}l=\operatorname{arctanh}(\sin\boldsymbol{B})-e\operatorname{arctanh}(e\sin\boldsymbol{B}) \tag{9.3.9}$$

式（9.3.9）的实部即为实际的等量纬度，虚部为经差，而实际的大地纬度的计算式为

$$B=\arcsin(\tanh(q+e\operatorname{arctanh}(e\sin B))) \tag{9.3.10}$$

式（9.3.10）需要迭代，由于偏心率很小，且迭代以 e^2 量级收敛，迭代三次即可完全达到所要求的精度。

至此，式（9.3.7）～式（9.3.10）构成了高斯投影反解表示式的完整形式，其正确性可进一步说明。

由于所得复变函数都是经初等复变函数解析开拓，且在主值范围内是单值单叶的，所决定的函数是解析的，是保角映射。且当 $y=0$ 时，由子午线弧长反解公式求出的是中央子午线上的实际纬度，也满足高斯投影的后两个条件。

【例 9.2】 以 CGCS2000 椭球 $a=6\,378\,137\ \mathrm{m}$，$f=1/298.257\,222\,101$ 作为参考椭球，取 $x=4\,989\,325.234\,6\ \mathrm{m}$，$y=236\,540.642\,3\ \mathrm{m}$，进行高斯投影反算。

【解】 以下是在 Mathematica 计算机代数系统中计算高斯投影反解的全过程。

（1）先由（x, y）求“复数底点纬度”。

$$\psi=\frac{z}{a\left(1-e^2\right)\left(1+\frac{3e^2}{4}+\frac{45e^4}{64}+\frac{175e^6}{256}+\frac{11025e^8}{16384}+\frac{43659e^{10}}{65536}\right)}$$

```
0.783567 + 0.0371484 i

0.783567 + 0.0371484 i
```

（2）求复数纬度。

```
0.783567 + 0.0371484 i
```

$$a_2=\frac{3e^2}{8}+\frac{3e^4}{16}+\frac{213e^6}{2048}+\frac{255e^8}{4096}+\frac{20\,861e^{10}}{524\,288};$$

$$a_4=\frac{21e^4}{256}+\frac{21e^6}{256}+\frac{533e^8}{4096}+\frac{197e^{10}}{4096};$$

$$a_6 = \frac{151 e^6}{6144} + \frac{151 e^8}{4096} + \frac{5019 e^{10}}{131072};$$

$$a_8 = \frac{1097 e^8}{131072} + \frac{1097 e^{10}}{65536};$$

$$a_{10} = \frac{8011 e^{10}}{2621440}$$

```
B = ψ + a2 * Sin[2 ψ] + a4 * Sin[4 ψ] + a6 * Sin[6 ψ] + a8 * Sin[8 ψ] + a10 * Sin[10 ψ]
```

4.10865×10^{-14}

$0.786093 + 0.0371485\, i$

（3）求等量纬度与经差。

```
w = ArcTanh[Sin[B]] - e * ArcTanh[e * Sin[B]]
```

```
0.876635 + 0.0523599 i
```

```
q = Re[w]
```

```
0.876635
```

```
l = Im[w]
```

```
0.0523599
```

（4）迭代求大地纬度。

B 的初值为 $B_0 = \arcsin(\tanh(q))$

```
B0 = ArcSin[Tanh[q]]
```

```
0.782042
```

迭代值依次为

```
B1 = ArcSin[Tanh[q + e * ArcTanh[e * Sin[B0]]]]
```

```
0.785387
```

```
B2 = ArcSin[Tanh[q + e * ArcTanh[e * Sin[B1]]]]
```

```
0.785398
```

```
B3 = ArcSin[Tanh[q + e * ArcTanh[e * Sin[B2]]]]
```

```
0.785398
```

（三次后无变化）

（5）弧度值转换为角度值。

```
B3 * 180 / Pi
```

```
45.
```

```
l * 180 / Pi
```

```
3.
```

$$B = B \times \frac{180}{\pi} = 45^\circ, \quad l = l \times \frac{180}{\pi} = 3^\circ$$

从例 9.2 看出高斯投影平面坐标经反算严格恢复至原来给定的大地坐标，说明反解公式精度是很高的。

9.4 高斯投影长度比和子午线收敛角

由于椭球面为不可展曲面，除中央子午线外，投影会产生变形，在高斯投影平面上，子午线均为凹向纵轴的曲线（金立新 等，2012），设高斯投影平面上有一点，称该点领域内某线段投影后与投影前比值为长度比，一般用 m 表示；称该点子午线投影的切线方向与纵轴夹角为子午线收敛角，一般用 γ 表示。从子午线投影曲线量至纵轴，顺时针方向为正，逆时针方向为负。而用复变函数的观点来看，所谓长度比和子午线收敛角就是解析函数在某点处的导数。

平面子午线收敛角可用于大地方位角与平面方位角的相关换算。例如，设椭球面上两点 P_1、P_2，真北方向为 N，大地方位角为 A_{12}，相应高斯投影平面上两点方位角为 T_{12}，如图 9.1 所示，大地方位角转换为高斯投影平面上的方位角，必须加入平面子午线收敛角的影响：

$$T_{12} = A_{12} - \gamma \tag{9.4.1}$$

式中：γ 为 P_1 点的子午线收敛角。

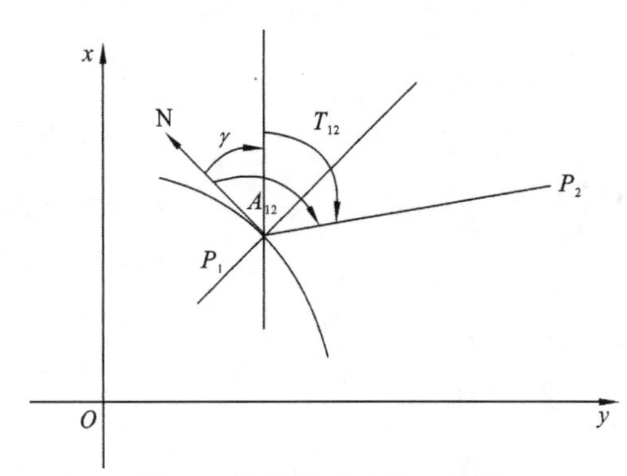

图 9.1 子午线收敛角示意图

由 $\boldsymbol{z} = f(\boldsymbol{w})$ 求复变函数导数，可得

$$\boldsymbol{z}' = f'(\boldsymbol{w}) = \frac{\mathrm{d}f(\boldsymbol{w})}{r\mathrm{d}\boldsymbol{w}} \tag{9.4.2}$$

式中：r 为平行圈半径。

$$r = N\cos B = \frac{a\cos B}{\sqrt{1-e^2\sin^2 B}} \tag{9.4.3}$$

式（9.4.2）与一般解析函数的倒数定义稍有不同，它考虑了椭球面的实际尺度。为求得解析函数的导数，将式（9.4.2）变形为

$$\boldsymbol{z}' = \frac{\mathrm{d}f(\boldsymbol{B})}{r\mathrm{d}\boldsymbol{B}} \bigg/ \frac{\mathrm{d}\boldsymbol{w}}{\mathrm{d}\boldsymbol{B}} \tag{9.4.4}$$

由式（9.2.6）和式（9.3.9）求对复数纬度的倒数分别可得

$$\frac{\mathrm{d}f(\boldsymbol{B})}{\mathrm{d}\boldsymbol{B}} = \frac{a(1-e^2)}{(1-e^2\sin^2\boldsymbol{B})^{\frac{3}{2}}} \tag{9.4.5}$$

$$\frac{\mathrm{d}\boldsymbol{w}}{\mathrm{d}\boldsymbol{B}}=\frac{1-e^2}{(1-e^2\sin^2\boldsymbol{B})\cos\boldsymbol{B}} \tag{9.4.6}$$

将式（9.4.5）和式（9.4.6）代入式（9.4.4），可得

$$z'=\frac{\cos\boldsymbol{B}}{\cos B}\sqrt{\frac{1-e^2\sin^2 B}{1-e^2\sin^2\boldsymbol{B}}} \tag{9.4.7}$$

如果将式（9.4.7）表示成复数的三角形式

$$z'=m(\cos\gamma-\mathrm{i}\sin\gamma)=\frac{\cos\boldsymbol{B}}{\cos B}\sqrt{\frac{1-e^2\sin^2 B}{1-e^2\sin^2\boldsymbol{B}}} \tag{9.4.8}$$

则依解析函数的导数定义可知，m 即为长度比，γ 即为子午线收敛角。式（9.4.8）角度加一负号是由于复变函数规定的转角正好与高斯投影定义的子午线收敛角方向相反。

值得注意的是式（9.4.8）为闭合公式，而非以往的级数展开式，表示形式和实际计算都要简明得多，这说明高斯投影的复变函数表示的确有着一定的数学优越性和方便之处。

【例 9.3】 试利用例 9.1 和例 9.2 有关结果计算长度比和子午线收敛角，并与传统的尺度比和子午线收敛角公式进行对比。

【解】 以下是 Mathematica 计算机代数系统计算高斯投影反解的全过程。

将有关数据代入式（9.4.8），其中 $\boldsymbol{B}$ 的数值见例 9.1。

```
f = 1 / 298.257222101;
a = 6378137;
e = (f * (2 - f)) ^0.5;
B = 0.7860931316742266 + 0.03714854875134832 * I

z' = Cos[B] / Cos[Pi / 4] * Sqrt[(1 - e^2 Sin[Pi / 4]^2) / (1 - e^2 Sin[B]^2)]

0.786093 + 0.0371485 i

1. - 0.0370581 i
```

该复变数模值即为长度比 $m=|z'|=1.000\,69$。

```
Abs[z']

1.00069
```

辐角反号即为子午线收敛角 $\gamma=-\arg(z')=2.122\,3^{\circ}$。

```
-Arg[z'] * 180 / Pi

2.1223
```

而用传统的长度比公式和子午线收敛角公式亦可得

$$m=1+\frac{l^2}{2}\cos^2 B(1+e'^2\cos^2 B)+\frac{l^4}{24}\cos^4 B(5+4\tan^2 B)=1.000\,69$$

$$\gamma=l\sin B\left[1+\frac{l^2}{3}\cos^2 B(1+3e'^2\cos^2 B+2e'^4\cos^4 B)\right]=2.122\,3^{\circ}$$

```
B = Pi / 4;
l = 3 * Pi / 180;
f = 1 / 298.257222101;
a = 6378137;
e = (f * (2 - f)) ^0.5;
e' = e / Sqrt[1 - e^2];
```

$$1+\frac{l^2}{2}\mathrm{Cos}[B]^2\left(1+(e')^2\mathrm{Cos}[B]^2\right)+\frac{l^4}{24}\mathrm{Cos}[B]^4\left(5+4\,\mathrm{Tan}[B]^2\right)$$

```
1.00069
```

$$\left(l*\mathrm{Sin}[B]\left(1+\frac{l^2}{3}\mathrm{Cos}[B]^2\left(1+3(e')^2\mathrm{Cos}[B]^2+2(e')^4\mathrm{Cos}[B]^4\right)\right)\right)*180/\mathrm{Pi}$$

```
2.1223
```

所得结果与本节方法完全一致。传统方法为级数展开式，本节方法为闭合公式，表示形式和计算都要简单得多。

9.5 高斯投影作图

由于作图的主要目的是说明高斯投影后经纬线的形状和变形示意图，可以做一些近似处理，注意到偏心率很小，可以近似认为偏心率 $e=0$ 。

假设椭球的长半轴为单位长度，则高斯投影复变函数正解公式（9.2.6）可变形为

$$z=x+\mathrm{i}y=\arcsin(\tanh(q+\mathrm{i}l)) \tag{9.5.1}$$

令式（9.1.1）中 $e=0$，可得

$$q=\operatorname{arctanh}(\sin B) \tag{9.5.2}$$

式中：B,l 分别为大地纬度与大地经差，分别取 $B_{\max}=80^\circ$，$l_{\max}=30^\circ$ 和 $B_{\max}=80^\circ$，$l_{\max}=60^\circ$；q 为等量纬度。

下面用 Mathematica 计算机代数系统绘出了投影后的等量纬度与经线形状图，如图 9.2 所示，中央子午线两侧经线比较弯曲，即变形比较大。

```
q = ArcTanh[Sin[B * Pi/180]];

z = ArcSin[Tanh[q + l * Pi/180 * ⅈ]];

ParametricPlot[{Im[z], Re[z]}, {B, -80, 80}, {l, -30, 30}]
```

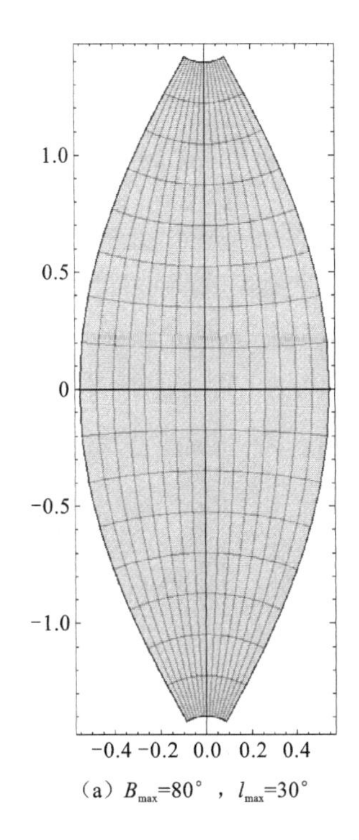

（a）B_{max}=80°，l_{max}=30°

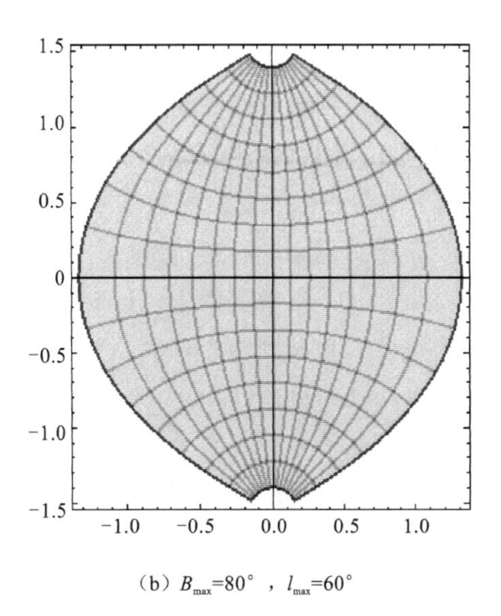

（b）B_{max}=80°，l_{max}=60°

图 9.2　高斯投影示意图

第 10 章　高斯投影复变函数非迭代表示

以实数表示的高斯投影公式推导过程复杂，表示形式也比较复杂，反解时仍然使用迭代的数值过程，应用起来不甚方便。第 9 章将实数域的子午线弧长正反解公式拓展至复数域，给出了高斯投影的复变函数表示，但在反解计算时仍需要较为烦琐的迭代运算，略显复杂。有鉴于此，李厚朴等（2009）将子午线弧长直接展开成以等量纬度为变量的偏心率幂级数展开式，然后以此为基础导出了高斯投影复变函数的非迭代表示。有鉴于此，本章将在综合作者和国内外学者（过家春，2020；Peter，2013；Kazushige，2012；刘大海，2012；Karney，2011；Schuhr，1995；Bowring，1990；杨启和，1989）研究成果的基础上，利用复变函数与等角投影的内在联系，借助 Mathematica 计算机代数系统推导出高斯投影正反解算的非迭代公式。

10.1　等角纬度的解析开拓

等量纬度 q 与大地纬度 B 有如下数学关系（吕晓华 等，2016；熊介，1988）：

$$q=\int_0^B \frac{1-e^2}{(1-e^2\sin^2 B)\cos B}\mathrm{d}B=\ln\left(\tan\left(\frac{\pi}{4}+\frac{B}{2}\right)\left(\frac{1-e\sin B}{1+e\sin B}\right)^{\frac{e}{2}}\right) \tag{10.1.1}$$

等角纬度 φ 与大地纬度 B 有如下关系：

$$\tan\left(\frac{\pi}{4}+\frac{\varphi}{2}\right)=\tan\left(\frac{\pi}{4}+\frac{B}{2}\right)\left(\frac{1-e\sin B}{1+e\sin B}\right)^{\frac{e}{2}} \tag{10.1.2}$$

可得

$$q=\ln\left(\tan\left(\frac{\pi}{4}+\frac{\varphi}{2}\right)\right)=\operatorname{arctanh}(\sin\varphi) \tag{10.1.3}$$

式中：$\operatorname{arctanh}(*)$ 为反双曲正切函数。

将式（10.1.3）拓展至复数域，以等量纬度 q 与经差 l 组成的复变量 $\boldsymbol{w}=q+\mathrm{i}l$ 代替 q，则式（10.1.3）等号右端等角纬度 φ 开拓为复变等角纬度，记为 $\boldsymbol{\varphi}$，因此有

$$q+\mathrm{i}l=\operatorname{arctanh}(\sin\boldsymbol{\varphi}) \tag{10.1.4}$$

即

$$\boldsymbol{\varphi}=\arcsin(\tanh(q+\mathrm{i}l)) \tag{10.1.5}$$

10.2 复变等角纬度表示的高斯投影正解非迭代公式

复变等角纬度表示的高斯投影正解可在子午线弧长实变展开的基础上经解析开拓得到。首先，写出用大地纬度表示的子午线弧长展开式为

$$\begin{aligned} x = f(q) = f[q(B)] = X(B) &= a(1-e^2)\int_0^B \frac{\mathrm{d}B}{(1-e^2\sin^2 B)^{\frac{3}{2}}} \\ &= a(1-e^2)\left(k_0 B + k_2\sin 2B + k_4\sin 4B + k_6\sin 6B + k_8\sin 8B + k_{10}\sin 10B\right) \end{aligned} \tag{10.2.1}$$

式中

$$\begin{cases} k_0 = 1+\dfrac{3}{4}e^2+\dfrac{45}{64}e^4+\dfrac{175}{256}e^6+\dfrac{11\,025}{16\,384}e^8+\dfrac{43\,659}{65\,536}e^{10} \\ k_2 = -\dfrac{3}{8}e^2-\dfrac{15}{32}e^4-\dfrac{525}{1\,024}e^6-\dfrac{2\,205}{4\,096}e^8-\dfrac{72\,765}{131\,072}e^{10} \\ k_4 = \dfrac{15}{256}e^4+\dfrac{105}{1\,024}e^6+\dfrac{22\,025}{16\,384}e^8+\dfrac{10\,395}{65\,536}e^{10} \\ k_6 = -\dfrac{35}{3\,072}e^6-\dfrac{105}{4\,096}e^8-\dfrac{10\,395}{262\,144}e^{10} \\ k_8 = \dfrac{315}{131\,072}e^8+\dfrac{3\,465}{524\,288}e^{10} \\ k_{10} = -\dfrac{693}{131\,072}e^{10} \end{cases} \tag{10.2.2}$$

将等角纬度反解表达式代入式（10.2.1）。借助计算机代数系统对之进行级数展开和化简，则式（10.2.1）可变形为

$$X = a(a_0\varphi + a_2\sin 2\varphi + a_4\sin 4\varphi + a_6\sin 6\varphi + a_8\sin 8\varphi + a_{10}\sin 10\varphi) \tag{10.2.3}$$

式中

$$\begin{cases} a_0 = 1-\dfrac{1}{4}e^2-\dfrac{3}{64}e^4-\dfrac{5}{256}e^6-\dfrac{175}{16\,384}e^8-\dfrac{441}{65\,536}e^{10}-\dfrac{43\,659}{65\,536}e^{12} \\ a_2 = \dfrac{1}{8}e^2-\dfrac{1}{96}e^4-\dfrac{9}{1\,024}e^6-\dfrac{901}{184\,320}e^8-\dfrac{16\,381}{5\,898\,240}e^{10}+\dfrac{2\,538\,673}{4\,587\,520}e^{12} \\ a_4 = \dfrac{13}{768}e^4+\dfrac{17}{5\,120}e^6-\dfrac{311}{737\,282}e^8-\dfrac{18\,931}{20\,643\,840}e^{10}-\dfrac{1\,803\,171}{9\,175\,040}e^{12} \\ a_6 = \dfrac{61}{15\,360}e^6+\dfrac{899}{430\,080}e^8+\dfrac{18\,757}{27\,525\,120}e^{10}+\dfrac{461\,137}{20\,643\,840}e^{12} \\ a_8 = \dfrac{49\,561}{41\,287\,680}e^8+\dfrac{175\,087}{165\,150\,720}e^{10}-\dfrac{869\,251}{20\,643\,840}e^{12} \\ a_{10} = -\dfrac{179\,101}{41\,287\,680}e^{10}-\dfrac{25\,387}{1\,290\,240}e^{12} \end{cases} \tag{10.2.4}$$

将解析开拓后的复变等角纬度 $\boldsymbol{\varphi}$ 代入式（10.2.3），并将等式左端相应改写为高斯投影的复数坐标

$$z = x + \mathrm{i}y$$

式中：x、y 分别为高斯投影纵坐标、横坐标。则有

$$\begin{aligned} z &= x + \mathrm{i}y \\ &= a(a_0\boldsymbol{\varphi} + a_2 \sin 2\boldsymbol{\varphi} + a_4 \sin 4\boldsymbol{\varphi} + a_6 \sin 6\boldsymbol{\varphi} + a_8 \sin 8\boldsymbol{\varphi} + a_{10} \sin 10\boldsymbol{\varphi}) \end{aligned} \tag{10.2.5}$$

如果式（10.2.5）扩展成无穷级数，则形式上可以表示为

$$z = aa_0\boldsymbol{\varphi} + a\sum_{i=1}^{\infty} a_{2n} \sin 2n\boldsymbol{\varphi} \tag{10.2.6}$$

式（10.2.5）的正确性可进一步阐述如下。

（1）因为由 $\boldsymbol{w}$ 所决定的 $\boldsymbol{\varphi}$ 及由 $\boldsymbol{\varphi}$ 所决定的 z 均为初等函数，且在其主值范围内是单值单叶解析函数，而解析函数必然满足保角映射条件，即高斯投影“保角映射（正形）”条件得以保证。

（2）当 $l = 0$ 时，式（10.1.5）虚部消失，式（10.2.5）横坐标 $y = 0$，纵坐标 x 即为子午线弧长公式。高斯投影条件“中央子午线投影后为直线（一般为纵轴）”和“中央子午线投影后长度不变”得以保证。

因此，式（10.2.5）满足了高斯投影的全部条件。但与传统的高斯投影相比，避免了幂级数展开和分带现象。

【例 10.1】 以 CGCS2000 椭球 $a = 6\,378\,137$ m，$f = 1/298.257\,222\,101$ 作为参考椭球，求当大地纬度 $B = 45^\circ$，经差 $l = 3^\circ$ 时高斯投影复数坐标。

【解】 以下是在 Mathematica 计算机代数系统中利用高斯投影正解非迭代公式，计算高斯投影正解的全过程。

（1）将 $B = 45^\circ$ 代入式（10.1.1），求得等量纬度。

```
B = Pi / 4;
l = 3 * Pi / 180;
f = 1 / 298.257222101;
a = 6 378 137;
e = (f * (2 - f)) ^0.5;
q = ArcTanh[Sin[B]] - e * ArcTanh[e * Sin[B]]

0.876635
```

（2）解析开拓后得复变等角纬度。

```
φ = ArcSin[Tanh[q + I * l]]

0.782727 + 0.0371482 i
```

（3）将复变等角纬度代入式（10.2.5），计算高斯投影坐标值。

$$a_0 = 1 - \frac{e^2}{4} - \frac{3e^4}{64} - \frac{5e^6}{256} - \frac{175e^8}{16384} - \frac{441e^{10}}{65536} - \frac{43659e^{12}}{65536};$$

$$a_2 = \frac{e^2}{8} - \frac{e^4}{96} - \frac{9e^6}{1024} - \frac{901e^8}{184320} - \frac{16381e^{10}}{5898240} + \frac{2538673e^{12}}{4587520};$$

$$a_4 = \frac{13e^4}{768} + \frac{17e^6}{5120} - \frac{311e^8}{737280} - \frac{18931e^{10}}{20643840} - \frac{1803171e^{12}}{9175040};$$

$$a_6 = \frac{61e^6}{15360} + \frac{899e^8}{430080} + \frac{18757e^{10}}{27525120} + \frac{461137e^{12}}{27525120};$$

$$a_8 = \frac{49561e^8}{41287680} + \frac{175087e^{10}}{165150720} - \frac{869251e^{12}}{20643840};$$

```
a10 = - 179101 e^10/41287680 - 25387 e^12/1290240;

z =
 a (a0 * φ + a2 * Sin[2 φ] + a4 * Sin[4 φ] + a6 * Sin[6 φ] + a8 * Sin[8 φ] + a10 * Sin[10 φ])
4.98933 × 10^6 + 236541. i

NumberForm[z, 10]
4.989325235 × 10^6 + 236540.6424 i
```

求得高斯投影复数坐标：

$$z = x + \mathrm{i}y = 4\,989\,325.234\,6 + 236\,540.642\,3\mathrm{i}$$

即高斯投影坐标为 $x = 4\,989\,325.234\,6\ \mathrm{m}$，$y = 236\,540.642\,3\ \mathrm{m}$。

10.3　复数底点纬度表示的高斯投影反解非迭代公式

高斯投影复变函数的反解，就是已知高斯直角坐标 (x, y) 求对应的大地坐标 (B, l)。略去复杂的推导过程，可直接写出等距离纬度的定义和等量纬度关于等距离纬度的展开式

$$\begin{cases} \psi = \dfrac{x}{a(1-e^2)k_0} \\ q = \operatorname{arctanh}(\sin\psi) + \xi_1 \sin\psi + \xi_3 \sin 3\psi + \xi_5 \sin 5\psi + \xi_7 \sin 7\psi + \xi_9 \sin 9\psi \end{cases} \tag{10.3.1}$$

式中

$$\begin{cases} \xi_1 = -\dfrac{1}{4}e^2 - \dfrac{1}{64}e^4 + \dfrac{1}{3\,072}e^6 + \dfrac{33}{16\,384}e^8 + \dfrac{2\,363}{1\,310\,720}e^{10} \\ \xi_3 = -\dfrac{1}{96}e^4 - \dfrac{13}{3\,072}e^6 - \dfrac{13}{8\,192}e^8 - \dfrac{1\,057}{1\,966\,080}e^{10} \\ \xi_5 = -\dfrac{11}{7\,680}e^6 - \dfrac{29}{24\,576}e^8 - \dfrac{2\,897}{3\,932\,160}e^{10} \\ \xi_7 = -\dfrac{25}{86\,016}e^8 - \dfrac{727}{1\,966\,080}e^{10} \\ \xi_9 = -\dfrac{53}{737\,280}e^{10} \end{cases} \tag{10.3.2}$$

将式（10.3.1）拓展至复数域，以 $\boldsymbol{z} = x + \mathrm{i}y$ 代替 x，则该式中第二式左端相应变为 $\boldsymbol{w} = q + \mathrm{i}l$，即

$$\begin{cases} \boldsymbol{\Psi} = \dfrac{x + \mathrm{i}y}{a(1-e^2)a_0} \\ \boldsymbol{w} = q + \mathrm{i}l = \operatorname{arctanh}(\sin\boldsymbol{\Psi}) + \xi_1 \sin\boldsymbol{\Psi} + \xi_3 \sin 3\boldsymbol{\Psi} + \xi_5 \sin 5\boldsymbol{\Psi} + \xi_7 \sin 7\boldsymbol{\Psi} + \xi_9 \sin 9\boldsymbol{\Psi} \end{cases} \tag{10.3.3}$$

式中：$\boldsymbol{\Psi}$ 可理解为复数底点纬度。

求出等量纬度 q 后，大地纬度 B 可由以下公式计算得到

$$\begin{cases} \varphi = \arcsin(\tanh q) \\ B = \varphi + b_2 \sin 2\varphi + b_4 \sin 4\varphi + b_6 \sin 6\varphi + b_8 \sin 8\varphi + b_{10} \sin 10\varphi \end{cases} \tag{10.3.4}$$

式中

$$
\begin{cases}
b_2 = \dfrac{1}{2}e^2 + \dfrac{5}{24}e^4 + \dfrac{1}{12}e^6 + \dfrac{13}{360}e^8 + \dfrac{3}{160}e^{10} \\
b_4 = \dfrac{7}{48}e^4 + \dfrac{29}{240}e^6 + \dfrac{811}{11\,520}e^8 + \dfrac{81}{2\,240}e^{10} \\
b_6 = \dfrac{7}{120}e^6 + \dfrac{81}{1120}e^8 + \dfrac{3\,029}{53\,760}e^{10} \\
b_8 = \dfrac{4\,279}{161\,280}e^8 + \dfrac{883}{20\,160}e^{10} \\
b_{10} = \dfrac{2\,087}{161\,280}e^{10}
\end{cases}
\tag{10.3.5}
$$

式（10.3.3）和式（10.3.4）确定的高斯投影反解的正确性可进一步阐述如下。

（1）由于式（10.3.3）在其主值范围内为单值的解析函数，由 $z = x + \mathrm{i}y$ 到 $w = q + \mathrm{i}l$ 的映射是保角映射，高斯投影条件“保角映射（正形）”得以保证。

（2）当 $y = 0$ 时，式（10.3.3）恢复为式（10.3.1），此时 $l = 0$，由式（10.3.4）确定的 B 即为中央子午线处的大地纬度，高斯投影条件“中央子午线投影后为直线（一般为纵轴）”和条件“中央子午线投影后长度不变”得以满足。

因此，式（10.3.3）和式（10.3.4）构成了高斯投影反解表示的完整形式，并且彻底消除了迭代计算。

【例10.2】 以例10.1计算得到的高斯投影复数坐标，选用CGCS2000椭球 $a = 6\,378\,137\ \mathrm{m}$，$f = 1/298.257\,222\,101$ 作为参考椭球，计算大地纬度 B 与经差 l。

【解】 以下是在 Mathematica 计算机代数系统中，利用高斯投影反解非迭代公式，计算高斯投影反解的全过程。

（1）求等量纬度与经差。

将 $z = x + \mathrm{i}y = 4\,989\,325.234\,6 + 236\,540.642\,3\mathrm{i}$ 代入式（10.3.3），求得复数底点纬度与复数等量纬度。

$$z = 4.989325235 * 10^6 + 236540.6424 * I;$$

$$\psi = \frac{z}{a\left(1 - e^2\right)\left(1 + \frac{3e^2}{4} + \frac{45e^4}{64} + \frac{175e^6}{256} + \frac{11025e^8}{16384} + \frac{43659e^{10}}{65536}\right)}$$

0.783567 + 0.0371484 i

$$\xi_1 = -\frac{e^2}{4} - \frac{e^4}{64} + \frac{e^6}{3072} + \frac{33e^8}{16384} + \frac{2263e^{10}}{1310720};$$

$$\xi_3 = -\frac{e^4}{96} - \frac{13e^6}{3072} - \frac{13e^8}{8192} - \frac{1057e^{10}}{1966080};$$

$$\xi_5 = -\frac{11e^6}{7680} - \frac{29e^8}{24576} - \frac{2897e^{10}}{3932160};$$

$$\xi_7 = -\frac{25e^8}{86016} - \frac{727e^{10}}{1966080};$$

$$\xi_9 = -\frac{53e^{10}}{737280};$$

$$w = \mathrm{ArcTanh}[\mathrm{Sin}[\psi]] + \xi_1 * \mathrm{Sin}[\psi] + \xi_3 * \mathrm{Sin}[3\psi] + \xi_5 * \mathrm{Sin}[5\psi] + \xi_7 * \mathrm{Sin}[7\psi] + \xi_9 * \mathrm{Sin}[9\psi]$$

0.876635 + 0.0523599 i

将复数等量纬度实部虚部分离得到等量纬度与经差。

```
q = Re[w]
0.876635

l = Im[w]
0.0523599

l*180/Pi
3.
```

（2）计算大地纬度。

将等量纬度 q 代入式（10.3.4）。

$$\varphi = \mathrm{ArcSin}[\mathrm{Tanh}[q]];$$

$$b_2 = \frac{e^2}{2} + \frac{5e^4}{24} + \frac{e^6}{12} + \frac{13e^8}{360} + \frac{3e^{10}}{160};$$

$$b_4 = \frac{7e^4}{48} + \frac{29e^6}{240} + \frac{811e^8}{11520} + \frac{81e^{10}}{2240};$$

$$b_6 = \frac{7e^6}{120} + \frac{81e^8}{1120} + \frac{3029e^{10}}{53760};$$

$$b_8 = \frac{4279e^8}{161280} + \frac{883e^{10}}{20160};$$

$$b_{10} = \frac{2087e^{10}}{161280};$$

$$B = (\varphi + b_2 * \mathrm{Sin}[2\varphi] + b_4 * \mathrm{Sin}[4\varphi] + b_6 * \mathrm{Sin}[6\varphi] + b_8 * \mathrm{Sin}[8\varphi] + b_{10} * \mathrm{Sin}[10\varphi]) * 180/\mathrm{Pi}$$

```
45.
```

从例 10.2 看出高斯投影平面坐标经非迭代反算严格恢复至原来给定的大地坐标，说明非迭代反解公式精度是很高的。

为判断本节导出的复数公式计算结果的准确性、可靠性，同时为了与熊介（1988）给出的传统公式进行精度比较，选择克拉索夫斯基椭球作为参考椭球，借助计算机代数系统对高斯投影进行正反解验算。计算结果如表 10.1 所示。

表 10.1　本节公式和传统公式的计算误差对照表

大地纬度和经差		本节公式误差		传统公式误差	
B/（°）	L/（°）	ΔB_1/(″)	ΔL_1/(″)	ΔB_2/(″)	ΔL_2/(″)
0	1.0	0	3.44×10^{-11}	0	1.38×10^{-2}
20	1.5	-2.93×10^{-7}	1.13×10^{-9}	10.22×10^{-4}	3.88×10^{-2}
40	2.0	1.14×10^{-7}	-1.13×10^{-9}	1.17×10^{-3}	5.05×10^{-2}
60	2.5	-3.28×10^{-8}	-1.17×10^{-10}	7.75×10^{-4}	2.81×10^{-2}
80	3.0	-10.31×10^{-9}	1.42×10^{-10}	1.34×10^{-4}	2.12×10^{-3}

本节从高斯投影满足的三个条件出发，引入等量纬度反解的直接公式，借助计算机代数系统得到了子午线弧长与等量纬度的关系式，并将其拓展至复数域，在此基础上推导出了高斯投影反解的非迭代公式。研究表明有以下结论。

（1）与传统公式给出的复数公式相比，本节导出的公式彻底消除了迭代运算，且均为结构简单的闭合形式，同时在此基础上分别给出了适合计算机编程计算的表达式，并将其系数展开为椭球第一偏心率 e 的幂级数形式，可解决不同地球参考椭球下的高斯投影反算问题。

（2）设计算例对导出公式的精度进行了检验，结果表明本节公式的精度高于 $10^{-6''}$，可以满足实际需要。本节公式相比传统公式而言，不仅提高了计算精度，而且在一定程度上也简化了计算过程。

（3）高斯投影非迭代公式的推导涉及十分复杂的数学运算，人工推导极其困难甚至难以实现，计算机代数系统强大的数学分析功能为解决这类问题提供了有力的帮助。本节推导过程同时预示计算机代数系统在解决地图投影及其他数学分析问题中也有着良好的应用前景。

10.4 复变等角纬度表示的长度比和子午线收敛角（基于正解公式）

在对高斯投影进行性质分析时，必然要推导出对应的长度比及子午线收敛角公式。借助复变函数来求解高斯投影问题时，长度比和子午线收敛角就是解析函数在某点处的导数。有

$$z' = \frac{\mathrm{d}f(\boldsymbol{w})}{r\mathrm{d}\boldsymbol{w}} \tag{10.4.1}$$

式中：$r = N\cos B$；N 为卯酉圈曲率半径。

为求得式（10.4.1）的具体表示形式，可将其变形为

$$z' = \frac{\mathrm{d}f(\boldsymbol{w})}{r\,\mathrm{d}\boldsymbol{\varphi}}\frac{\mathrm{d}\boldsymbol{\varphi}}{\mathrm{d}\boldsymbol{w}} \tag{10.4.2}$$

因为

$$z' = x + \mathrm{i}y = a(a_0\boldsymbol{\varphi} + a_2\sin 2\boldsymbol{\varphi} + a_4\sin 4\boldsymbol{\varphi} + a_6\sin 6\boldsymbol{\varphi} + a_8\sin 8\boldsymbol{\varphi} + a_{10}\sin 10\boldsymbol{\varphi})$$

$$\boldsymbol{\varphi} = \arcsin(\tanh w)$$

式中

$$
\begin{cases}
a_0 = 1 - \dfrac{1}{4}e^2 - \dfrac{3}{64}e^4 - \dfrac{5}{256}e^6 - \dfrac{175}{16\,384}e^8 - \dfrac{441}{65\,536}e^{10} - \dfrac{43\,659}{65\,536}e^{12} \\
a_2 = \dfrac{1}{8}e^2 - \dfrac{1}{96}e^4 - \dfrac{9}{1\,024}e^6 - \dfrac{901}{184\,320}e^8 - \dfrac{16\,381}{5\,898\,240}e^{10} + \dfrac{2\,538\,673}{4\,587\,520}e^{12} \\
a_4 = \dfrac{13}{768}e^4 + \dfrac{17}{5\,120}e^6 - \dfrac{311}{737\,282}e^8 - \dfrac{18\,931}{20\,643\,840}e^{10} - \dfrac{1\,803\,171}{9\,175\,040}e^{12} \\
a_6 = \dfrac{61}{15\,360}e^6 + \dfrac{899}{430\,080}e^8 + \dfrac{18\,757}{27\,525\,120}e^{10} + \dfrac{461\,137}{20\,643\,840}e^{12} \\
a_8 = \dfrac{49\,561}{41\,287\,680}e^8 + \dfrac{175\,087}{165\,150\,720}e^{10} - \dfrac{869\,251}{20\,643\,840}e^{12} \\
a_{10} = -\dfrac{179\,101}{41\,287\,680}e^{10} - \dfrac{25\,387}{1\,290\,240}e^{12}
\end{cases}
$$

所以

$$
\frac{\mathrm{d}f(\boldsymbol{w})}{\mathrm{d}\boldsymbol{\varphi}} = a(a_0\boldsymbol{\varphi} + a_2\sin 2\boldsymbol{\varphi} + a_4\sin 4\boldsymbol{\varphi} + a_6\sin 6\boldsymbol{\varphi} + a_8\sin 8\boldsymbol{\varphi} + a_{10}\sin 10\boldsymbol{\varphi}) \tag{10.4.3}
$$

$$
\frac{\mathrm{d}\boldsymbol{\varphi}}{\mathrm{d}\boldsymbol{w}} = \frac{1}{\sqrt{1-\tanh^2\boldsymbol{w}}}\cdot\frac{1}{\cosh^2\boldsymbol{w}} = \frac{1}{\cosh\boldsymbol{w}} = \cos\boldsymbol{\varphi} \tag{10.4.4}
$$

因此，式（10.4.2）可进一步表示为

$$
\boldsymbol{z}' = \frac{a\cos\boldsymbol{\varphi}}{r}(a_0 + 2a_2\cos 2\boldsymbol{\varphi} + 4a_4\cos 4\boldsymbol{\varphi} + 6a_6\cos 6\boldsymbol{\varphi} + 8a_8\cos 8\boldsymbol{\varphi} + 10a_{10}\cos 10\boldsymbol{\varphi}) \tag{10.4.5}
$$

如果式（10.4.5）扩展成无穷级数，则形式上可以表示为

$$
\boldsymbol{z}' = \frac{a\cos\boldsymbol{\varphi}}{r}\left(a_0 + 2\sum_{n=1}^{N} na_{2n}\cos 2n\boldsymbol{\varphi}\right) \tag{10.4.6}
$$

至此，高斯投影复变函数非迭代表示相对应的长度比及子午线收敛角公式已求出。

可以看出，由高斯投影复变函数表示式推导出的长度比及子午线收敛角公式精度与其展开的阶数有关，当展开式中e的次数越高，系数α_{2n}越精确，长度比及子午线收敛角公式的精度也越高。

为判断在一个高斯投影条带内$P_1 = \{(B,l): |l| \leqslant 3^\circ, 0 \leqslant B \leqslant 84^\circ\}$，长度比及子午线收敛角的精度，令$\Delta m$为长度比截断误差，$\Delta\gamma$为子午线收敛角截断误差，分别取$N = 1,2,3,4,5\cdots$将$\Delta m$及$\Delta\gamma$的最大误差列于表 10.2。

表 10.2　长度比及子午线收敛角复变函数展开式截断误差

N	$\lvert\Delta m\rvert_{\max}$	$\lvert\Delta\gamma\rvert_{\max}$ /（″）
1	$1.587\,33\times10^{-6}$	0.110 11
2	$1.785\,6\times10^{-8}$	$5.447\,5\times10^{-4}$
3	$7.357\,89\times10^{-11}$	$2.935\,06\times10^{-6}$
4	$8.459\,9\times10^{-14}$	$1.658\,93\times10^{-8}$
5	$4.440\,89\times10^{-16}$	$9.660\,93\times10^{-11}$

由表 10.2 可以看出，当 N 取到 2 时，一个高斯条带内的长度比截断误差已小于 1.7856×10^{-8}，子午线收敛角的截断误差已小于 $5.4475\times10^{-4''}$。随着 N 值增大，长度比及子午线收敛角的复变函数表示式的截断误差逐渐减小。因此，在计算一个高斯投影条带范围内 $P_1=\{(B,l):|l|\leqslant 3^\circ,0\leqslant B\leqslant 84^\circ\}$ 的长度比及子午线收敛角时，取 $N\geqslant 2$ 即可满足要求。

【例 10.3】 以 CGCS2000 椭球 $a=6\,378\,137\ \text{m}$, $f=1/298.257\,222\,101$ 作为参考椭球，求当大地纬度 $B=45^\circ$、经差 $l=3^\circ$ 时高斯投影长度比及子午线收敛角。

【解】 将例 10.1 中计算得到的复变等角纬度代入式(10.4.5)，以下是在 Mathematica 计算机代数系统中的主要计算过程。

```
φ = 0.7827273070422 + 0.03714819553906401 * I;
r = a * Cos[B] / (1 - e^2 Sin[B]^2)^(1/2);
f = 1 / 298.257222101;
a = 6378137;
e = (f * (2 - f))^0.5;
B = Pi / 4;
a0 = 1 - e^2/4 - 3 e^4/64 - 5 e^6/256 - 175 e^8/16384 - 441 e^10/65536 - 43659 e^12/65536;
a2 = e^2/8 - e^4/96 - 9 e^6/1024 - 901 e^8/184320 - 16381 e^10/5898240 + 2538673 e^12/4587520;
a4 = 13 e^4/768 + 17 e^6/5120 - 311 e^8/737280 - 18931 e^10/20643840 - 1803171 e^12/9175040;
a6 = 61 e^6/15360 + 899 e^8/430080 + 18757 e^10/27525120 + 461137 e^12/27525120;
a8 = 49561 e^8/41287680 + 175087 e^10/165150720 - 869251 e^12/20643840;
a10 = - 179101 e^10/41287680 - 25387 e^12/1290240;
z' = a * Cos[φ]/r (a0 + 2 a2 * Cos[2 φ] + 4 a4 * Cos[4 φ] + 6 a6 * Cos[6 φ] + 8 a8 * Cos[8 φ] + 10 a10 * Cos[10 φ])
1. - 0.0370581 i

Abs[z']
1.00069

-Arg[z'] * 180 / Pi
2.1223
```

复变数模值即为长度比

$$m=|z'|=1.000\,69$$

辐角反号即为子午线收敛角

$$\gamma=-\arg(z')=2.122\,3^\circ$$

10.5　长度比及子午线收敛角实数公式

根据长度比及子午线收敛角的定义可知，长度比为该导数的模，而子午线收敛角为该导数辐角的反向，即

$$\begin{cases} m = |z'| \\ \gamma = -\arg(z') \end{cases} \tag{10.5.1}$$

将式（10.4.6）展开，最终可表示为

$$z' = \frac{aa_0 \cos \boldsymbol{\varphi}}{r} + \frac{a}{r}\sum_{n=1}^{N} 2na_{2n} \cos \boldsymbol{\varphi} \cos 2n\boldsymbol{\varphi} \tag{10.5.2}$$

根据三角函数积化和差公式，可得

$$\cos \boldsymbol{\varphi} \cos 2n\boldsymbol{\varphi} = \frac{1}{2}[\cos(2n+1)\boldsymbol{\varphi} + \cos(2n-1)\boldsymbol{\varphi}] \tag{10.5.3}$$

设 $\boldsymbol{\varphi} = u + \mathrm{i}y$，又根据双曲函数与三角函数的关系式：

$$\sinh v = -\mathrm{i}\sin \mathrm{i}v \tag{10.5.4}$$

$$\cosh v = \mathrm{i}\cos \mathrm{i}v \tag{10.5.5}$$

则得

$$\cos(2n)\boldsymbol{\varphi} = \cos(2n)u\cosh(2n)v - i\sin(2n)u\sinh(2n)v \tag{10.5.6}$$

$$\cos(2n+1)\boldsymbol{\varphi} = \cos(2n+1)u\cosh(2n+1)v - \mathrm{i}\sin(2n+1)u\sinh(2n+1)v \tag{10.5.7}$$

$$\cos(2n-1)\boldsymbol{\varphi} = \cos(2n-1)u\cosh(2n-1)v - \mathrm{i}\sin(2n-1)u\sinh(2n-1)v \tag{10.5.8}$$

略去推导，令 $\cos\boldsymbol{\varphi}\cos(2n)\boldsymbol{\varphi}$ 的实部与虚部分别为 s 和 t，经过化简可得

$$\begin{cases} s_{2n} = \dfrac{1}{2}[\cos(2n+1)u\cosh(2n+1)v + \cos(2n-1)u\cosh(2n-1)v] \\ t_{2n} = -\dfrac{1}{2}[\sin(2n+1)u\sinh(2n+1)v + \sin(2n-1)u\sinh(2n-1)v] \end{cases} \tag{10.5.9}$$

将式（10.5.4）、式（10.5.5）、式（10.5.9）代入式（10.5.2），则式（10.5.2）可最终表示为实部与虚部分开的形式

$$\begin{cases} \mathrm{Re}(z') = \dfrac{a}{r}\left[a_0 \cos u \cosh v + \displaystyle\sum_{n=1}^{\infty} 2na_{2n}s_{2n}\right] \\ \mathrm{Im}(z') = -\dfrac{a}{r}\left[a_0 \sin u \sinh v + \displaystyle\sum_{n=1}^{\infty} 2na_{2n}t_{2n}\right] \end{cases} \tag{10.5.10}$$

至此，已推导出长度比及子午线收敛角公式的实数公式。

特别地，当地球第一偏心率 $e=0$ 时，即系数 $\alpha_{2n}=0(n\geqslant 1)$，根据反双曲正弦的定义及其对应的对数表达式，则高斯投影公式简化为

$$z' = \frac{a}{r}(\cos u\cosh v - \mathrm{i}\sin u \sinh v) \tag{10.5.11}$$

因此，球近似下，高斯投影的长度比及子午线收敛角公式的实数公式分别为

$$\begin{cases} m = (s^2 + t^2)^{1/2} = \dfrac{1}{\sqrt{\sin^2 B + \cos^2 B \cos^2 l}} = \dfrac{1}{\sqrt{1 - \cos^2 B \sin^2 l}} \\ \gamma = -\arctan\left(\dfrac{t}{s}\right) = \arctan(\sin B \tan l) \end{cases} \tag{10.5.12}$$

是简单的闭合公式，依据该式可以对高斯投影的变形规律作出预先分析。

【例 10.4】 以 CGCS2000 椭球 $a = 6\,378\,137\ \text{m}$，$f = 1/298.257\,222\,101$ 作为参考椭球，利用长度比及子午线收敛角实数公式，求当大地纬度 $B = 45^\circ$、经差 $l = 3^\circ$ 时高斯投影长度比及子午线收敛角。

以下是在 Mathematica 计算机代数系统中的主要计算过程。

【解】 （1）计算 u 和 v。

```
B = Pi / 4;
l = 3 * Pi / 180;
f = 1 / 298.257222101;
a = 6378137;
e = (f * (2 - f)) ^0.5;
q = ArcTanh[Sin[B]] - e * ArcTanh[e * Sin[B]];
φ = ArcSin[Tanh[q + I * l]]
u = Re[φ]
v = Im[φ]

0.782727 + 0.0371482 i

0.782727

0.0371482
```

（2）计算 s 和 t。

```
s2 = 1/2 (Cos[3 u] Cosh[3 v] + Cos[u] Cosh[v])
s4 = 1/2 (Cos[5 u] Cosh[5 v] + Cos[3 u] Cosh[3 v])
s6 = 1/2 (Cos[7 u] Cosh[7 v] + Cos[5 u] Cosh[5 v])
s8 = 1/2 (Cos[9 u] Cosh[9 v] + Cos[7 u] Cosh[7 v])
s10 = 1/2 (Cos[11 u] Cosh[11 v] + Cos[9 u] Cosh[9 v])
t2 = 1/2 (Sin[3 u] Sinh[3 v] + Sin[u] Sinh[v])
t4 = 1/2 (Sin[5 u] Sinh[5 v] + Sin[3 u] Sinh[3 v])
t6 = 1/2 (Sin[7 u] Sinh[7 v] + Sin[5 u] Sinh[5 v])
t8 = 1/2 (Sin[9 u] Sinh[9 v] + Sin[7 u] Sinh[7 v])
t10 = 1/2 (Sin[11 u] Sinh[11 v] + Sin[9 u] Sinh[9 v])
```

0.00185171

-0.71733

-0.00576444

0.741044

0.0103134

0.0529001

-0.0253614

-0.159858

0.0227915

0.270316

（3）将 s 和 t 代入式（10.5.10）实部与虚部分开的形式。

$$a_0 = 1 - \frac{e^2}{4} - \frac{3e^4}{64} - \frac{5e^6}{256} - \frac{175e^8}{16384} - \frac{441e^{10}}{65536} - \frac{43659e^{12}}{65536};$$

$$a_2 = \frac{e^2}{8} - \frac{e^4}{96} - \frac{9e^6}{1024} - \frac{901e^8}{184320} - \frac{16381e^{10}}{5898240} + \frac{2538673e^{12}}{4587520};$$

$$a_4 = \frac{13e^4}{768} + \frac{17e^6}{5120} - \frac{311e^8}{737280} - \frac{18931e^{10}}{20643840} - \frac{1803171e^{12}}{9175040};$$

$$a_6 = \frac{61e^6}{15360} + \frac{899e^8}{430080} + \frac{18757e^{10}}{27525120} + \frac{461137e^{12}}{27525120};$$

$$a_8 = \frac{49561e^8}{41287680} + \frac{175087e^{10}}{165150720} - \frac{869251e^{12}}{20643840};$$

$$a_{10} = -\frac{179101e^{10}}{41287680} - \frac{25387e^{12}}{1290240};$$

$$r = \frac{a * \text{Cos}[B]}{\left(1 - e^2\,\text{Sin}[B]^2\right)^{1/2}};$$

$$\text{Rez} = \frac{a}{r}\left(a_0 * \text{Cos}[u]\,\text{Cosh}[v] + 2a_2 * s_2 + 4a_4 * s_4 + 6a_6 * s_6 + 8a_8 * s_8 + 10a_{10} * s_{10}\right)$$

1.

$$\text{Imz} = -\frac{a}{r}\left(a_0 * \text{Sin}[u]\,\text{Sinh}[v] + 2a_2\,t_2 + 4a_4\,t_4 + 6a_6\,t_6 + 8a_8\,t_8 + 10a_{10} * t_{10}\right)$$

-0.0370581

【例10.5】 在球近似下，利用长度比及子午线收敛角实数公式，求当大地纬度 $B = 45^\circ$、经差 $l = 3^\circ$ 时高斯投影长度比及子午线收敛角。

【解】 将 $B = 45^\circ$，$l = 3^\circ$ 代入式（10.5.12），以下是在 Mathematica 计算机代数系统中的主要计算过程。

$$\text{Rez} = \text{N}\left[\frac{1}{\sqrt{1 - \text{Cos}[B]^2\,\text{Sin}[l]^2}}\right]$$

1.00069

$$\text{Imz} = \text{N}[\text{ArcTan}[\text{Sin}[B]\,\text{Tan}[l]]]$$

0.0370409

10.6 不分带的高斯投影实数公式

在式（10.5.2）中，高斯投影公式被表示为复数等角纬度$\boldsymbol{\varphi}$的表达式，为将投影公式表示为实部与虚部分开的形式，可将复数等角纬度$\boldsymbol{\varphi}$表示成实部与虚部分开的形式，即令$\boldsymbol{\varphi}=u+\mathrm{i}v$。

将式（10.1.5）做如下等价变换：

$$\boldsymbol{\varphi}=\arcsin(\tanh \boldsymbol{w})=\arctan(\sinh(q+\mathrm{i}l)) \tag{10.6.1}$$

对式（10.6.1）两边分别取正切，并利用双曲正弦和函数的关系，可得

$$\tan\boldsymbol{\varphi}=\sinh(q+\mathrm{i}l)=\sinh q\cos l+\mathrm{i}\cosh q\sin l \tag{10.6.2}$$

等量纬度q与等角纬度φ存在关系式：

$$\sinh q=\tan\varphi \tag{10.6.3}$$

进而可得关系式：

$$\cosh q=\sqrt{1+\sinh^2 q}=\sqrt{1+\tan^2\varphi}=\sec\varphi \tag{10.6.4}$$

将这两个关系式代入式（10.6.2），则式（10.6.2）中可消去等量纬度q，等价转换为

$$\tan\boldsymbol{\varphi}=\tan\varphi\cos l+\mathrm{i}\sec\varphi\sin l \tag{10.6.5}$$

又根据双曲函数与三角函数的关系式：$\tanh v=-\mathrm{i}\tan(\mathrm{i}v)$，可得

$$\tan\boldsymbol{\varphi}=\tan(u+\mathrm{i}v)=\frac{\tan u+\tan(\mathrm{i}v)}{1-\tan u\tan(\mathrm{i}v)}=\frac{\tan u+\mathrm{i}\tanh v}{1-\mathrm{i}\tan u\tanh v} \tag{10.6.6}$$

将式（10.6.5）、式（10.6.6）联立，可得

$$\tan\varphi\cos l+\mathrm{i}\sec\varphi\sin l=\frac{\tan u+\mathrm{i}\tanh v}{1-\mathrm{i}\tan u\tanh v} \tag{10.6.7}$$

经过化简，令式（10.6.7）中等号两边实部与虚部对应相等，可分别得实部及虚部对应关系式为

$$\begin{cases}\cos\varphi\tan u=\sin\varphi\cos l+\sin l\tan u\tanh v\\ \cos\varphi\tanh v=\sin l-\tan u\tanh v\sin\varphi\cos l\end{cases} \tag{10.6.8}$$

求解该方程组，可得

$$\begin{cases}\tan u=\tan\varphi/\cos l\\ \tanh v=\cos\varphi\sin l\end{cases} \tag{10.6.9}$$

根据双曲函数的变换关系可得

$$\begin{cases}u=\arctan\left(\dfrac{\tan\varphi}{\cos l}\right)\\ v=\operatorname{arcsinh}\left(\dfrac{\sin l}{\sqrt{\tan^2\varphi+\cos^2 l}}\right)\end{cases} \tag{10.6.10}$$

至此，已将复数等角纬度$\boldsymbol{\varphi}$表示成实部与虚部分开的形式。根据双曲函数与三角函数的关系式$\sinh v=-\mathrm{i}\sin \mathrm{i}v$，$\cosh v=\cos \mathrm{i}v$，则得

$$
\begin{aligned}
\sin 2n\varphi &= \sin(2n + \mathrm{i}2nv) = \sin(2nu)\cos(\mathrm{i}2nv) + \cos(2nu)\sin(\mathrm{i}2nv) \\
&= -\mathrm{i}\sin(2nu)\cosh(2nv) + \mathrm{i}\cos(2nu)\sinh(2nv)
\end{aligned}
\tag{10.6.11}
$$

因此，式（10.2.6）可表示为实部和虚部分开的形式，其中实部 x 为高斯投影纵坐标，虚部 y 为高斯投影横坐标：

$$
\begin{cases}
x = a(1-e^2)\left(a_0'u + \sum_{n=1}^{\infty} a_{2n}' \sin(2nu)\cosh(2nv)\right) \\
y = a(1-e^2)\left(a_0'v + \sum_{n=1}^{\infty} a_{2n}' \cos(2nu)\sinh(2nv)\right)
\end{cases}
\tag{10.6.12}
$$

综上，已将高斯投影公式表示为实部与虚部分开的形式。特别地，当椭球第一偏心率 $e=0$ 时，即系数 $\alpha_{2n}=0\,(n\geqslant 1)$，根据反双曲正弦的定义及其对应的对数表达式，则高斯投影公式简化为

$$
\begin{cases}
x = au = a\arctan\left(\dfrac{\tan B}{\cos l}\right) = a\arctan(\tan B\sec l) \\
y = av = a\,\mathrm{arcsinh}\left(\dfrac{\sin l}{\sqrt{\tan^2 B + \cos^2 l}}\right) = \dfrac{a}{2}\ln\dfrac{1+\cos B\sin l}{1-\cos B\sin l}
\end{cases}
\tag{10.6.13}
$$

当地球椭球的第一偏心率 $e=0$ 时，基于高斯投影复变函数公式推导出的“不分带”实数坐标公式（10.6.12）球面高斯投影给出的公式完全相同，该特例一定程度上验证了本节推导的高斯投影实数型“不分带”公式的正确性。

【例 10.6】 以 CGCS2000 椭球 $a = 6\,378\,137\ \mathrm{m}$，$f = 1/298.257\,222\,101$ 作为参考椭球，求当大地纬度 $B=45^\circ$、经差 $l=3^\circ$ 时不分带的高斯投影坐标。

【解】 （1）求等角纬度。

```
B = Pi / 4;
l = 3 * Pi / 180;
f = 1 / 298.257222101;
a = 6378137;
e = (f * (2 - f)) ^0.5;
q = ArcTanh[Sin[B]] - e * ArcTanh[e * Sin[B]]
φ = ArcTan[Sinh[q]]

0.876635

0.782042
```

（2）将等角纬度代入式（10.6.9），求 u 和 v。

```
0.782042

u = ArcTan[Tan[φ] / Cos[l]]
v = ArcSinh[Sin[l] / Sqrt[Tan[φ]^2 + Cos[l]^2]]

0.782727

0.0371482
```

（3）将 u 和 v 代入式（10.6.11），计算高斯投影坐标。

```
a₀ = 1 - e²/4 - 3 e⁴/64 - 5 e⁶/256 - 175 e⁸/16384 - 441 e¹⁰/65536 - 43659 e¹²/65536;
a₂ = e²/8 - e⁴/96 - 9 e⁶/1024 - 901 e⁸/184320 - 16381 e¹⁰/5898240 + 2538673 e¹²/4587520;
a₄ = 13 e⁴/768 + 17 e⁶/5120 - 311 e⁸/737280 - 18931 e¹⁰/20643840 - 1803171 e¹²/9175040;
a₆ = 61 e⁶/15360 + 899 e⁸/430080 + 18757 e¹⁰/27525120 + 461137 e¹²/27525120;
a₈ = 49561 e⁸/41287680 + 175087 e¹⁰/165150720 - 869251 e¹²/20643840;
a₁₀ = - 179101 e¹⁰/41287680 - 25387 e¹²/1290240;
x = a (a₀ u + a₂ * Sin[2 u] Cosh[2 v] + a₄ * Sin[4 u] Cosh[4 v] + a₆ * Sin[6 u] Cosh[6 v] +
a₈ * Sin[8 u] Cosh[8 v] + a₁₀ * Sin[10 u] Cosh[10 v])
y = a (a₀ v + a₂ * Cos[2 u] Sinh[2 v] + a₄ * Cos[4 u] Sinh[4 v] + a₆ * Cos[6 u] Sinh[6 v] +
a₈ * Cos[8 u] Sinh[8 v] + a₁₀ * Cos[10 u] Sinh[10 v])
4.98933 × 10⁶

236541.
NumberForm[x, 10]
NumberForm[y, 10]
4.989325235 × 10⁶
236540.6424
```

计算得到的结果与例 10.1 一致，说明本节公式具有很高的精度。

【例 10.7】 在球近似下，求当大地纬纬度 $B=45^\circ$、经差 $l=3^\circ$ 时不分带的高斯投影坐标。

【解】 将 $B=45^\circ$、$l=3^\circ$ 代入式（10.6.12），得

```
B = Pi / 4;
l = 3 * Pi / 180;
a = 6378137;
x = N[a * ArcTan[Tan[B] Sec[l]]]
y = N[a/2 Log[(1 + Cos[B] Sin[l])/(1 - Cos[B] Sin[l])]]
5.01375 × 10⁶

236144.
```

10.7　高斯投影复变函数换带公式

记椭球面上点 $P(B,L)$ 分别相对于中央经线 L_1、L_2 的经差为 $\Delta l_1 = l - L_1$，$\Delta l_2 = l - L_2$，对应的复数等量坐标分别为 $\boldsymbol{w}_1 = q + \mathrm{i}\Delta l_1$，$\boldsymbol{w}_2 = q + \mathrm{i}\Delta l_2$，而 $\Delta l_2 = \Delta l_1 + L_1 - L_2$。由于 l_1、l_2 为已知，因此为简便计算，可记已知量 $l_{12} = L_1 - L_2$，有 $\Delta l_2 = \Delta l_1 + l_{12}$，进而得

$$\boldsymbol{w}_2 = \boldsymbol{w}_1 + \mathrm{i}l_{12} \tag{10.7.1}$$

根据式（10.1.5）$\boldsymbol{\varphi} = \arcsin(\tanh \boldsymbol{w})$，可得 $P(B,l)$ 相对于中央经线 L_2 的复数等角纬度 $\boldsymbol{\varphi}_2$ 为（因为 $\boldsymbol{w}_2$ 未知）

$$
\begin{aligned}
\boldsymbol{\varphi}_2 &= \arcsin(\operatorname{anh} \boldsymbol{w}_2) = \arcsin(\tanh(\boldsymbol{w}_1 + \mathrm{i}\, l_{12})) \\
&= \arcsin\left(\frac{\tanh \boldsymbol{w}_1 + \tanh(\mathrm{i} l_{12})}{1 + \tanh \boldsymbol{w}_1 \tanh(\mathrm{i} l_{12})}\right) \\
&= \arcsin\left(\frac{\sin \boldsymbol{\varphi}_1 + \tanh(\mathrm{i} l_{12})}{1 + \sin \boldsymbol{\varphi}_1 \tanh(\mathrm{i} l_{12})}\right)
\end{aligned}
\qquad (10.7.2)
$$

将式（10.7.2）代入式（10.2.5），可得

$$
z_2 = a(a_0\boldsymbol{\varphi}_2 + a_2 \sin 2\boldsymbol{\varphi}_2 + a_4 \sin 4\boldsymbol{\varphi}_2 + a_6 \sin 6\boldsymbol{\varphi}_2 + a_8 \sin 8\boldsymbol{\varphi}_2 + a_{10} \sin 10\boldsymbol{\varphi}_2) \qquad (10.7.3)
$$

综合上述分析可知，式（10.7.1）、式（10.7.2）、式（10.7.3）可实现由高斯坐标 z_1 到 z_2 的变换，即实现以 L_1 为中央经线的高斯坐标到以 L_2 为中央经线的高斯坐标之间的变换。

【例 10.8】 以 CGCS2000 椭球 $a = 6\,378\,137$ m，$f = 1/298.257\,222\,101$ 作为参考椭球，将大地纬度 $B = 45^\circ$、经度 $L = 3^\circ$ 的点，从 $L_1 = 0^\circ$ 为中央经线的高斯坐标变换到以 $L_3 = 6^\circ$ 为中央经线的高斯坐标。

【解】 （1）计算 $P(B,L)$ 相对于中央经线 L_1 的复数等角纬度 $\boldsymbol{\varphi}_1$。

```
B = Pi / 4;
l = 3 * Pi / 180;
f = 1 / 298.257222101;
a = 6378137;
e = (f * (2 - f)) ^0.5;
q = ArcTanh[Sin[B]] - e * ArcTanh[e * Sin[B]];
φ1 = ArcSin[Tanh[q + I * l]]


0.782727 + 0.0371482 i
```

（2）计算 $P(B,L)$ 相对于中央经线 L_2 的复数等角纬度 $\boldsymbol{\varphi}_2$。

```
l12 = -6 * Pi / 180;
φ2 = ArcSin[(Sin[φ1] + Tanh[I * l12]) / (1 + Sin[φ1] Tanh[I * l12])]
0.782727 - 0.0371482 i
```

（3）实现高斯坐标从 z_1 到 z_2 的变换。

```
z2 = a (a0 * φ2 + a2 * Sin[2 φ2] + a4 * Sin[4 φ2] + a6 * Sin[6 φ2] + a8 * Sin[8 φ2]
    + a10 * Sin[10 φ2])

 4.98933 × 10^6 - 236541. i
```

以 CGCS2000 椭球（长半轴 $a = 6\,378\,137$ m，扁率 $f = 1/298.257\,222\,101$）为例，记椭球面上 $P(B,L)$ 相对于中央经线 L_1、L_2 的高斯投影平面坐标为 $z_1 = x_1 + \mathrm{i}y_1$ 和 $z_2 = x_2 + \mathrm{i}y_2$。$\boldsymbol{\varphi}_1'$ 是通过借助式（10.3.3）反解高斯投影坐标 $z_1 = x_1 + \mathrm{i}y_1$ 而得，$\boldsymbol{\varphi}_2'$ 是通过将 $\boldsymbol{\varphi}_1'$ 代入公式（10.1.5）、式（10.7.2）换算而得，$z_2' = x_2' + \mathrm{i}y_2'$ 是通过将 $\boldsymbol{\varphi}_2'$ 代入式（10.7.3）得到，它便是由坐标 z_1 通过式（10.7.1）、式（10.7.2）、式（10.7.3）变换而得。可通过对比高斯投影坐标 z_2 与变换坐标 z'_2，对本节推导出的“基于复变函数的不同中央经线高斯投影间变换公式”进行可靠性验证。

现有的高斯投影邻带换算数值法可实现的变换区域及对应精度为两相邻6°带换带时，在距边经线2°范围内坐标换算精度在1 mm范围内。为验证高斯投影复变函数表示的变换关系式在解决高斯投影邻带换算问题中的可靠性及正确性，记纵坐标差异$\Delta x = x_2 - x_2'$，横坐标差异$\Delta y = y_2 - y_2'$，考虑高斯投影关于中央经线的对称性，可令$l_{12} = 6^\circ$，分别绘制出在一个高斯投影6°条带内，Δx及Δy的变化分布（以mm为计量单位）如图10.1、图10.2所示。

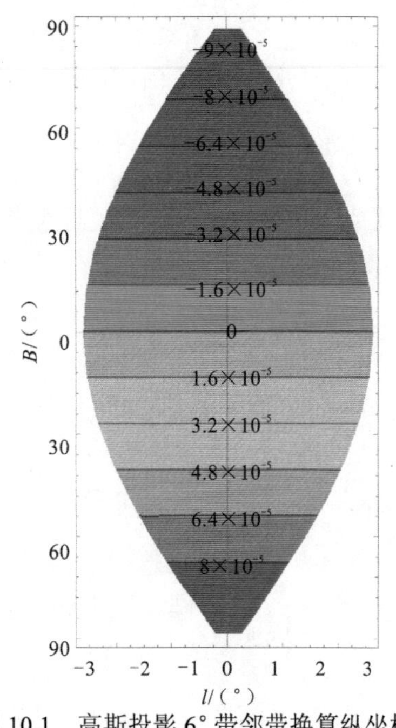

图10.1 高斯投影6°带邻带换算纵坐标差

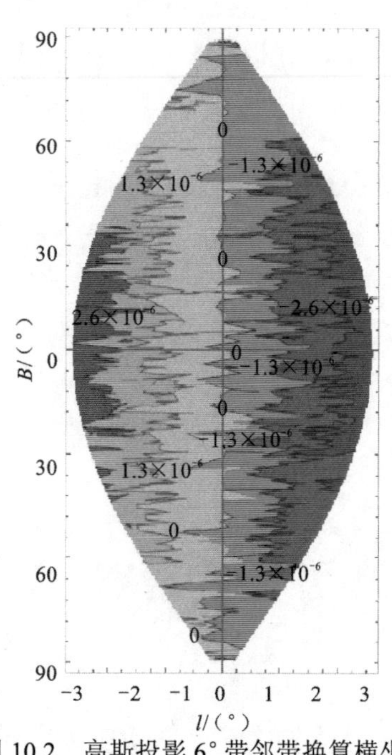

图10.2 高斯投影6°带邻带换算横坐标差

由图10.1、图10.2可以看出，在高斯投影6°带邻带换算中，经差Δl_1在-3°到3°的范围内，高斯投影坐标与变换坐标间的差异为：纵坐标差异Δx在-2.2×10^{-5}～2.4×10^{-5}，横坐标差异值Δy在-5×10^{-6}～3×10^{-6}。根据对称性可知，利用高斯投影变换复变函数表示式进行6°带换带时，在距离中央经线3°范围内，纵坐标具有高于10^{-4} mm的精度，横坐标具有高于10^{-5} mm的精度。同理，可验证利用该变换公式进行3°带邻带换算时，在距离中央经线1.5°范围内，纵坐标具有高于10^{-4} mm的精度，横坐标具有高于10^{-5} mm的精度。因此，相对于传统的高斯投影邻带换算数值法，本节推导公式在邻带换算中具有更高的精度。

一般来说，坐标换算的精度达到1～2 mm便能满足测量的要求。高斯投影复变函数表示式的一大优势是其应用范围远大于6°带宽，考虑当$|\Delta l_1|$或$|\Delta l_2| \to 90^\circ$，高斯投影的横坐标分量将趋向于无穷远处。此处可选择$\Delta l_1, \Delta l_2 \in [-80^\circ, 80^\circ]$，即认为$-80^\circ \leqslant \Delta l_1 + l_{12} \leqslant 80^\circ$。经验证，式（10.7.3）在该范围内的计算精度优于10^{-3} mm，可以满足高精度制图的需求。故在该范围内对“基于复变函数的不同中央经线高斯投影间的变换公式”进行可靠性验

证及精度分析，可选取任意 $l_{12} \in [-40^\circ, 40^\circ]$。分别求出 $l_{12} = \pm 10^\circ, \pm 20^\circ, \pm 30^\circ, \pm 40^\circ$ 时，该范围内高斯变换坐标的绝对差异最大值（以 mm 为计量单位），并列于表 10.3。

表 10.3 Δx 与 Δy 的最大绝对值

l_{12}	−40°	−30°	−20°	−10°	10°	20°	30°	40°
$\lvert\Delta x\rvert_{max}$ /mm	0.002 31	0.001 16	0.000 79	0.000 62	0.000 62	0.000 79	0.001 16	0.002 31
$\lvert\Delta y\rvert_{max}$ /mm	0.002 73	0.001 24	0.000 83	0.000 65	0.000 65	0.000 83	0.001 24	0.002 73

根据表 10.3 可以看出，随着 $|l_{12}|$ 的增大，高斯投影坐标与变换坐标的绝对差异最大值越来越大。可令 $l_{12} = 40^\circ$，绘制出该范围内 Δx 及 Δy 的变化分布（以 mm 为计量单位）如图 10.3～图 10.4 所示。

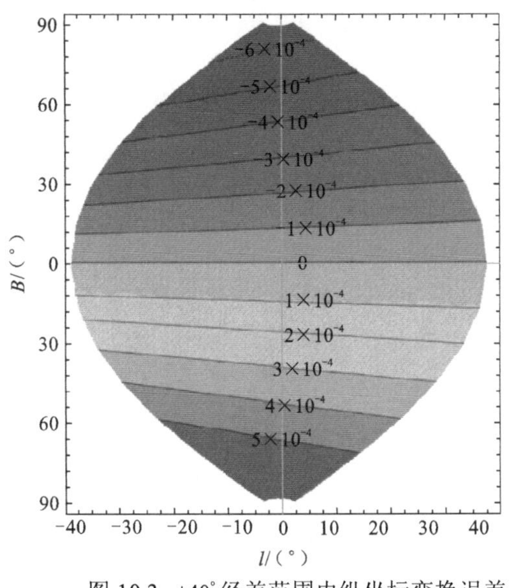

图 10.3 ±40° 经差范围内纵坐标变换误差

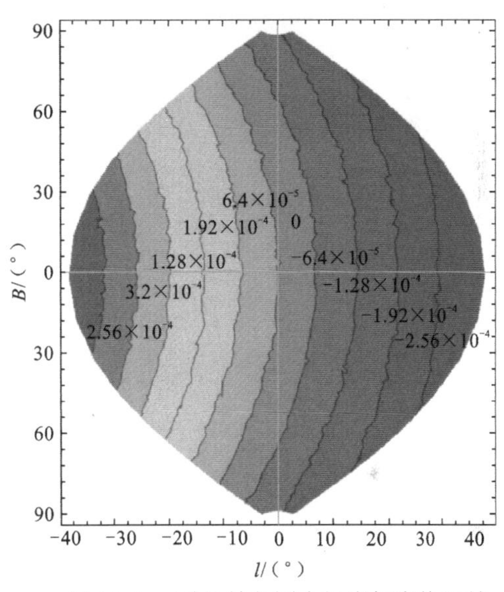

图 10.4 ±40° 经差范围内纵坐标变换误差

由表 10.3 及图 10.4 可以看出，在 $P\{(B,l):|\Delta l_1| \leqslant 40^\circ, -80^\circ \leqslant B \leqslant 84^\circ\}$ 范围内，随着 $|l_{12}|$ 的增大，高斯坐标变换的绝对差异最大值越来越大；当 $l_{12} = 40^\circ$ 时，利用高斯投影公式（10.2.5）计算的投影坐标与借助投影变换式（10.7.1）、式（10.7.2）、式（10.7.3）推导出的变换坐标相比，纵坐标绝对差异最大值为 0.002 31 mm，横坐标最大绝对差异值为 0.002 73 mm。即在该范围内，当两中央经线之差 $|l_{12}| = 40^\circ$ 时，高斯投影变换公式具有高于 0.01mm 的精度，远小于 1～2 mm 的界限值。因此，可得出结论：在 $P\{(B,l):|\Delta l_1| \leqslant 40^\circ, -80^\circ \leqslant B \leqslant 84^\circ\}$ 范围内，当两中央经线差值 $|l_{12}| \leqslant 40^\circ$ 时，本节推导的“基于复变函数的不同中央经线高斯投影间的变换公式”完全可以满足测量要求。相对于传统的高斯投影邻带换算数值法，本节推导公式在进行高斯投影坐标换算中具有更宽的应用范围。

根据以上两个算例可知，相对于传统的高斯投影坐标换算数值法，本节推导的“基

于复变函数的不同中央经线高斯投影间的变换公式”在解决6°（或3°）带邻带换算问题中，具有更高的精度；此外，该变换公式可在$P\{(B,l):|\Delta l_1|\leqslant 40^{\circ},-80^{\circ}\leqslant B\leqslant 84^{\circ}\}$范围内，两中央经线差值$|l_{12}|\leqslant 40^{\circ}$时满足测量需求，具有更宽的适用范围。综上，该公式可靠准确，在一定程度上可丰富高斯投影变换理论。与传统的高斯投影邻带换算数值法相比，本节推导的公式不再受限于3°或6°带宽，具有更高的精度、更广的应用范围，一定程度上丰富了高斯投影变换理论，为高斯坐标变换提供参考。

第 11 章　球面高斯投影数学分析

椭球面高斯投影虽然有严格数学表示，但是由于引入了椭球偏心率，表达式必须展开成偏心率的幂级数，使得表达式变得比较复杂、冗长，很难看出高斯投影的数学本质。事实上，椭球偏心率很小，约为 1/297.8≈1/300，在很多情况下，尤其是它的主要变化规律和数学分析性质仍然是由球面高斯投影所主导，所决定（李忠美，2013；Peter，2013）。而在球面情况下，高斯投影的数学分析性质变得更加清晰明了，使得人们更容易抓住高斯投影的本质和规律性的实质。本章将在球面情况下，分析高斯投影后，坐标线、长度比和子午线收敛角等主要要素的变化规律。

11.1　横轴墨卡托投影

略去推导，竖轴(正轴)墨卡托投影数学表示为

$$\begin{cases} x = a[\operatorname{arctanh}(\sin B) - e\operatorname{arctanh}(e\sin B)] \\ y = al \end{cases} \tag{11.1.1}$$

式中：a 为椭球长半径；e 为椭球第一偏心率；B、l 为点在椭球面上的纬度、经差。

地球为球体时，即 $e=0$，椭球面上的 B、l 可用球面上的 φ、λ 表示，式（11.1.1）可简化为

$$\begin{cases} x = a\operatorname{arctanh}(\sin\varphi) \\ y = a\lambda \end{cases} \tag{11.1.2}$$

式中：a 为地球平均半径。以下为讨论方便，可令其为单位长度，即 $a=1$。

如图 11.1 所示，可将横轴墨卡托投影视为墨卡托投影的圆柱面旋转 90° 后，与中央子午线 NP_2O_1S 相切。为推算横轴墨卡托投影公式，可将中央子午线 NP_2O_1S 视为球面上的“新赤道”，而原赤道 O_1P_1E 则视为“新中央子午线”，则球面上的点 $P(\varphi,\lambda)$ 相对于新的赤道与中央子午线有新的球面坐标 $P(\varphi',\lambda')$。定义中央子午线 NP_2O_1S 作为投影的 X 轴，指向北极 N 的方向为正，赤道 O_1P_1E 作为投影的 Y 轴，以东为正。结合墨卡托投影公式（11.1.2），可得横轴墨卡托投影公式为

$$\begin{cases} x=\lambda' \\ y = \operatorname{arctanh}(\sin\varphi') \end{cases} \tag{11.1.3}$$

又由于球面直角三角形 NP_2P 存在如下关系：

$$\begin{cases} \tan\lambda' = \tan\varphi\sec\lambda \\ \sin\varphi' = \cos\varphi\sin\lambda \end{cases} \tag{11.1.4}$$

将式（11.1.4）代入式（11.1.3），则横轴墨卡托投影公式可表示为以下形式：

$$\begin{cases} x = \arctan(\tan\varphi\sec\lambda) \\ y = \operatorname{arctanh}(\cos\varphi\sin\lambda) \end{cases} \tag{11.1.5}$$

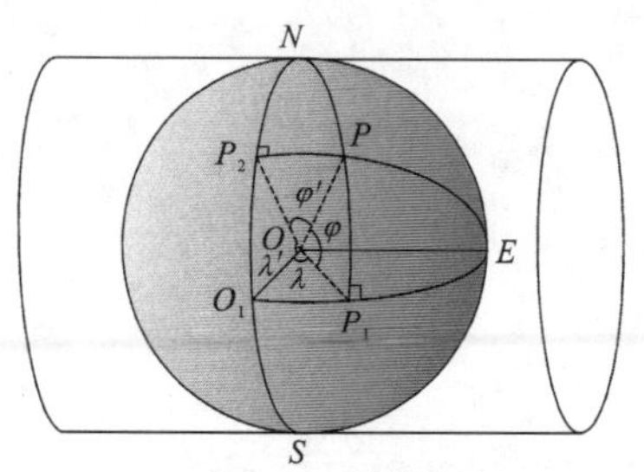

图 11.1　横轴墨卡托投影示意图

11.2　球面高斯投影复变函数表示

高斯投影的实数型公式为幂级数展开式，因形式冗长而不便于进行公式变换，故有必要推导出它的复变函数表示式。由熊介（1988）可知，等量纬度 q 与大地纬度 B 的数学关系式为

$$q = \int \frac{1-e^2}{(1-e^2\sin^2 B)\cos B} \mathrm{d}B = \operatorname{arctanh}(\sin B) - e\operatorname{arctanh}(e\sin B) \tag{11.2.1}$$

令 $e=0$，并考虑反双曲函数的相互关系，可得

$$q = \operatorname{arctanh}(\sin B) \tag{11.2.2}$$

对式（11.2.2）作等价变形

$$B = \arctan(\sinh q) \tag{11.2.3}$$

为建立球面高斯投影复变函数表示式，令复变量

$$\boldsymbol{w} = q + \mathrm{i}l \tag{11.2.4}$$

记复数开拓后的复数纬度为 $\boldsymbol{B}$，式（11.2.3）复数开拓后可得

$$\boldsymbol{B} = \arctan(\sinh(q+\mathrm{i}l)) \tag{11.2.5}$$

又根据 Bian 等（2012）、边少锋等（2004）、程阳（1985）、李厚朴等（2009）可知，将复数纬度 $\boldsymbol{B}$ 代入子午线弧长展开式，并将等式左端开拓为相应的复变量，即实现了实数域子午线弧长表达式向复数域的解析开拓，可得高斯投影的复变函数表示，令 $e=0$ 并取地球平均半径为单位长度，得球面高斯投影复变函数表示式

$$x + \mathrm{i}y = \arctan(\sinh(q+\mathrm{i}l)) \tag{11.2.6}$$

11.3　高斯投影与横轴墨卡托投影等价性证明

高斯投影与横轴墨卡托投影是两种常用等角投影，分别广泛应用于绘制我国和西方国家大比例尺地形图。因它们在测量工程中具有的重要地位及实用价值，而得到国内外学者的深入研究。Snyder（1987）、杨启和（1989）、孙达等（2005）等均在他们编写的地图学书籍中详细介绍了这两种投影的有关理论方法。基于泰勒展开，华棠（1985）推导出椭球高斯投影实数型幂级数展开式，因其非常有效而多被采用，但形式烦琐不便于进行公式变换。考虑复变函数在解决等角映射问题中的优势，李厚朴等（2008）推导了

形式紧凑的高斯投影复变函数表示式。Snyder（1987）、Peter（2013）对横轴墨卡托投影有较为系统的研究，其中包括详细的横轴墨卡托投影公式推算过程及相应的计算案例；Karney（2011）推出高精度的横轴墨卡托投影计算方法，可在整个地球椭球上实现 9 nm 高精度展开。

可以说，当前关于高斯投影与横轴墨卡托投影的研究都取得较好的成效。然而仍存在一些问题尚未得到大家的关注。由于这两种投影具有不同的投影思想，以至于投影公式不同，我国学者常将两者区分开来，而英美国家常见文献一般将高斯投影称为横轴墨卡托投影。为探寻这两种投影的本质联系，我国学者熊介在其著作《椭球大地测量学》一书中曾对两者进行了等价性证明，但也仅限于对投影公式的级数展开式中前几项系数进行比较，缺乏理论上的严密性。同样地，国际上也并未见文献给出两者等价性的严格证明。为避免人们对这两种投影的关系有不同认识，丰富地图投影理论，本书将借助高斯投影的复变函数表示式（李厚朴 等，2009；程阳，1985），经过一系列数学分析过程，从理论上严格证明高斯投影与横轴墨卡托投影的等价性。

首先，利用复变指数函数和双曲正弦的定义：

$$e^{x+\mathrm{i}y}=e^{x}(\cos y+\mathrm{i}\sin y) \tag{11.3.1}$$

$$\sinh(z)=\frac{e^{z}-e^{-z}}{2} \tag{11.3.2}$$

可得

$$\sinh(q+\mathrm{i}l)=\frac{1}{2}[(e^{q}-e^{-q})\cos l+\mathrm{i}(e^{q}+e^{-q})\sin l] \tag{11.3.3}$$

再考虑反双曲正弦函数的定义

$$\operatorname{arcsinh} x=\ln(x+\sqrt{x^{2}+1}) \tag{11.3.4}$$

以及恒等式

$$\exp(\ln x)\equiv x \tag{11.3.5}$$

可得

$$\sinh(q+\mathrm{i}l)=\tan B\cos l+\mathrm{i}\sec B\sin l \tag{11.3.6}$$

将式（11.3.6）代入式（11.2.6），得

$$x+\mathrm{i}y=\arctan(\tan B\cos l+\mathrm{i}\sec B\sin l) \tag{11.3.7}$$

又根据反正切函数的定义：

$$\arctan(z)=\frac{1}{2\mathrm{i}}\ln\frac{1+\mathrm{i}z}{1-\mathrm{i}z} \tag{11.3.8}$$

式（11.3.7）可进一步变形为

$$\arctan(\tan B\cos l+\mathrm{i}\sec B\sin l)=-\frac{\mathrm{i}}{2}\ln\frac{\cos B-\sin l+\mathrm{i}\sin B\cos l}{\cos B+\sin l-\mathrm{i}\sin B\cos l} \tag{11.3.9}$$

为将式（11.3.9）分母实数化，将式中分子分母同乘以 $\cos B-\sin l+\mathrm{i}\sin B\cos l$，可得

$$\arctan(\tan B\cos l+\mathrm{i}\sec B\sin l)=-\frac{\mathrm{i}}{2}\ln\frac{(\cos B\cos l+\mathrm{i}\sin B)^{2}}{(1+\cos B\sin l)^{2}} \tag{11.3.10}$$

利用关系式：

$$\ln(u+\mathrm{i}v)=\ln\sqrt{u^{2}+v^{2}}+\mathrm{i}\arctan\frac{v}{u} \tag{11.3.11}$$

式（11.3.10）可进一步变形为

$$\arctan(\tan B\cos l+\mathrm{i}\sec B\sin l)=\arctan(\tan B\sec l)+\frac{\mathrm{i}}{2}\ln\frac{1+\cos B\sin l}{1-\cos B\sin l} \tag{11.3.12}$$

又根据反双曲正切函数的定义

$$\operatorname{arctanh} x=\frac{1}{2}\ln\frac{1+x}{1-x} \tag{11.3.13}$$

则球面高斯投影公式可最终表示为

$$x+\mathrm{i}y=\arctan(\tan B\sec l)+\mathrm{i}\operatorname{arctanh}(\cos B\sin l) \tag{11.3.14}$$

可以看出，式（11.3.14）已完全表示为实部和虚部分开的形式。

将式（11.3.14）与式（11.1.5）进行比较，考虑 $e=0$ 时，B、l 可分别用 φ、λ 代替，易知式（11.3.14）的实部对应式（11.1.5）的纵坐标，虚部对应式（11.1.5）的横坐标。这表明，地球视为球体时，两者的投影公式完全相同，即球体情形下，高斯投影与横轴墨卡托投影实际上是同一种投影。这也许就是英国、美国书籍中常把高斯投影叫作横轴墨卡托投影的原因。至此，本书完整地给出了球体情形下高斯投影与横轴墨卡托投影等价性的严格证明。

11.4 球面高斯投影（横轴墨卡托投影）反解公式

为便于后续的数学分析，可推导出横轴墨卡托投影的反解公式，即基于平面坐标推导球面坐标。对式（11.1.5）做如下变形：

$$\begin{cases}\tan\varphi\cot x=\cos\lambda\\ \tanh y\sec\varphi=\sin\lambda\end{cases} \tag{11.4.1}$$

将式（11.4.1）中两方程分别平方，并考虑对任意 λ，有 $\cos^2\lambda+\sin^2\lambda=1$，消去 λ 后可得如下关系式：

$$\cos^2\varphi-\sin^2\varphi\cot^2 x=\tanh^2 y \tag{11.4.2}$$

等价于

$$1-\tanh^2 y=\sin^2\varphi\csc^2 x \tag{11.4.3}$$

由于对任意 y，都有 $1-\mathrm{th}^2 y=\mathrm{sech}^2 y$，则根据式（11.2.8）可进一步得出

$$\varphi=\arcsin(\sin x\,\mathrm{sech}\, y) \tag{11.4.4}$$

同样地，将式（11.4.1）做如下变形：

$$\begin{cases}\tan\varphi=\cos\lambda\tan x\\ \sec\varphi=\sin\lambda\coth y\end{cases} \tag{11.4.5}$$

由于对任意 φ，都有 $\tan^2\varphi+1=\sec^2\varphi$，将式（11.4.5）中两方程分别平方后消去 φ，可得

$$\cos^2\lambda\tan^2 x+1=\sin^2\lambda\coth^2 y \tag{11.4.6}$$

即

$$\cos^2\lambda(\tan^2 x+1)=\sin^2\lambda(\coth^2 y-1) \tag{11.4.7}$$

由于对任意 y，有 $\coth^2 y-\mathrm{csch}^2 y=1$，则可解得用平面坐标（$x,y$）表示的 λ 为

$$\lambda=\arctan(\sec x\sinh y) \tag{11.4.8}$$

综上，球体高斯投影即横轴墨卡托投影的反解公式可表示为

$$\begin{cases}\varphi = \arcsin(\sin x \operatorname{sech} y) \\ \lambda = \arctan(\sec x \sinh y)\end{cases} \tag{11.4.9}$$

11.5　极区球面高斯投影（横轴墨卡托投影）经纬线方程

地图投影的主要任务是建立地球表面上点与投影平面上点的一一对应关系，即将地球表面的经纬网绘到投影平面上。正轴墨卡托投影平面上经纬网为两组相互平行的直线，而横轴墨卡托投影中仅有中央经线及赤道为直线，为了解其他子午线及纬线圈的形状，本节将推导横轴墨卡托投影的经纬线方程。

11.5.1　纬线圈方程

将投影方程（11.1.5）做如下变形：

$$\begin{cases}\tan x = \tan\varphi \sec\lambda \\ \tanh y = \cos\varphi \sin\lambda\end{cases} \tag{11.5.1}$$

将式（11.5.1）变形为

$$\begin{cases}\cos\lambda = \dfrac{\cot x}{\cot\varphi} \\ \sin\lambda = \dfrac{\tanh y}{\cos\varphi}\end{cases} \tag{11.5.2}$$

对任意λ，都有$\sin^2\lambda + \cos^2\lambda = 1$，因此

$$\frac{\cot^2 x}{\cot^2\varphi} + \frac{\tanh^2 y}{\cos^2\varphi} = 1 \tag{11.5.3}$$

令$\cot x = x_1$，$\tanh y = y_1$，则纬线圈方程形如椭圆方程

$$\frac{x_1^2}{\cot^2\varphi} + \frac{y_1^2}{\cos^2\varphi} = 1 \tag{11.5.4}$$

给定一个φ值，便确定该纬线圈的平面投影方程。基于该投影方程，以极点为坐标原点可绘制横轴墨卡托投影平面上的纬线圈，如图 11.2 所示。

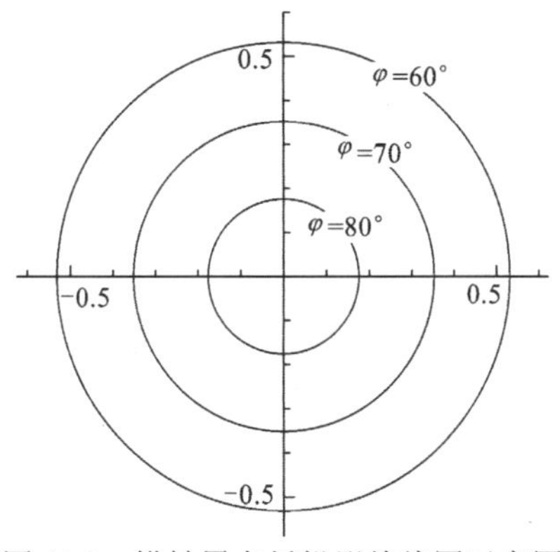

图 11.2　横轴墨卡托投影纬线圈示意图

11.5.2 子午线投影方程

将式（11.5.1）变形为

$$\begin{cases} \sec\varphi = \dfrac{\coth y}{\csc\lambda} \\ \tan\varphi = \dfrac{\tan x}{\sec\lambda} \end{cases} \tag{11.5.5}$$

对任意 φ， $\sec^2\varphi = \tan^2\varphi + 1$，因此有

$$\frac{\mathrm{cth}^2 y}{\csc^2\lambda} - \frac{\tan^2 x}{\sec^2\lambda} = 1 \tag{11.5.6}$$

令 $\mathrm{cth}\, y = y_2$， $\tan x = x_2$，则子午线方程可表示为类似双曲线形式

$$\frac{y_2^2}{\csc^2\lambda} - \frac{x_2^2}{\sec^2\lambda} = 1 \tag{11.5.7}$$

给定一个 λ 值，便确定该子午线的平面投影方程。利用该投影方程可绘制子午线，如图 11.3 所示。

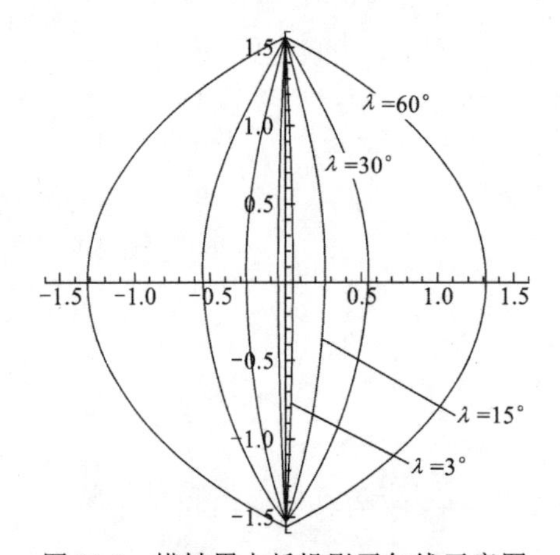

图 11.3　横轴墨卡托投影子午线示意图

投影平面上所建立的经纬网，构成了地图投影的数学基础。依据式（11.5.4）和式（11.5.7），可以绘出横轴墨卡托投影的子午线和纬线圈投影示意图，如图 11.4 所示。

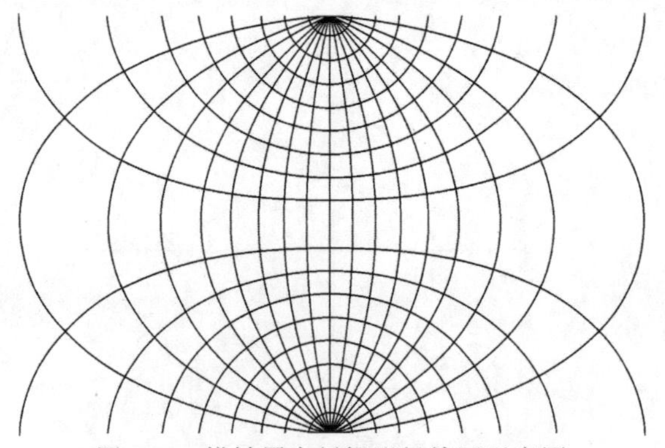

图 11.4　横轴墨卡托投影经纬网示意图

11.6　球面高斯投影（横轴墨卡托投影）长度变形分析

横轴墨卡托投影为等角投影，即从任一点出发，各方向的长度比是相等的，因此任一方向长度比即是该点处的长度比。下面以经线方向为例（$\mathrm{d}l=0$）计算球面上任意点处长度比。设 $\mathrm{d}s$ 为球面上的微分线段，$\mathrm{d}s'$ 为其在平面的投影，则有

$$\begin{cases} \mathrm{d}s = r\mathrm{d}\varphi \\ \mathrm{d}s' = \sqrt{(\mathrm{d}x)^2+(\mathrm{d}y)^2} \\ \mathrm{d}x = \dfrac{\partial x}{\partial \varphi}\mathrm{d}\varphi + \dfrac{\partial x}{\partial \lambda}\mathrm{d}\lambda \\ \mathrm{d}y = \dfrac{\partial y}{\partial \varphi}\mathrm{d}\varphi + \dfrac{\partial y}{\partial \lambda}\mathrm{d}\lambda \end{cases} \tag{11.6.1}$$

$\mathrm{d}s'$ 与 $\mathrm{d}s$ 之比即为该点的长度比：

$$\begin{aligned} m = \frac{\mathrm{d}s'}{\mathrm{d}s} &= 2\sqrt{\frac{1}{3+\cos 2\lambda - 2\cos 2\varphi \sin^2\lambda}} \\ &= \frac{2}{\sqrt{2\cos^2\lambda + 2(1-\cos 2\varphi \sin^2\lambda)}} \\ &= \frac{2}{\sqrt{2\cos^2\lambda + 2(2-\cos^2\lambda - 2\cos^2\varphi\sin^2\lambda)}} \\ &= \frac{1}{\sqrt{1-\cos^2\varphi\sin^2\lambda}} \end{aligned} \tag{11.6.2}$$

将平面坐标表示的 φ、λ 表达式代入式（11.6.2），则长度变形公式也可表示为

$$m = \cosh y \tag{11.6.3}$$

为直观表示长度变形，可借助 Mathematica 计算机代数系统分别绘制出长度变形随纬度及经差的变换趋势，如图 11.5、图 11.6 所示。

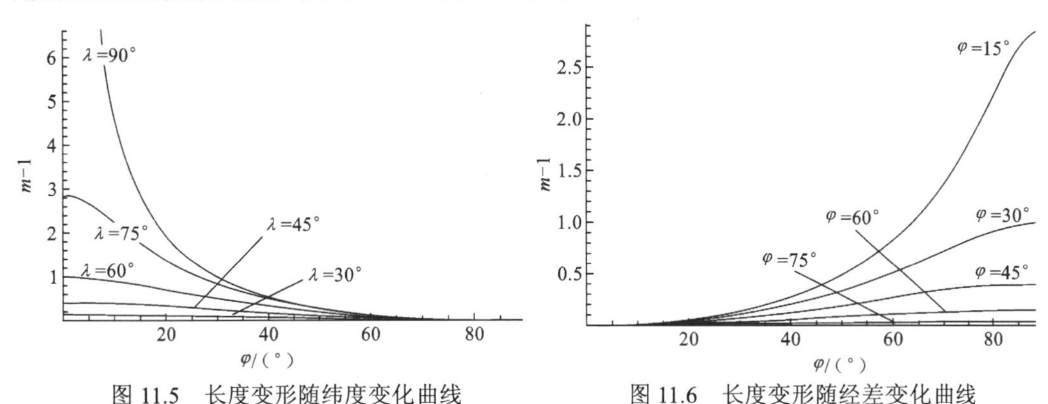

图 11.5　长度变形随纬度变化曲线　　图 11.6　长度变形随经差变化曲线

由长度变形公式及图 11.5、图 11.6 可知，横轴墨卡托投影在其投影中线上不存在长度变形，而其余的任一经线上，长度变形随着纬度的升高而逐渐减小。除极点外的同一纬线上，投影长度变形随着远离投影中线而逐渐增大，即球体横轴墨卡托投影中，投影中线及极区附近长度变形较小。

11.7　子午线收敛角

根据地图投影理论，子午线收敛角是地球椭球体面上一点的真子午线与位于此点所在投影带的中央子午线的夹角，即在横轴墨卡托投影平面上的真子午线与坐标纵线的夹角。

由椭球大地测量学可知，子午线收敛角 $\gamma = \arctan\left(\frac{\partial x}{\partial \lambda} \Big/ \frac{\partial y}{\partial \lambda}\right)$，结合投影公式（11.1.5）可得

$$\gamma = \arctan(\sin\varphi \tan\lambda) \tag{11.7.1}$$

将平面坐标表示的 φ、λ 表达式（11.4.9）代入式（11.7.1），可得平面坐标表示的子午线收敛角公式为

$$\gamma = \arctan(\tan x \tanh y) \tag{11.7.2}$$

为对整个横轴墨卡托投影平面上的子午线收敛角有整体的认识，可借助计算机代数系统绘制出子午线收敛角分别随纬度及经差的变化趋势图，如图 11.7～图 11.8 所示。

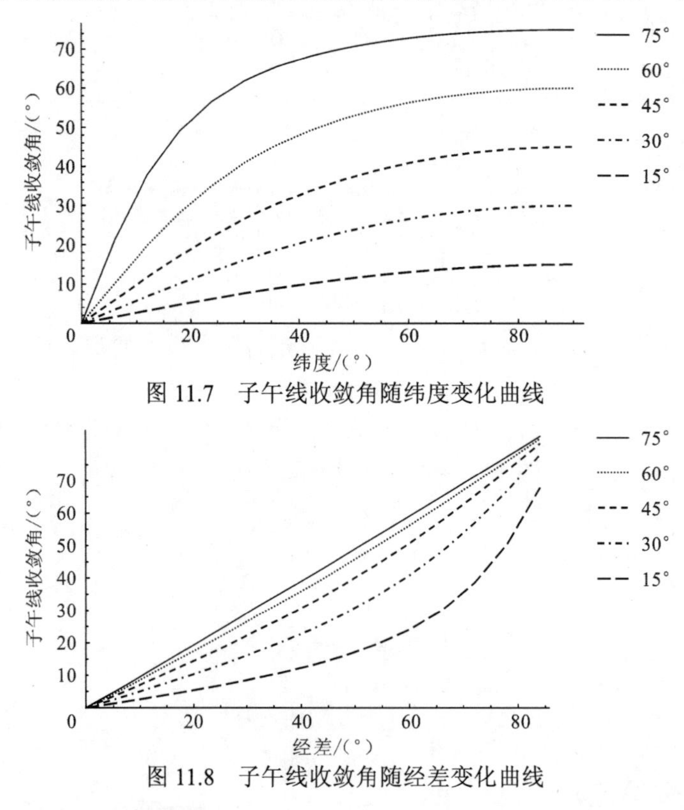

图 11.7　子午线收敛角随纬度变化曲线

图 11.8　子午线收敛角随经差变化曲线

由图 11.7～图 11.8 可以看出，在 $\lambda \in \left[0, \frac{\pi}{2}\right)$，$\varphi \in \left[0, \frac{\pi}{2}\right)$ 范围内，当经差一定时，子午线收敛角随着纬度的增加而增大。当纬度一定时，子午线收敛角随着经差的增加而增大。同理，考虑横轴墨卡托投影关于赤道及中央子午线的对称性，可知在同一子午线上，子午线收敛角的绝对值随着点逐渐靠近极点而递增，在同一纬线圈上，子午线收敛角的绝对值随着点逐渐远离中央子午线而递增。

11.8 极区大圆航线

横轴墨卡托投影平面上极区的经纬网与日晷投影近似，即极区横轴墨卡托投影性质近似日晷投影。而日晷投影最典型的性质，便是大圆航线在日晷投影平面上表示为直线。地球面上两点间最短距离是通过两点间大圆的劣弧，在航海或航空中，运用此特性而走最短距离的航线称为大圆航线。球面上过点(φ_A,λ_A)，方位角为α的大圆线上动点(φ,λ)的大圆航线方程为

$$\tan\alpha=\frac{\cos\varphi\sin(\lambda-\lambda_A)}{\cos\varphi_A\sin\varphi-\sin\varphi_A\cos\varphi\cos(\lambda-\lambda_A)} \tag{11.8.1}$$

顾及$\theta=\dfrac{\pi}{2}-\varphi$，大圆航线方程为

$$\tan\alpha=\frac{\sin\theta\sin(\lambda-\lambda_A)}{\sin\theta_A\cos\theta-\cos\theta_A\sin\theta\cos(\lambda-\lambda_A)} \tag{11.8.2}$$

为更直观地了解大圆航线的形状，结合式（11.1.5）对大圆航线进一步化简，可得

$$\begin{cases} x=-r\,\mathrm{arccot}\,[\sec\lambda B(\lambda,\alpha)] \\ y=\dfrac{1}{2}r\ln\dfrac{\sin\lambda+B(\lambda,\alpha)\sqrt{1+[B(\lambda,\alpha)]^{-2}}}{-\sin\lambda+B(\lambda,\alpha)\sqrt{1+[B(\lambda,\alpha)]^{-2}}} \\ B(\lambda,\alpha)=\cos(\lambda-\lambda_A)\cot\theta_A+\cot\alpha\csc\theta_A\sin(\lambda-\lambda_A) \end{cases} \tag{11.8.3}$$

联立式（11.8.3）中第一个方程与第二个方程消去$B(\lambda,\alpha)$后，分式中分子分母同除以$\sin\lambda$，同时考虑$\cot\dfrac{X}{r}\cos\lambda$的符号问题，可得

$$\begin{aligned} Y&=\frac{1}{2}r\ln\frac{1-\cot X\cot\lambda\sqrt{1+(-\cot X\cos\lambda)^{-2}}}{-1-\cot X\cot\lambda\sqrt{1+(-\cot X\cos\lambda)^{-2}}} \\ &=\frac{1}{2}y\ln\frac{1\pm\sqrt{(\cot X\cos\lambda)^2+1}}{-1\pm\sqrt{(\cot X\cos\lambda)^2+1}} \end{aligned} \tag{11.8.4}$$

顾及反双曲余切的定义及其对数表达式，若满足关系$y=\dfrac{1}{2}\ln\dfrac{x+1}{x-1}\,(|x|>1)$，则有$y=\mathrm{arccoth}\,x$，可以得到

$$\coth Y=\pm\sqrt{1+(\cot X\cos\lambda)^2} \tag{11.8.5}$$

将式（11.8.5）两边平方后，将有关X和Y的量移到等式左边，可得到等价形式：

$$\coth^2 Y-\cos^2\lambda\cot^2 X=1 \tag{11.8.6}$$

从式（11.8.6）可以看出，大圆航线方程的形式近似为双曲线方程。利用计算机代数系统可绘制投影平面上大圆航线，如图 11.9 所示。为验证式（11.4.6）的适用范围为$\lambda\in[-\pi,\pi]$，图中标记为a、b、c、d的为不同参数的极区大圆圈线，其对应的参数见表 11.1。

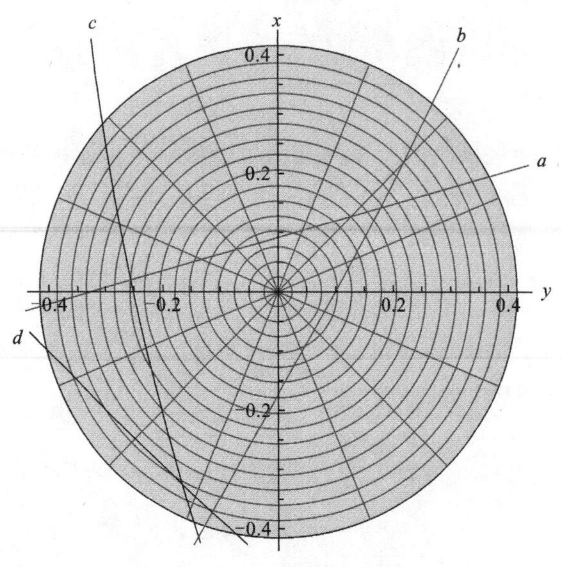

图 11.9　大圆航线示意图

表 11.1　大圆航线相应参数

航线	θ_A /（°）	λ_A /（°）	α /（°）
a	10	135	30
b	10	0	30
c	20	−30	−45
d	20	−45	90

由图 11.9 可以看出，在极区范围内横轴墨卡托投影中大圆航线的形状几乎为直线，再加上横轴墨卡托投影具有保角优势，在标绘海图时可直接在海图上量取航向或方位，方便拟定航线等绘图工作。

11.9　极区等角航线

大圆航线距离虽为最短，但导航引用起来较为困难。航海中常常采用长距离靠近大圆航线，而短距离走等角航线的做法。等角航线是地球表面上与经线相交成相同角度的曲线，等角航线方程一般为

$$\Delta\lambda = \Delta q \cdot \tan\alpha \tag{11.9.1}$$

式中：q 为等量纬度；α 为方位角。

结合极区横轴墨卡托投影公式（11.1.5），可知在极区横轴墨卡托投影中，由平面坐标表示的等角航线方程为

$$
\begin{cases}
\theta = \arccos\left(\dfrac{\operatorname{sech} y}{\sec x}\right) \\
\lambda = (2k+1)\pi - \arcsin\left(\dfrac{\sec x \operatorname{th} y}{\sqrt{\tan^2 x + \operatorname{th}^2 y}}\right) \qquad (x>0) \\
\text{或}\lambda = 2k\pi + \arcsin\left(\dfrac{\sec x \operatorname{th} y}{\sqrt{\tan^2 x + \operatorname{th}^2 y}}\right) \qquad (x<0) \\
q = \operatorname{arctanh}(\cos\theta) \\
\lambda - \lambda_0 = (q - q_0)\tan\alpha
\end{cases}
\tag{11.9.2}
$$

式中：θ 为等角余纬度；k 为整数。以极点为坐标原点，可绘制出横轴墨卡托投影极区等角航线，如图 11.10 所示。

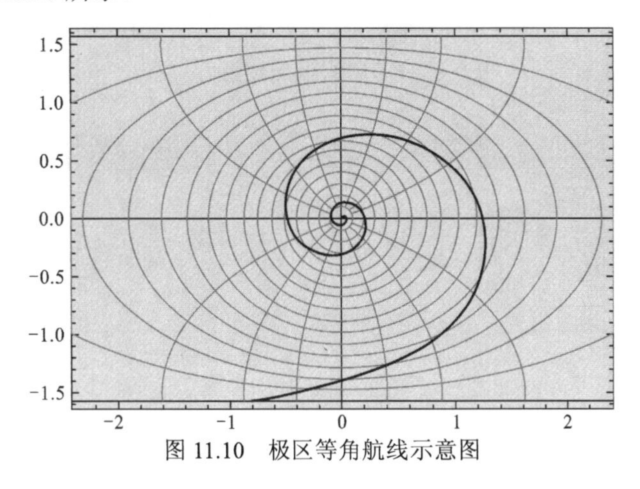

图 11.10　极区等角航线示意图

除特殊情况，即 $\alpha = 0^\circ$ 或 $\alpha = 90^\circ$ 的等角航线以外，等角航线表现为以极点为渐进点的螺旋曲线。在赤道附近，等角航线曲率较小。随着等角航线渐渐靠近极点，曲线的曲率越来越大。

11.10　极区网格线

由于极区处于的特殊地理位置，以往地理经纬度和地理坐标系不再适用于近极点区域。为方便导航，人们尝试建立一种网格坐标系进行极区导航。所谓网格坐标系，就是在近极点区域互相垂直的两组平行直线。基于空间直角坐标系，如图 11.11 所示，可通过建立一定的数学关系，推导出这组曲线在球面上的表示。

方里网是一种建立在某种地图投影基础上的格网系统，将制图区域按平面坐标或按经纬度划分为格网。根据式（11.5.4）、式（11.5.7），结合三角恒等式 $\operatorname{sech}^2 t(1+\sinh^2 t)=1$ 与 $\sec^2 t(1-\sin^2 t)=1$，可得等距离球面高斯投影平面上的方里网在原椭球面上的坐标方程为

$$
\begin{cases}
\dfrac{\sin^2\varphi}{\sin^2 x}(1+\tan^2 l\cos^2 x)=1 \\
\dfrac{\tan^2 l}{\sinh^2 y}(1-\sin^2\varphi\cosh^2 y)=1
\end{cases}
\tag{11.10.1}
$$

根据式（11.10.1），可绘出球面高斯投影平面方里网的椭球面坐标网示意图，如图 11.11 所示。

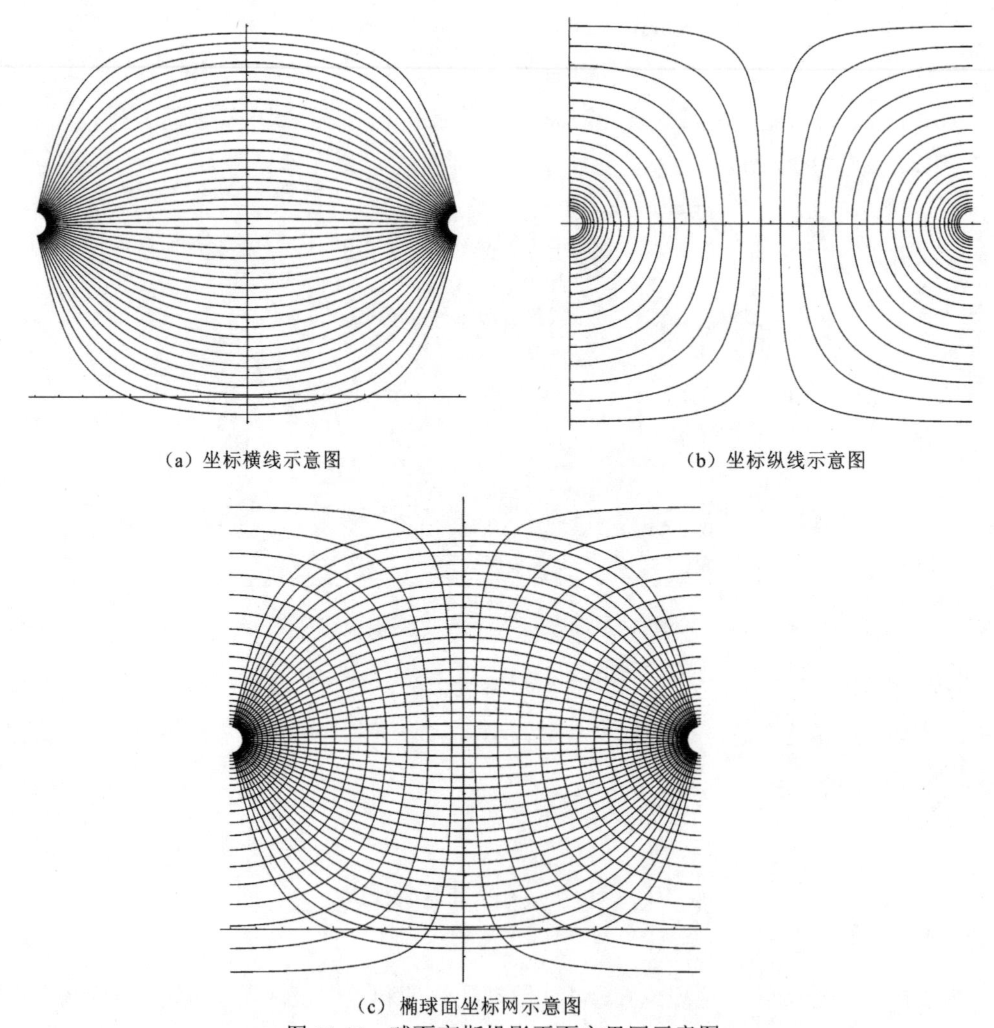

（a）坐标横线示意图

（b）坐标纵线示意图

（c）椭球面坐标网示意图

图 11.11　球面高斯投影平面方里网示意图

从图 11.11 可以看出，球面高斯投影平面方里网坐标横线在原椭球面上的坐标线汇聚于两点，保持不相交的性质，方里网坐标纵线在原椭球面上的坐标线向两边发散，保持不相交的性质。

11.11 算例分析

为验证本书所推导公式的正确性，可将本书推导公式与传统高斯投影有关公式的幂级数形式进行比较。以下主要针对球面横轴墨卡托投影（球面高斯投影）长度比、子午线收敛角闭合公式与对应的球面高斯投影幂级数公式。分别取球面纬度φ为15°、30°、45°、60°、75°，经差λ为0.5°、1.0°、1.5°、2.0°、2.5°、3.0°，依次代入球面横轴墨卡托投影长度比及子午线收敛角闭合公式与传统幂级数公式的差值表达式，对应差值见表 11.2、表 11.3。

表 11.2　长度比闭合公式与幂级数展开式之差　［单位：(″)］

$\lambda/(^\circ)$	$\varphi=15^\circ$	$\varphi=30^\circ$	$\varphi=45^\circ$	$\varphi=60^\circ$	$\varphi=75^\circ$
0.5	2.5×10^{-14}	3.6×10^{-15}	-5.3×10^{-15}	-2.2×10^{-15}	2.2×10^{-16}
1.0	1.6×10^{-12}	2.2×10^{-13}	-3.5×10^{-13}	-1.5×10^{-13}	1.3×10^{-14}
1.5	1.8×10^{-11}	2.5×10^{-12}	-4.0×10^{-12}	-1.67×10^{-12}	1.5×10^{-13}
2.0	1.0×10^{-10}	1.4×10^{-11}	-2.2×10^{-11}	-9.4×10^{-12}	8.3×10^{-13}
2.5	3.9×10^{-10}	5.4×10^{-11}	-8.5×10^{-11}	-3.6×10^{-11}	3.2×10^{-12}
3.0	1.2×10^{-9}	1.6×10^{-10}	-2.5×10^{-10}	-1.1×10^{-10}	9.5×10^{-12}

表 11.3　子午线收敛角闭合公式与幂级数展开式之差　［单位：(″)］

$\lambda/(^\circ)$	$\varphi=15^\circ$	$\varphi=30^\circ$	$\varphi=45^\circ$	$\varphi=60^\circ$	$\varphi=75^\circ$
0.5	8.1×10^{-12}	4.5×10^{-12}	-1.6×10^{-12}	-1.4×10^{-12}	0
1.0	1.0×10^{-9}	5.8×10^{-10}	-2.0×10^{-10}	-1.9×10^{-10}	4.3×10^{-12}
1.5	1.8×10^{-8}	1.0×10^{-8}	-3.4×10^{-9}	-3.2×10^{-9}	7.0×10^{-11}
2.0	1.3×10^{-7}	7.5×10^{-8}	-2.6×10^{-8}	-2.4×10^{-8}	5.2×10^{-10}
2.5	6.3×10^{-7}	3.6×10^{-7}	-1.2×10^{-7}	-1.1×10^{-7}	2.5×10^{-9}
3.0	2.3×10^{-6}	1.3×10^{-6}	-4.4×10^{-7}	-4.1×10^{-7}	8.8×10^{-9}

由表 11.2、表 11.3 可以看出，在球面纬度φ为15°、30°、45°、60°、75°，经差λ为0.5°、1.0°、1.5°、2.0°、2.5°、3.0°，利用横轴墨卡托投影长度比闭合公式与传统幂级数展开式所求结果的绝对差值均小于10^{-8}，而利用横轴墨卡托投影子午线收敛角闭合公式与传统的幂级数展开式所求结果的绝对差值均小于10^{-5}″，可以确定本书所求球面横轴墨卡托投影（球面高斯投影）长度比及子午线收敛角闭合公式的高可靠性及准确性。由于本书所推导出的闭合公式是严格的解析表达式且形式更为简单、便于记忆，完全可

以取代传统球面高斯投影的幂级数展开式。

本章球面高斯投影长度比和子午线收敛角均为闭合公式，并不受投影带宽的限制，可以适用于相当大的带宽范围。为了给出高斯投影长度比和子午线收敛角“全景式的”概略印象，表 11.4、表 11.5 列出了纬度 φ 为 0°、15°、30°、45°、60°、75°，经差 λ 为 0°、15°、30°、45°、60°、75° 时，对应的长度比和子午线收敛角正切。可以看到，即使在 $(75^\circ,75^\circ)$ 高斯投影均有对应的确定性表示。

表 11.4　特殊点处长度比

(φ,λ)	0	$\frac{\pi}{12}$	$\frac{\pi}{6}$	$\frac{\pi}{4}$	$\frac{\pi}{3}$	$\frac{5\pi}{12}$
0	1	$\frac{2}{\sqrt{2+\sqrt{3}}}$	$\frac{2}{\sqrt{3}}$	$\sqrt{2}$	2	$2\sqrt{2+\sqrt{3}}$
$\frac{\pi}{12}$	1	$\frac{4}{\sqrt{15}}$	$\frac{4}{\sqrt{14-\sqrt{3}}}$	$2\sqrt{\frac{2}{33}(6+\sqrt{3})}$	$\frac{4}{\sqrt{10-3\sqrt{3}}}$	$\frac{4}{\sqrt{9-4\sqrt{3}}}$
$\frac{\pi}{6}$	1	$\frac{4}{\sqrt{10+3\sqrt{3}}}$	$\frac{4}{\sqrt{13}}$	$2\sqrt{\frac{2}{5}}$	$\frac{4}{\sqrt{7}}$	$\frac{4}{\sqrt{10-3\sqrt{3}}}$
$\frac{\pi}{4}$	1	$2\sqrt{6+\sqrt{3}}$	$2\sqrt{\frac{2}{7}}$	$\frac{2}{\sqrt{3}}$	$2\sqrt{\frac{2}{5}}$	$2\sqrt{\frac{2}{33}(6+\sqrt{3})}$
$\frac{\pi}{3}$	1	$\frac{4}{\sqrt{14+\sqrt{3}}}$	$\frac{4}{\sqrt{15}}$	$2\sqrt{\frac{2}{7}}$	$\frac{4}{\sqrt{13}}$	$\frac{4}{\sqrt{14-\sqrt{3}}}$
$\frac{5\pi}{12}$	1	$\frac{4}{\sqrt{9+4\sqrt{3}}}$	$\frac{4}{\sqrt{14+\sqrt{3}}}$	$\frac{2}{\sqrt{6+\sqrt{3}}}$	$\frac{4}{\sqrt{10+3\sqrt{3}}}$	$\frac{4}{\sqrt{15}}$

表 11.5　特殊点处子午线收敛角正切

(φ,λ)	0	$\frac{\pi}{12}$	$\frac{\pi}{6}$	$\frac{\pi}{4}$	$\frac{\pi}{3}$	$\frac{5\pi}{12}$
0	0	0	0	0	0	0
$\frac{\pi}{12}$	0	$\frac{1}{2\sqrt{26+15\sqrt{3}}}$	$\frac{-1+\sqrt{3}}{2\sqrt{6}}$	$\frac{\sqrt{2-\sqrt{3}}}{2}$	$\frac{1}{2\sqrt{6-3\sqrt{3}}}$	$\frac{\sqrt{2+\sqrt{3}}}{2}$
$\frac{\pi}{6}$	0	$\frac{1-\sqrt{3}}{2}$	$\frac{1}{2\sqrt{3}}$	$\frac{1}{2}$	$\frac{\sqrt{3}}{2}$	$\frac{1}{2\sqrt{2+\sqrt{3}}}$
$\frac{\pi}{4}$	0	$\sqrt{\frac{7}{2}-2\sqrt{3}}$	$\frac{1}{\sqrt{6}}$	$\frac{1}{\sqrt{2}}$	$\sqrt{\frac{3}{2}}$	$\sqrt{\frac{3}{2}+\sqrt{2}}$
$\frac{\pi}{3}$	0	$-\frac{3}{2}+\sqrt{3}$	$\frac{1}{2}$	$\frac{\sqrt{3}}{2}$	$\frac{3}{2}$	$\frac{3}{2}+\sqrt{3}$
$\frac{5\pi}{12}$	0	$\frac{\sqrt{2-\sqrt{3}}}{2}$	$\frac{1+\sqrt{3}}{2\sqrt{6}}$	$\frac{\sqrt{2+\sqrt{3}}}{2}$	$\frac{1}{2\sqrt{6+3\sqrt{3}}}$	$\frac{1}{2\sqrt{26+15\sqrt{3}}}$

第 12 章 极区非奇异高斯投影复变函数表示

近年来，随着极区的战略地位越来越受到国际关注，我国也日益重视极地考察工作，但与美国、俄罗斯相比，仍存在较大差距。为保障我国在极区事务中的国际地位及相关权益，须重视和加强极区的科学研究。选择合适的投影方式对极区航海及科考图的绘制至关重要。极区通常采用日晷投影，该投影以极点为中心，投影变形有对称的优点，但日晷投影仅与地球椭球相切于一点，随着极距增大投影变形也比较大。而高斯投影与地球椭球相切于经圈，故在极区的变形必定小于日晷投影，且其在中央子午线上无投影变形。再考虑高斯投影的保角优势，可正确反映极区的方位关系。可以说，极区高斯投影对于极区航海及科考图的绘制具有较重要的参考价值。然而传统高斯投影公式表示为经差的幂级数，划分为 3° 或 6° 带，使得极区难以形成统一、完整的表达。边少锋等（2018）、Bian 等（2012）、李厚朴等（2015，2009）推导出了高斯投影的复变函数表达式，该表达式不再是经差的幂级数形式，避免了高斯投影分带表示，但因表达式中的等量纬度在极点存在奇异问题，不便于高斯投影在极区的应用。因此，既不受限于带宽又适用于极区的高斯投影表达式仍待推导。此外，陆图通常采用高斯投影，海图在非极区使用墨卡托投影，在极区采用日晷投影，即海图、陆图难以统一。

鉴于此，本章将建立极区非奇异高斯投影复变函数表示，这种表示无须分带且便于极区陆图与海图的统一应用，非常适合南极洲、北冰洋海域的一体化表示，可为极区科考及航海制图提供重要参考。

12.1 等量纬度和等角纬度在极点的奇异性

等量纬度 q 与大地纬度 B 有如下数学关系：

$$q=\int_0^B \frac{1-e^2}{(1-e^2\sin^2 B)\cos B}\mathrm{d}B=\ln\left[\tan\left(\frac{\pi}{4}+\frac{B}{2}\right)\left(\frac{1-e\sin B}{1+e\sin B}\right)^{e/2}\right] \tag{12.1.1}$$

等量纬度在极点趋向于无穷，在极点附近不便于应用。等量纬度与大地纬度的函数关系见图 12.1，可以看出在北极点附近，等量纬度趋于无穷大。

```
f = 1/298.257222101;
e = √(f*(2 - f))
0.0818192
Plot[ArcTanh[Sin[B*π/180]] - e*ArcTanh[e*Sin[B*π/180]], {B, 0, 90}, Frame → True,
 FrameLabel → {"B/(°)", "q/rad"}, GridLines → Automatic,
 GridLinesStyle → Directive[Dashed]]
```

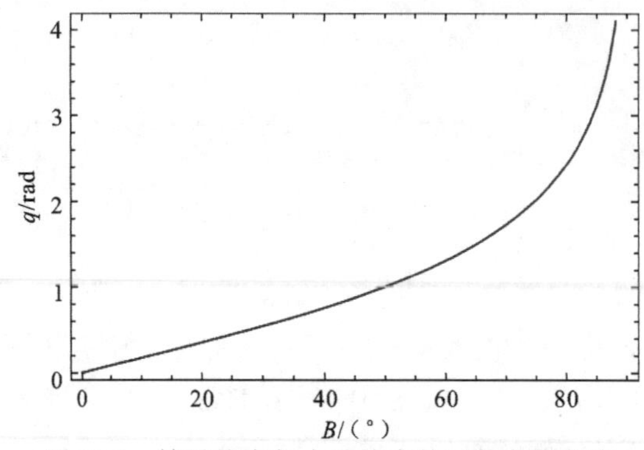

图 12.1　等量纬度与大地纬度的函数变化曲线

根据等角纬度定义可知，等角纬度φ与大地纬度B有如下关系

$$\tan\left(\frac{\pi}{4}+\frac{\varphi}{2}\right)=\tan\left(\frac{\pi}{4}+\frac{B}{2}\right)\left(\frac{1-e\sin B}{1+e\sin B}\right)^{\frac{e}{2}} \tag{12.1.2}$$

又根据等量纬度定义可得

$$q=\ln\left(\tan\left(\frac{\pi}{4}+\frac{\varphi}{2}\right)\right)=\operatorname{arctanh}(\sin\varphi) \tag{12.1.3}$$

式中：arctanh (*)为反双曲正切函数。

将式（12.1.3）拓展至复数域，以等量纬度q与经差l组成的复变量$\boldsymbol{w}=q+\mathrm{i}l$代替$q$，则式（12.1.3）等号右端等角纬度$\varphi$开拓为复数等角纬度，记为$\boldsymbol{\varphi}$，因此有

$$q+\mathrm{i}l=\operatorname{arctanh}(\sin\boldsymbol{\varphi}) \tag{12.1.4}$$

可以得到复数等角纬度的表达式为

$$\boldsymbol{\varphi}=\arcsin(\tanh(q+\mathrm{i}l)) \tag{12.1.5}$$

等量纬度在极点附近奇异，因此导致复数等角纬度在极点附近应用起来也不是非常方便。

12.2　复数等角余纬度

椭球面高斯投影也就是椭球体横轴墨卡托投影，实数型公式常用于分带高斯投影，复变函数表达式中虽消除了分带的限制，但是由于等量纬度在极区的奇异现象，复变函数公式难以在极区应用。而可以通过引入等角余纬度定义，并根据复指数函数和复对数函数的关系式，推导出严密的复数等角余纬度公式，进而得到极区非奇异高斯投影严密公式。在此基础上，可推导出适用于极区的长度比和子午线收敛角复变函数公式。

由式（10.2.5）可知，椭球面高斯投影正解的非迭代复变函数表达式为

$$\begin{cases}\boldsymbol{\varphi}=\arcsin(\tanh(\boldsymbol{w}))\\ \boldsymbol{z}=a\left(a_0\boldsymbol{\varphi}+a_2\sin 2\boldsymbol{\varphi}+a_4\sin 4\boldsymbol{\varphi}+a_6\sin 6\boldsymbol{\varphi}+a_8\sin 8\boldsymbol{\varphi}+a_{10}\sin 10\boldsymbol{\varphi}\right)\end{cases} \tag{12.2.1}$$

式中：a为地球长半轴；$\boldsymbol{w}=q+\mathrm{i}l$。

$$
\begin{cases}
a_0 = 1 - \dfrac{1}{4}e^2 - \dfrac{3}{64}e^4 - \dfrac{5}{256}e^6 - \dfrac{175}{16\,384}e^8 - \dfrac{441}{65\,536}e^{10} - \dfrac{43\,659}{65\,536}e^{12} \\
a_2 = \dfrac{1}{8}e^2 - \dfrac{1}{96}e^4 - \dfrac{9}{1\,024}e^6 - \dfrac{901}{184\,320}e^8 - \dfrac{16\,381}{5\,898\,240}e^{10} + \dfrac{2\,538\,673}{4\,587\,520}e^{12} \\
a_4 = \dfrac{13}{768}e^4 + \dfrac{17}{5\,120}e^6 - \dfrac{311}{737\,282}e^8 - \dfrac{18\,931}{20\,643\,840}e^{10} - \dfrac{1\,803\,171}{9\,175\,040}e^{12} \\
a_6 = \dfrac{61}{15\,360}e^6 + \dfrac{899}{430\,080}e^8 + \dfrac{18\,757}{27\,525\,120}e^{10} + \dfrac{461\,137}{20\,643\,840}e^{12} \\
a_8 = \dfrac{49\,561}{41\,287\,680}e^8 + \dfrac{175\,087}{165\,150\,720}e^{10} - \dfrac{869\,251}{20\,643\,840}e^{12} \\
a_{10} = -\dfrac{179\,101}{41\,287\,680}e^{10} - \dfrac{25\,387}{1\,290\,240}e^{12}
\end{cases} \tag{12.2.2}
$$

等量纬度 q 为大地纬度 B 的表达式：

$$
\begin{aligned}
q &= \operatorname{arctanh}(\sin B) - e\operatorname{arctanh}(e\sin B) \\
&= \ln\sqrt{\frac{1+\sin B}{1-\sin B}\left(\frac{1-e\sin B}{1+e\sin B}\right)^e}
\end{aligned} \tag{12.2.3}
$$

在大地纬度 $B\in[0,90^\circ]$ 时，等量纬度 q 随着大地纬度 B 的增大而增大。当大地纬度 $B\to 90^\circ$ 时，等量纬度 q 趋向于无穷，使 q、$\boldsymbol{w}$ 及 $\boldsymbol{\varphi}$ 表达式奇异，以至于高斯投影公式难以在极区直接应用。

子午线弧长关于等角纬度 φ 的表达式为

$$
X = a\left(a_0\varphi + a_2\sin 2\varphi + a_4\sin 4\varphi + a_6\sin 6\varphi + a_8\sin 8\varphi + a_{10}\sin 10\varphi\right) \tag{12.2.4}
$$

定义等角余纬度

$$
\theta = \frac{\pi}{2} - \varphi \tag{12.2.5}
$$

将式（12.2.3）代入式（12.2.4），则子午线弧长可以表示成关于等角余纬度的表达式

$$
\begin{aligned}
X &= a\left[a_0\left(\frac{\pi}{2}-\theta\right) + a_2\sin 2\theta - a_4\sin 4\theta + a_6\sin 6\theta - a_8\sin 8\theta + a_{10}\sin 10\theta\right] \\
&= a\left(-a_0\theta + a_2\sin 2\theta - a_4\sin 4\theta + a_6\sin 6\theta - a_8\sin 8\theta + a_{10}\sin 10\theta\right) + aa_0\frac{\pi}{2}
\end{aligned} \tag{12.2.6}
$$

由式（12.1.2）等角纬度定义，可解得 φ 的表达式为

$$
\varphi = 2\arctan\left(\tan\left(\frac{\pi}{4}+\frac{B}{2}\right)\left(\frac{1-e\sin B}{1+e\sin B}\right)^e\right) - \frac{\pi}{2} \tag{12.2.7}
$$

将式（12.2.7）代入式（12.2.5），并引入等量纬度定义式（12.2.3），考虑反正切是以 π 为周期的周期函数，可得等角余纬度 θ 的表达式为

$$
\theta = \frac{\pi}{2} - \varphi = \pi - 2\arctan(\exp(q)) = 2\arctan(\exp(-q)) \tag{12.2.8}
$$

根据指数函数与对数函数互为反函数关系可知

$$
\exp(\ln x) \equiv x \tag{12.2.9}
$$

因此，可将 q 的表达式（12.2.3）代入式（12.2.9），有

$$\exp(-q)=\exp\left(-\ln\sqrt{\frac{1+\sin B}{1-\sin B}\left(\frac{1-e\sin B}{1+e\sin B}\right)^{e}}\right)=\sqrt{\frac{1-\sin B}{1+\sin B}\left(\frac{1+e\sin B}{1-e\sin B}\right)^{e}} \tag{12.2.10}$$

令

$$U=\sqrt{\frac{1-\sin B}{1+\sin B}\left(\frac{1+e\sin B}{1-e\sin B}\right)^{e}} \tag{12.2.11}$$

式中：U 是关于 B 的表达式，可绘制出 $B\in[0,90^{\circ}]$ 时，U 随大地纬度 B 的变化曲线图，如图 12.2 所示。

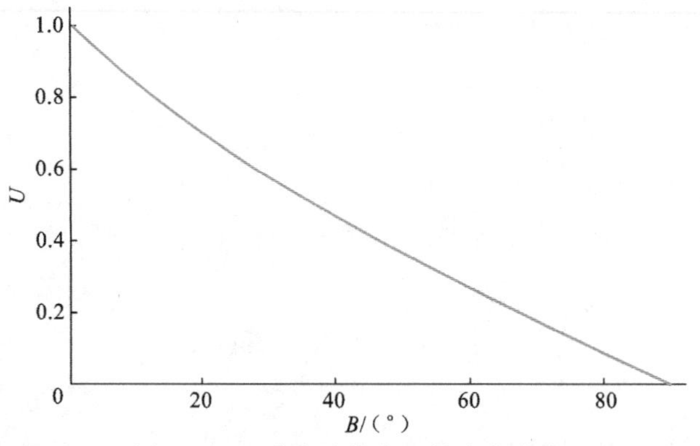

图 12.2　U 随大地纬度 B 的变化曲线

由图 12.2 可以看出，在大地纬度 $B\in[0,90^{\circ}]$ 范围内，U 由最大值1向最小值0单调递减，在大地纬度 $B=0^{\circ}$ 时，$U=1$，当大地纬度 $B=90^{\circ}$ 时，$U=0$，U 在极区不存在奇异现象。将 U 的表达式代入式（12.2.8）可知，当 $B=90^{\circ}$ 时，有 $\theta=0$。

极区高斯投影正解可由纵坐标 x 与等量纬度 q 的关系式做复数域开拓得到。首先，可根据复变函数定义，以 $\boldsymbol{w}=q+\mathrm{i}l$ 代替式（12.2.8）中的 q，实现等角余纬度由实数域向复数域解析开拓，可得复数等角余纬度 $\boldsymbol{\theta}$：

$$\boldsymbol{\theta}=2\arctan(\exp(-(q+\mathrm{i}l)))=2\arctan(U\exp(-\mathrm{i}l)) \tag{12.2.12}$$

至此，复数等角余纬度的表达式已确定。

12.3　极区高斯投影正解公式

将复数等角余纬度表达式（12.2.12）代入式（12.2.6），并将式（12.2.6）左端相应地变为高斯投影的复数坐标 $\boldsymbol{z}=x+\mathrm{i}y$，可实现高斯投影向复数域开拓。为方便极区制图，再将表达式的零点由赤道移至极点，即将纵坐标减去 $\frac{1}{4}$ 子午线弧长 $aa_0\frac{\pi}{2}$；然后再将纵坐标轴反向。平移、反向后的纵、横坐标仍然使用 (x,y) 表示，略去推导，可得

$$\boldsymbol{z}=x+\mathrm{i}y=a\left(a_0\boldsymbol{\theta}-a_2\sin 2\boldsymbol{\theta}+a_4\sin 4\boldsymbol{\theta}-a_6\sin 6\boldsymbol{\theta}+a_8\sin 8\boldsymbol{\theta}-a_{10}\sin 10\boldsymbol{\theta}\right) \tag{12.3.1}$$

式中

$$
\begin{cases}
a_0 = 1 - \dfrac{1}{4}e^2 - \dfrac{3}{64}e^4 - \dfrac{5}{256}e^6 - \dfrac{175}{16\,384}e^8 - \dfrac{441}{65\,536}e^{10} - \dfrac{43\,659}{65\,536}e^{12} \\
a_2 = \dfrac{1}{8}e^2 - \dfrac{1}{96}e^4 - \dfrac{9}{1\,024}e^6 - \dfrac{901}{184\,320}e^8 - \dfrac{16\,381}{5\,898\,240}e^{10} + \dfrac{2\,538\,673}{4\,587\,520}e^{12} \\
a_4 = \dfrac{13}{768}e^4 + \dfrac{17}{5\,120}e^6 - \dfrac{311}{737\,282}e^8 - \dfrac{18\,931}{20\,643\,840}e^{10} - \dfrac{1\,803\,171}{9\,175\,040}e^{12} \\
a_6 = \dfrac{61}{15\,360}e^6 + \dfrac{899}{430\,080}e^8 + \dfrac{18\,757}{27\,525\,120}e^{10} + \dfrac{461\,137}{20\,643\,840}e^{12} \\
a_8 = \dfrac{49\,561}{41\,287\,680}e^8 + \dfrac{175\,087}{165\,150\,720}e^{10} - \dfrac{869\,251}{20\,643\,840}e^{12} \\
a_{10} = -\dfrac{179\,101}{41\,287\,680}e^{10} - \dfrac{25\,387}{1\,290\,240}e^{12}
\end{cases}
\tag{12.3.2}
$$

至此，可用于极区的高斯投影正解表达式已经建立，可以称为“极区高斯投影非奇异复变函数表达式”。该表达式的正确性可由以下条件进行保证。

（1）以上一系列变换均为复变函数的初等变换，且在主值范围内为单值解析函数，变换过程中均保持保角性质。高斯投影条件“保角映射（正形）”得以满足。

（2）当经差 l 为 0° 时，横方向分量 $y=0$，纵方向分量的 x 值为自平移至极点的子午线弧长公式。高斯投影条件“中央子午线投影后为直线（一般为纵轴）”和“中央子午线投影后长度不变”得以满足。

因此，式（12.2.11）、式（12.3.1）共同构成了极区高斯投影非奇异复变函数表达式。

【例 12.1】 以 CGCS2000 椭球 $a = 6\,378\,137$ m，$f = 1/298.257\,222\,101$ 作为参考椭球，当 $B = 85^\circ$，$l = 45^\circ$ 时，试进行极区高斯投影正解计算。

【解】

```
In[1]:= a = 6378137; b = 6356752.3141403558; e = ((a^2 - b^2)/a^2)^(1/2);

B = 85 Degree; l = 45 Degree;

U = ((1 - Sin[B])/(1 + Sin[B]) * ((1 + e Sin[B])/(1 - e Sin[B]))^e)^(1/2); θ = 2 ArcTan[U*Exp[-I*l]];

α0 = 1 - e^2/4 - 3 e^4/64 - 5 e^6/256 - 175 e^8/16384 - 441 e^10/65536;
α2 = e^2/8 - e^4/96 - 9 e^6/1024 - 901 e^8/184320 - 16381 e^10/5898240;
α4 = 13 e^4/768 + 17 e^6/5120 - 311 e^8/737280 - 18931 e^10/20643840;
α6 = 61 e^6/15360 + 899 e^8/430080 + 14977 e^10/27525120;
```

```
α8 = 49561 e^8/41287680 + 175087 e^10/165150720;
α10 = 34729 e^10/82575360;
z = a (α0*θ - α2*Sin[2 θ] + α4*Sin[4 θ] - α6*Sin[6 θ] + α8*Sin[8 θ] - α10*Sin[10 θ]);

x = Re[z]; y = Im[z];

NumberForm[x, {10, 4}]

NumberForm[y, {10, 4}]
```

```
Out[12]//NumberForm=
	395389.3040

Out[13]//NumberForm=
	-394887.1679
```

所以，计算得投影平面坐标 $x = 395\,389.304\,0\ \text{m}$， $y = -394\,887.167\,9\ \text{m}$ 。

相对于传统高斯投影幂级数形式仅适用于高斯投影中绘制条带图，而且高斯投影复变函数表示式在极区难以应用，本书推导出的极区非奇异高斯投影复变函数表示满足以极点作为投影中心，对极区进行连续投影作图，可实现极区海、陆图统一表示。此外，高斯投影具有保角优势，能更好地体现世界各国与极区的方位关系，对于拟定航线、制订航行计划具有重要意义。基于本书推导出的极区非奇异公式，可分别绘制南北极地区具有海岸线数据的高斯投影示意图，如图 12.3、图 12.4 所示。

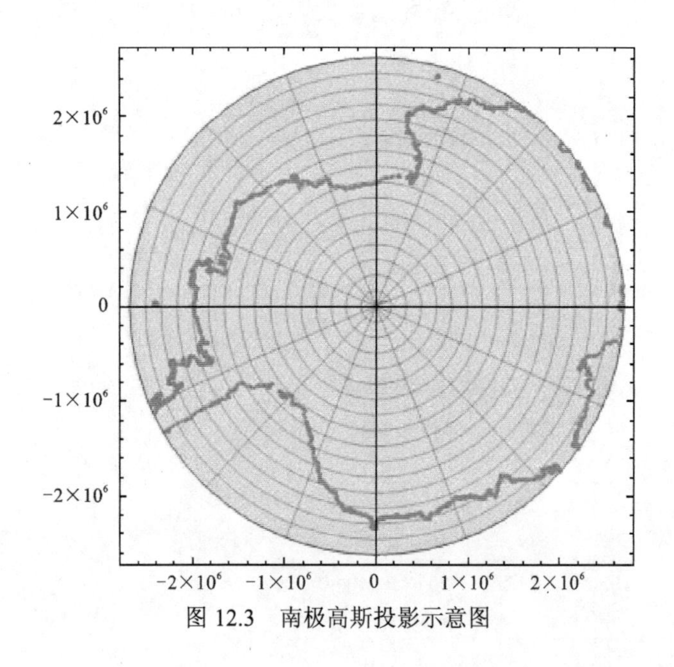

图 12.3　南极高斯投影示意图

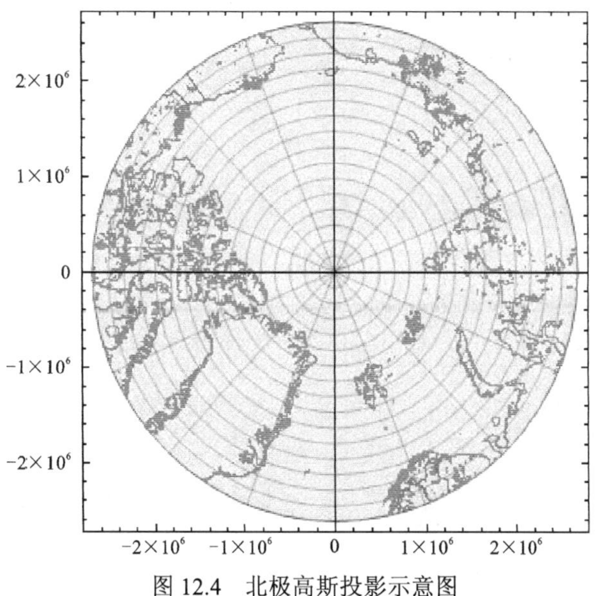

图 12.4　北极高斯投影示意图

特别地，当地球为球体时，即椭球第一偏心率 $e=0$ 。记 R 为地球平均半径，可得极区球面高斯投影非奇异复变函数表达式为

$$
\begin{aligned}
z &= -R\boldsymbol{\theta} = -2R\arctan(\exp(-(q+\mathrm{i}l))) \\
&= -R\arctan\left(\frac{2\exp(-(q+\mathrm{i}l))}{1-\exp(-2(q+\mathrm{i}l))}\right)
\end{aligned}
\tag{12.3.3}
$$

由于 $\exp[-(q+\mathrm{i}l)]=(\cos l+\mathrm{i}\sin l)\exp(q)$ ，结合 q 与 B 的关系式，可得

$$
\begin{aligned}
\frac{2\exp(-(q+\mathrm{i}l))}{1-\exp(-2(q+\mathrm{i}l))} &= \frac{2}{\exp(q+\mathrm{i}l)-\exp[-(q+\mathrm{i}l)]} \\
&= \frac{2}{\cos l[\exp(q)-\exp(-q)]+\mathrm{i}\sin l[\exp(q)+\exp(-q)]} \\
&= \frac{1}{\tan B\cos l+\mathrm{i}\sec B\sin l}
\end{aligned}
\tag{12.3.4}
$$

将式（12.3.3）代入式（12.3.2），在主值范围内有

$$
\begin{aligned}
& -R\arctan\left(\frac{1}{\tan B\cos l+\mathrm{i}\sec B\sin l}\right) \\
&= -R\left(\frac{\pi}{2}-\arctan\left(\tan B\cos l+\mathrm{i}\sec B\sin l\right)\right) \\
&= -R\arctan\left(\cot B\cos l\right)+\mathrm{i}R\,\mathrm{arctanh}\left(\cos B\sin l\right)
\end{aligned}
\tag{12.3.5}
$$

式中，实部与虚部分别表示高斯投影纵、横坐标，因此可将式（12.3.5）中的实部与虚部分开，得到球面高斯投影极区非奇异公式为

$$
\begin{cases}
x = -R\arctan(\cot B\cos l) \\
y = R\,\mathrm{arctanh}\,(\cos B\sin l)
\end{cases}
\tag{12.3.6}
$$

特例表明，尽管本节推导的复变函数表达式与实数型极区投影闭合公式的形式非常不同，但通过一定的变换关系，可以得到这两种投影公式的等价性证明。因此，在实际应用中，可以根据特定需要选择合适的投影方程。

12.4 极区高斯投影反解公式

极区高斯投影正解公式为

$$\boldsymbol{z}=x+\mathrm{i}y=a\left(a_0\boldsymbol{\theta}-a_2\sin 2\boldsymbol{\theta}+a_4\sin 4\boldsymbol{\theta}-a_6\sin 6\boldsymbol{\theta}+a_8\sin 8\boldsymbol{\theta}-a_{10}\sin 10\boldsymbol{\theta}\right) \tag{12.4.1}$$

式中

$$\begin{cases}a_0=1-\dfrac{1}{4}e^2-\dfrac{3}{64}e^4-\dfrac{5}{256}e^6-\dfrac{175}{16384}e^8-\dfrac{441}{65536}e^{10}-\dfrac{43659}{65536}e^{12}\\ a_2=\dfrac{1}{8}e^2-\dfrac{1}{96}e^4-\dfrac{9}{1024}e^6-\dfrac{901}{184320}e^8-\dfrac{16381}{5898240}e^{10}+\dfrac{2538673}{4587520}e^{12}\\ a_4=\dfrac{13}{768}e^4+\dfrac{17}{5120}e^6-\dfrac{311}{737282}e^8-\dfrac{18931}{20643840}e^{10}-\dfrac{1803171}{9175040}e^{12}\\ a_6=\dfrac{61}{15360}e^6+\dfrac{899}{430080}e^8+\dfrac{18757}{27525120}e^{10}+\dfrac{461137}{20643840}e^{12}\\ a_8=\dfrac{49561}{41287680}e^8+\dfrac{175087}{165150720}e^{10}-\dfrac{869251}{20643840}e^{12}\\ a_{10}=-\dfrac{179101}{41287680}e^{10}-\dfrac{25387}{1290240}e^{12}\end{cases} \tag{12.4.2}$$

以式（12.4.1）～式（12.4.2）为基础，可以通过符号迭代法或拉格朗日方法推导出极区高斯投影反解公式。略去推导过程，反解公式为

$$\begin{cases}\boldsymbol{\psi}=\dfrac{x+\mathrm{i}y}{a(1-e^2)a_0}\\ \boldsymbol{\theta}=\boldsymbol{\psi}+\zeta_2\sin 2\boldsymbol{\psi}+\zeta_4\sin 4\boldsymbol{\psi}+\zeta_6\sin 6\boldsymbol{\psi}+\zeta_8\sin 8\boldsymbol{\psi}+\zeta_{10}\sin 10\boldsymbol{\psi}\end{cases} \tag{12.4.3}$$

式中

$$\begin{cases}\zeta_2=\dfrac{1}{8}e^2+\dfrac{1}{48}e^4+\dfrac{47}{2048}e^6-\dfrac{17}{184320}e^8-\dfrac{17837}{23592960}e^{10}\\ \zeta_4=-\dfrac{1}{768}e^4-\dfrac{3}{1280}e^6-\dfrac{559}{368640}e^8-\dfrac{1021}{1290240}e^{10}\\ \zeta_6=\dfrac{17}{30720}e^6+\dfrac{283}{430080}e^8+\dfrac{7489}{13762560}e^{10}\\ \zeta_8=\dfrac{4397}{41287680}e^8-\dfrac{1319}{6881280}e^{10}\\ \zeta_{10}=\dfrac{4583}{165150720}e^{10}\end{cases} \tag{12.4.4}$$

由于等角余纬度仍然为复数，根据等角余纬度定义有

$$\boldsymbol{\theta}=2\arctan(\exp(-(q+\mathrm{i}l))) \tag{12.4.5}$$

因此

$$\tan\frac{\boldsymbol{\theta}}{2}=\exp(-(q+\mathrm{i}l))=\exp(-q)\cos l-\mathrm{i}\exp(-q)\sin l \tag{12.4.6}$$

由式（12.4.6）可以解得实数等角余纬度为

$$\theta = 2\arctan\left|\tan\frac{\boldsymbol{\theta}}{2}\right| \tag{12.4.7}$$

等角纬度为

$$\varphi = \frac{\pi}{2} - \theta \tag{12.4.8}$$

可以使用大地纬度与等角纬度转换公式，求出最后所需要的大地纬度

$$B = \varphi + b_2\sin 2\varphi + b_4\sin 4\varphi + b_6\sin 6\varphi + b_8\sin 8\varphi + b_{10}\sin 10\varphi \tag{12.4.9}$$

式中

$$\begin{cases} b_2 = \dfrac{1}{2}e^2 + \dfrac{5}{24}e^4 + \dfrac{1}{12}e^6 + \dfrac{13}{360}e^8 + \dfrac{3}{160}e^{10} \\ b_4 = \dfrac{7}{48}e^4 + \dfrac{29}{240}e^6 + \dfrac{811}{11\,520}e^8 + \dfrac{81}{2\,240}e^{10} \\ b_6 = \dfrac{7}{120}e^6 + \dfrac{81}{1120}e^8 + \dfrac{3\,029}{53\,760}e^{10} \\ b_8 = \dfrac{4\,279}{161\,280}e^8 + \dfrac{883}{20\,160}e^{10} \\ b_{10} = \dfrac{2\,087}{161\,280}e^{10} \end{cases} \tag{12.4.10}$$

【例 12.2】 以 CGCS2000 椭球 $a = 6\,378\,137$ m，$f = 1/298.257\,222\,101$ 作为参考椭球，并取例 12.1 计算的投影平面坐标 $x = 395\,389.304\,0$ m，$y = -394\,887.167\,9$ m，试进行极区高斯投影反解计算。

【解】

$$a = 6\,378\,137;\ b = 6\,356\,752.3141403558;\ e = \left(\frac{a^2 - b^2}{a^2}\right)^{\frac{1}{2}};$$

$$x = 395\,389.3040;\ y = -394\,887.1679;$$

$$\alpha0 = a\left(1 - \frac{e^2}{4} - \frac{3e^4}{64} - \frac{5e^6}{256} - \frac{175e^8}{16\,384} - \frac{441e^{10}}{65\,536}\right);\ \psi = \frac{x + I*y}{\alpha0};$$

$$\xi2 = \frac{e^2}{8} + \frac{e^4}{48} + \frac{47e^6}{2048} - \frac{17e^8}{184\,320} - \frac{17\,837e^{10}}{23\,592\,960};$$

$$\xi4 = -\frac{1e^4}{768} - \frac{3e^6}{1280} - \frac{559e^8}{368\,640} - \frac{1021e^{10}}{1\,290\,240};$$

$$\xi6 = \frac{17e^6}{30\,720} + \frac{283e^8}{430\,080} + \frac{7489e^{10}}{13\,762\,560};$$

$$\xi8 = \frac{4397e^8}{41\,287\,680} - \frac{1319e^{10}}{6\,881\,280};$$

$$\xi10 = \frac{4583e^{10}}{165\,150\,720};$$

$$\theta = (\psi + \xi2*\mathrm{Sin}[2\psi] + \xi4*\mathrm{Sin}[4\psi] + \xi6*\mathrm{Sin}[6\psi] + \xi8*\mathrm{Sin}[8\psi] + \xi10*\mathrm{Sin}[10\psi]);$$

$$q = \mathrm{Re}\left[-\mathrm{Log}\left[\mathrm{Tan}\left[\frac{\theta}{2}\right]\right]\right];$$

$$l = \mathrm{Im}\left[-\mathrm{Log}\left[\mathrm{Tan}\left[\frac{\theta}{2}\right]\right]\right];$$

```
φ = ArcSin[Tanh[q]];
b2 = e^2/2 + 5 e^4/24 + e^6/12 + 13 e^8/360 + 3 e^10/160;
b4 = 7 e^4/48 + 29 e^6/240 + 811 e^8/11520 + 81 e^10/2240;
b6 = 7 e^6/120 + 81 e^8/1120 + 3029 e^10/53760;
b8 = 4279 e^8/161280 + 883 e^10/20160;
b10 = 2087 e^10/161280;
B = (φ + b2 * Sin[2 φ] + b4 * Sin[4 φ] + b6 * Sin[6 φ] + b8 * Sin[8 φ] + b10 * Sin[10 φ]) * 180/Pi
l = l * 180/Pi
85.
45.
```

所以，反解得椭球面大地坐标 $B=85^{\circ}$，$l=45^{\circ}$。

12.5 极区高斯投影长度比与子午线偏移角

借助复变函数来求解高斯投影问题时，高斯投影长度比和子午线收敛角为高斯投影复变函数表示式在某点处的导数。有

$$z'=\frac{\mathrm{d}f(\boldsymbol{w})}{r\mathrm{d}\boldsymbol{w}} \tag{12.5.1}$$

式中：$r=N\cos B$；N 为卯酉圈曲率半径。为求得式（12.5.1）的具体表示形式，可将其变形为

$$z'=\frac{\mathrm{d}f(\boldsymbol{w})}{r\mathrm{d}\boldsymbol{\theta}}\frac{\mathrm{d}\boldsymbol{\theta}}{\mathrm{d}\boldsymbol{w}} \tag{12.5.2}$$

又由于

$$\frac{\mathrm{d}f(\boldsymbol{w})}{\mathrm{d}\boldsymbol{\theta}}=a\left(-a_0+2a_2\cos 2\boldsymbol{\theta}-4a_4\cos 4\boldsymbol{\theta}+6a_6\cos 6\boldsymbol{\theta}-8a_8\cos 8\boldsymbol{\theta}+10a_{10}\cos 10\boldsymbol{\theta}\right) \tag{12.5.3}$$

$$\frac{\mathrm{d}\boldsymbol{w}}{\mathrm{d}\boldsymbol{\theta}}=-\csc\boldsymbol{\theta} \tag{12.5.4}$$

式中

$$
\begin{cases}
a_0 = 1 - \dfrac{1}{4}e^2 - \dfrac{3}{64}e^4 - \dfrac{5}{256}e^6 - \dfrac{175}{16\,384}e^8 - \dfrac{441}{65\,536}e^{10} - \dfrac{43\,659}{65\,536}e^{12} \\
a_2 = \dfrac{1}{8}e^2 - \dfrac{1}{96}e^4 - \dfrac{9}{1\,024}e^6 - \dfrac{901}{184\,320}e^8 - \dfrac{16\,381}{5\,898\,240}e^{10} + \dfrac{2\,538\,673}{4\,587\,520}e^{12} \\
a_4 = \dfrac{13}{768}e^4 + \dfrac{17}{5\,120}e^6 - \dfrac{311}{737\,282}e^8 - \dfrac{18\,931}{20\,643\,840}e^{10} - \dfrac{1\,803\,171}{9\,175\,040}e^{12} \\
a_6 = \dfrac{61}{15\,360}e^6 + \dfrac{899}{430\,080}e^8 + \dfrac{18\,757}{27\,525\,120}e^{10} + \dfrac{461\,137}{20\,643\,840}e^{12} \\
a_8 = \dfrac{49\,561}{41\,287\,680}e^8 + \dfrac{175\,087}{165\,150\,720}e^{10} - \dfrac{869\,251}{20\,643\,840}e^{12} \\
a_{10} = -\dfrac{179\,101}{41\,287\,680}e^{10} - \dfrac{25\,387}{1\,290\,240}e^{12}
\end{cases}
\tag{12.5.5}
$$

将式（12.5.3）、式（12.5.4）代入式（12.5.2），整理后可得

$$
\boldsymbol{z} = \frac{(1-e^2\sin^2 B)^{\frac{1}{2}}\sin\boldsymbol{\theta}}{\cos B}\left(-a_0 + 2a_2\cos 2\boldsymbol{\theta} - 4a_4\cos 4\boldsymbol{\theta} + 6a_6\cos 6\boldsymbol{\theta} - 8a_8\cos 8\boldsymbol{\theta} + 10a_{10}\cos 10\boldsymbol{\theta}\right)
\tag{12.5.6}
$$

特别地，当地球为球体即椭球第一偏心率 $e=0$ 时，有

$$
\boldsymbol{z}' = \frac{\mathrm{d}f(\boldsymbol{w})}{r\,\mathrm{d}\boldsymbol{w}} = \frac{\mathrm{d}(-R\boldsymbol{\theta})}{R\cos B\mathrm{d}\boldsymbol{\theta}}\frac{\mathrm{d}\boldsymbol{\theta}}{\mathrm{d}\boldsymbol{w}} = \frac{-R}{-R\cos B\csc\boldsymbol{\theta}} = \frac{\sin\boldsymbol{\theta}}{\cos B}
\tag{12.5.7}
$$

根据长度比及子午线收敛角的定义可知，长度比为该导数的模，即

$$
m = |\boldsymbol{z}'|
\tag{12.5.8}
$$

子午线收敛角为该导数幅角的反向，即

$$
\gamma = -\arg(\boldsymbol{z}')
\tag{12.5.9}
$$

在满足极区导航的需求情况下，可借助计算机代数系统，根据式(12.5.8)、式(12.5.9)绘制出极区 $B\in[66.55^\circ,90^\circ]$、$l\in[-180^\circ,180^\circ]$，高斯投影长度比及子午线收敛角示意图，分别如图 12.5、图 12.6 所示，将式（12.5.9）中的长度比与1作差，可得投影长度变形，将一些重要点处的长度变形数值列于表 12.1。

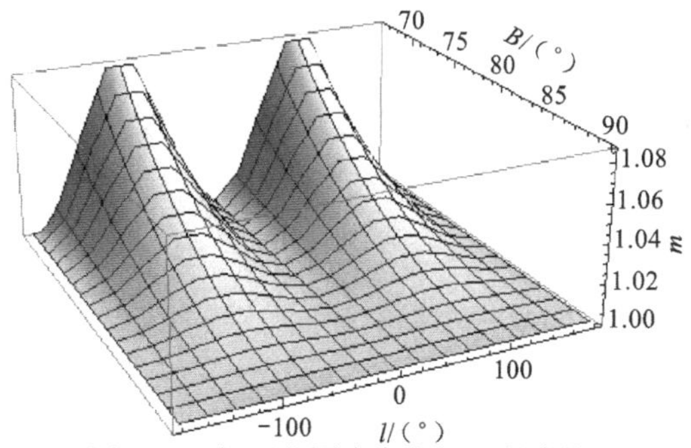

图 12.5　极区范围内高斯投影长度比

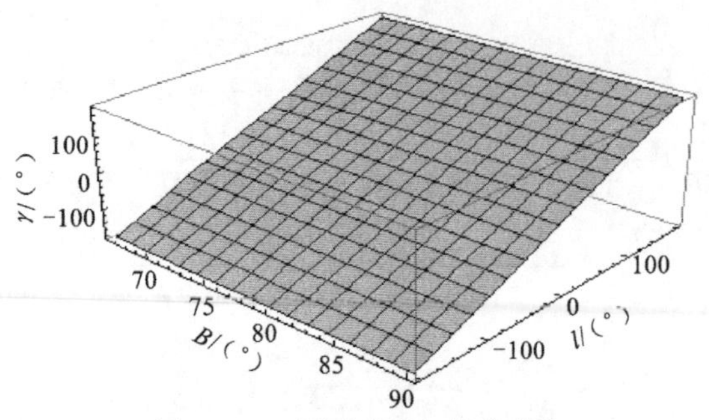

图 12.6　极区内子午线收敛角

表 12.1　极区高斯投影长度变形

m−1	B=66.55°	B=70°	B=75°	B=80°	B=85°	B=90°
l=0°	0	0	0	0	0	0
l=15°	0.005 4	0.003 9	0.002 3	0.001	0.000 3	0
l=30°	0.020 5	0.015	0.008 5	0.003 8	0.001	0
l=45°	0.042 3	0.030 6	0.017 2	0.007 6	0.001 9	0
l=60°	0.065 5	0.047	0.026 1	0.011 5	0.002 9	0
l=75°	0.083 5	0.059 4	0.032 8	0.014 4	0.003 6	0
l=90°	0.090 3	0.064 1	0.035 3	0.015 4	0.003 8	0

由表 12.1 及图 12.5、图 12.7 可以看出，在极区 $B\in[66.55^{\circ},90^{\circ}]$，$l\in[-180^{\circ},180^{\circ}]$，投影长度比关于中央子午线对称，在中央子午线上，投影长度比 $m=1$。在 $l\in[0^{\circ},180^{\circ}]$，当大地纬度 B+一定时，长度比先增大后减小，关于 $l=90^{\circ}$ 对称，并在 $l=90^{\circ}$ 时存在最大值。在同一子午线上（中央子午线除外），长度比随着远离极点而逐渐增大。由图 12.7 可以看出，在 $l\in[0^{\circ},180^{\circ}]$，子午线收敛角为正，由 0° 到 180° 逐渐递增。在 $l\in[0^{\circ},-180^{\circ}]$，子午线收敛角为负，由 0° 到 -180° 逐渐递减。

$$\frac{\coth^2 y}{\csc^2\lambda}-\frac{\cot^2 x}{\sec^2\lambda}=1 \tag{12.5.10}$$

$$\frac{\tan^2 x}{\tan^2\theta}+\frac{\tanh^2 y}{\sin^2\theta}=1 \tag{12.5.11}$$

利用式（12.5.10）可绘制出极区投影后子午线（λ 间隔 15°），如图 12.7 所示。利用式（12.5.11）可绘制出极区投影后纬线圈，如图 12.8 所示。

根据式（12.5.10）、式（12.5.11）及图 12.7、图 12.8 可以看出，在极区范围内纬线圈的形状类似椭圆，子午线形状类似反双曲线。特别在余纬度很小时，子午线近似为直线。

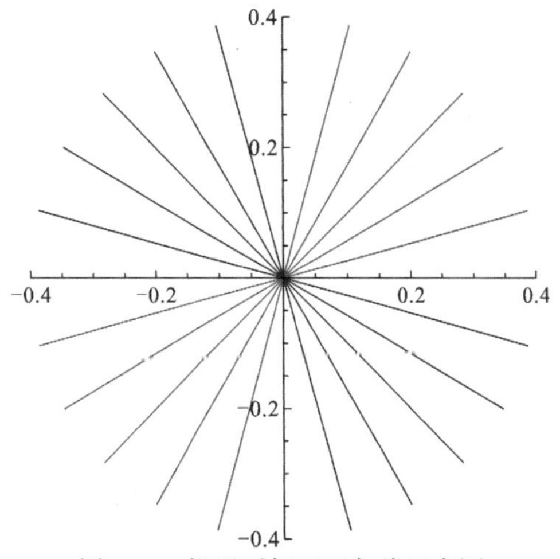

图 12.7　投影后极区子午线示意图

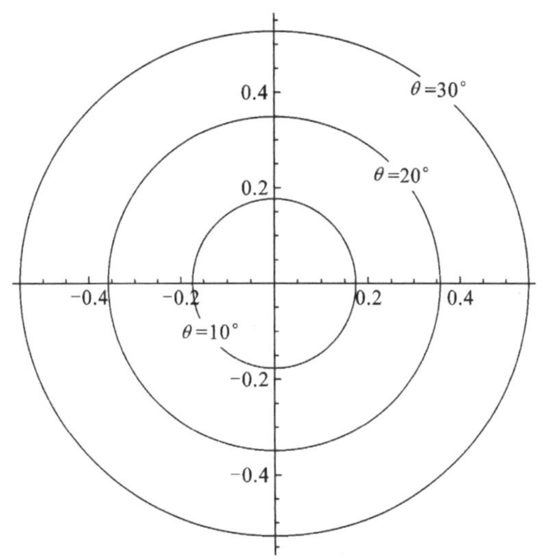

图 12.8　投影后极区纬线圈示意图

12.6　子午线偏移角

根据横轴墨卡托投影的特性，可知投影平面上的子午线为一组聚交于北极而且收敛于坐标纵轴的曲线，并由图 12.7 可以看出这组曲线近似为直线。为更直观地说明投影后子午线的形状，提出偏移角 γ' 的概念，考虑横轴墨卡托投影的对称性，下面对经差 $\lambda \in [0^{\circ},90^{\circ}]$ 偏移角公式进行推导。

在极区范围内，子午线投影形状近似为直线，与透视方位投影的子午线投影变化不大，原有的子午线收敛角在极区已失去收敛的意义，因此可定义子午线偏移角 $\boldsymbol{\kappa}$ 为投影平面上经差为 l 子午线相对于该子午线在极点处切线的偏移角度，以逆时针方向为正。根据投影理论可知，子午线偏移角 $\boldsymbol{\kappa}$ 可表示为

$$\boldsymbol{\kappa}=\gamma-l=-\arg(\boldsymbol{z}')-l \tag{12.6.1}$$

可绘制出极区 $B\in[66.55^{\circ},90^{\circ}]$，$l\in[-180^{\circ},180^{\circ}]$ 范围内的子午线偏移角示意图，如图 12.9 所示，并将一些重要点处的子午线偏移角列于表 12.2。

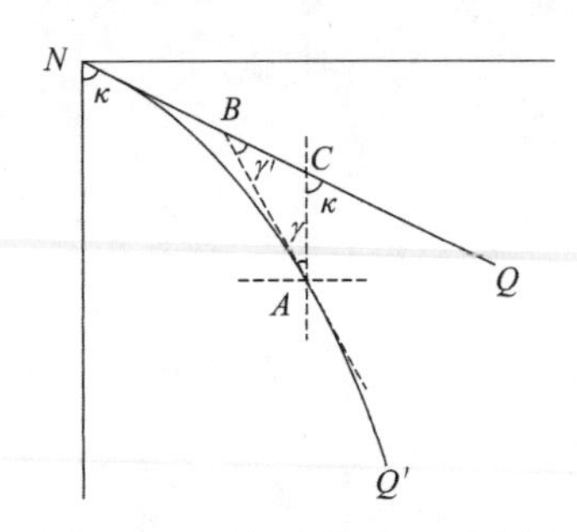

图 12.9　子午线偏移角示意图

表 12.2　极区高斯投影子午线偏移角

k / (°)	B=66.55°	B=70°	B=75°	B=80°	B=85°	B=90°
l=0°	0	0	0	0	0	0
l=15°	−1.194 3	−0.867 2	−0.489 2	−0.217 8	−0.054 5	0
l=30°	−2.099 3	−1.518 2	−0.852 4	−0.378 3	−0.094 5	0
l=45°	−2.474 7	−1.779 4	−0.992 5	−0.438 5	−0.109 2	0
l=60°	−2.189 4	−1.564 8	−0.866 9	−0.381 1	−0.094 7	0
l=75°	−1.284 6	−0.913 8	−0.503 6	−0.220 7	−0.054 7	0
l=90°	0	0	0	0	0	0

根据表 12.2 及图 12.10 可以看出，在极圈 $B\in[66.55^{\circ},90^{\circ}]$ 范围内，当 $l\in[-90^{\circ},0^{\circ}]$ 和 $l\in[90^{\circ},180^{\circ}]$ 时，子午线偏移角为正，即子午线逆时针方向偏移，当大地纬度 B 一定时，子午线偏移角的数值先变大后变小，分别在 $l=-45^{\circ}$ 和 $l=135^{\circ}$ 附近存在最大值。对称的，当 $l\in[-180^{\circ},-90^{\circ}]$ 和 $l\in[0^{\circ},90^{\circ}]$ 时，子午线偏移角为负，即子午线顺时针方向偏移，当大地纬度 B 一定时，子午线偏移角的绝对值先增大后减小，分别在 $l=-135^{\circ}$ 和 $l=45^{\circ}$ 附近存在最大值。当经差 l 为 0°、$\pm90^{\circ}$、$\pm180^{\circ}$ 时，子午线偏移角为 0°，在其他子午线上，子午线偏移角的绝对值随着远离极点而逐渐增大。

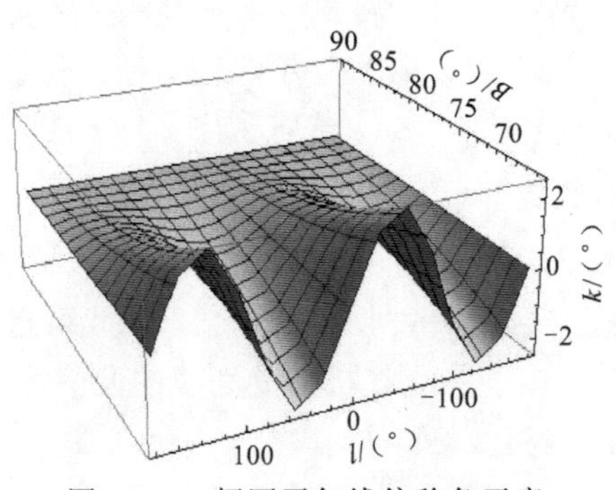

图 12.10　极区子午线偏移角示意

12.7 算例分析

改进后的“高斯投影极区非奇异复变函数表达式”与原有从赤道起算的高斯投影公式仅在数值上相差$\frac{1}{4}$子午线弧长，实现了将投影中心平移到极点，并通过一系列数学变换，消去了原有公式在极点存在奇异的缺陷。

为验证本节公式的正确性，将其与平移至极点的一般高斯投影实数型幂级数公式进行比较。以 CGCS2000 椭球为例，在北极圈半个6°带宽 $B \in [66.55°, 90°]$、$l \in [0, 3°]$ 范围内，记 Δx、Δy 分别为借助本节推导公式与椭球高斯投影实数型公式计算的投影纵、横坐标之差，具体数值分别列于表 12.3、表 12.4。

表 12.3　与椭球实数型投影公式计算的纵坐标差异

Δx / m	B=66.55°	B=70°	B=75°	B=80°	B=85°	B=90°
l=0.5°	-8.4983×10^{-7}	-6.0862×10^{-7}	-1.9022×10^{-7}	1.1898×10^{-7}	1.6775×10^{-7}	0
l=1°	-8.4424×10^{-7}	-6.0815×10^{-7}	-1.8999×10^{-7}	1.2107×10^{-7}	1.5635×10^{-7}	0
l=1.5°	-8.475×10^{-7}	-6.0862×10^{-7}	-1.9302×10^{-7}	1.2061×10^{-7}	1.8021×10^{-7}	0
l=2°	-8.475×10^{-7}	-6.0955×10^{-7}	-1.9209×10^{-7}	1.2107×10^{-7}	1.8789×10^{-7}	0
l=2.5°	-8.4704×10^{-7}	-6.0955×10^{-7}	-1.9209×10^{-7}	1.1572×10^{-7}	1.5949×10^{-7}	0
l=3°	-8.4844×10^{-7}	-6.1141×10^{-7}	-1.9022×10^{-7}	1.2154×10^{-7}	1.5879×10^{-7}	0

表 12.4　与椭球实数型投影公式计算的横坐标差异

Δy / m	B=66.55°	B=70°	B=75°	B=80°	B=85°	B=90°
l=0.5°	-3.7835×10^{-10}	-6.0754×10^{-10}	5.9849×10^{-10}	1.8736×10^{-10}	-8.5765×10^{-10}	0
l=1°	-3.638×10^{-10}	-2.3283×10^{-10}	-6.7666×10^{-10}	-3.8563×10^{-10}	8.8221×10^{-10}	0
l=1.5°	-1.8044×10^{-9}	-5.2387×10^{-10}	3.5652×10^{-10}	8.1855×10^{-10}	9.5497×10^{-10}	0
l=2°	-6.0827×10^{-9}	-1.5716×10^{-9}	6.5484×10^{-11}	1.0114×10^{-9}	1.2587×10^{-9}	0
l=2.5°	-9.6043×10^{-9}	1.4552×10^{-9}	2.3429×10^{-9}	3.4197×10^{-10}	2.3283×10^{-10}	0
l=3°	2.9104×10^{-11}	1.6866×10^{-8}	1.0259×10^{-8}	1.8408×10^{-9}	-3.8563×10^{-10}	0

从表 12.3、表 12.4 可以看出，与椭球高斯投影实数型幂级数公式计算的投影坐标相比，本节极区非奇异复变函数表达式计算的投影纵坐标差异量级在 10^{-7} m，横坐标差异量级在 10^{-9} m。在大地测量及制图作业中，这些差异完全可以不予考虑，即该算例进一步在数值上证明本节推导公式的可靠性及正确性。

同样地，可验证基于“极区高斯投影非奇异复变函数表达式”推导出的长度比及子午线收敛角公式的正确性，在极区范围内记 Δm、$\Delta\gamma$ 分别为借助本节复变函数公式与椭球高斯投影实数型公式计算的投影长度比、子午线收敛角之差，Δm 的单位为 1，$\Delta\gamma$ 的单位为秒(″)，具体数值分别列于表 12.5、表 12.6。

表 12.5　与椭球实数型投影公式计算的长度比差异

Δm	$B=66.55°$	$B=70°$	$B=75°$	$B=80°$	$B=85°$	$B=89.999\,9°$
$l=0.5°$	$-8.408\,8\times10^{-13}$	-4.996×10^{-13}	$-1.794\,1\times10^{-13}$	$-3.685\,9\times10^{-14}$	$-3.552\,7\times10^{-15}$	0
$l=1°$	$-1.352\,5\times10^{-11}$	$-8.024\,9\times10^{12}$	$-2.894\,1\times10^{-12}$	$-6.166\,2\times10^{-13}$	$-3.841\,4\times10^{-14}$	0
$l=1.5°$	$-6.897\,9\times10^{-11}$	-4.083×10^{-11}	-1.463×10^{-11}	$-3.060\,2\times10^{-12}$	$-1.629\,8\times10^{-13}$	0
$l=2°$	$-2.202\,7\times10^{-10}$	$-1.299\,4\times10^{-10}$	$-4.611\,8\times10^{-11}$	$-9.371\,8\times10^{-12}$	$-3.943\,5\times10^{-13}$	0
$l=2.5°$	$-5.448\,4\times10^{-10}$	$-3.200\,4\times10^{-10}$	-1.122×10^{-10}	$-2.192\,9\times10^{-11}$	$-5.888\,6\times10^{-13}$	0
$l=3°$	$-1.147\,7\times10^{-9}$	$-6.707\,7\times10^{-10}$	$-2.316\,8\times10^{-10}$	$-4.305\,3\times10^{-11}$	$-2.755\,6\times10^{-13}$	0

表 12.6　与椭球实数型投影公式计算的子午线收敛角差异

$\Delta\gamma$ /（″）	$B=66.55°$	$B=70°$	$B=75°$	$B=80°$	$B=85°$	$B=89.999\,9°$
$l=0.5°$	$2.987\,6\times10^{-10}$	$1.582\,7\times10^{-10}$	6.315×10^{-11}	$4.396\,5\times10^{-11}$	$4.216\,6\times10^{-11}$	$4.256\,6\times10^{-11}$
$l=1°$	$1.321\,9\times10^{-8}$	8.504×10^{-9}	5.948×10^{-9}	$5.467\,6\times10^{-9}$	$5.469\,6\times10^{-9}$	$5.490\,8\times10^{-9}$
$l=1.5°$	$1.482\,4\times10^{-7}$	$1.134\,9\times10^{-7}$	$9.584\,6\times10^{-8}$	$9.282\,3\times10^{-8}$	$9.344\,1\times10^{-8}$	$9.379\,1\times10^{-8}$
$l=2°$	$9.063\,2\times10^{-7}$	$7.669\,4\times10^{-7}$	$6.991\,3\times10^{-7}$	$6.936\,9\times10^{-7}$	$6.997\,9\times10^{-7}$	$7.024\,2\times10^{-7}$
$l=2.5°$	$3.870\,6\times10^{-6}$	$3.472\,6\times10^{-6}$	$3.297\,2\times10^{-6}$	$3.303\,2\times10^{-6}$	$3.335\,5\times10^{-6}$	$3.348\,1\times10^{-6}$
$l=3°$	$1.298\,9\times10^{-5}$	$1.208\,1\times10^{-5}$	$1.174\,1\times10^{-5}$	$1.182\,4\times10^{-5}$	$1.194\,6\times10^{-5}$	$1.199\,1\times10^{-5}$

从表 12.5、表 12.6 可以看出，与椭球高斯投影实数型长度比、子午线收敛角公式计算的结果相比，利用本节推导的复变函数公式计算的投影长度比差异量级在10^{-6}，子午线收敛角的差异量级在10^{-5}″。可以说，算例进一步在数值上证明了长度比及子午线收敛角复变函数公式的可靠性及正确性。由于实数型的长度比及子午线收敛角公式通常用于分带的高斯投影，适用范围受到带宽的限制，而本节推导的长度比、子午线收敛角复变函数表达式适用范围更广，对编制极区航海图具有重要的参考价值。由于改进后的公式消去了高斯函数在极点奇异的问题，解决了传统高斯投影公式难以在极区应用的问题，对完善高斯投影的数学体系具有一定意义，对极区导航具有重要参考价值。

为确保本书公式在极区无限制带宽内的适用性，除验证该公式在一个高斯投影条带内的准确度之外，需与以往高斯投影复变函数表示式（李忠美 等，2017）进行比较。由于原有高斯投影复变函数表示式在极点附近不适用，故对$B\in[66.55°,88°]$，$\lambda\in[0,90°]$范围内它与本书公式的纵、横坐标进行比较，如图 12.11、图 12.12 所示。

从图 12.11、图 12.12 中可以看出，在该范围内本书公式与原有高斯投影复变函数表示式间横纵坐标绝对差异最大值小于10^{-8} m。因此在极区范围内，本书公式与原有高斯投影复变函数表示式在无限制带宽间的差异非常小，完全可以满足极区测量制图和航海导航要求，且避免了原有公式在极区奇异难以应用的问题。

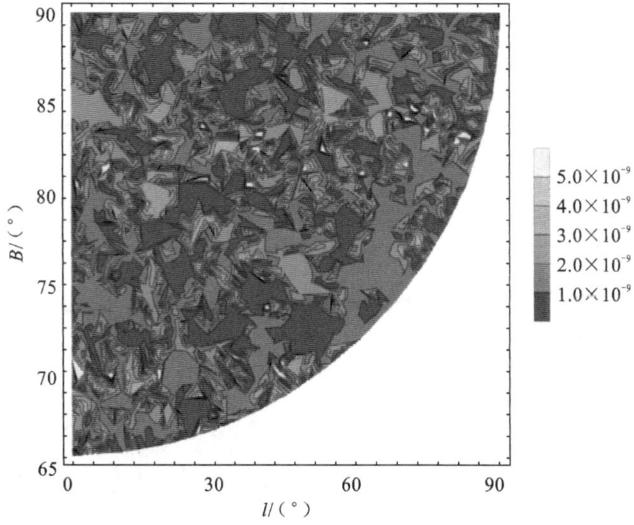

图 12.11　本书公式与传统高斯投影复变函数表示式纵坐标差异

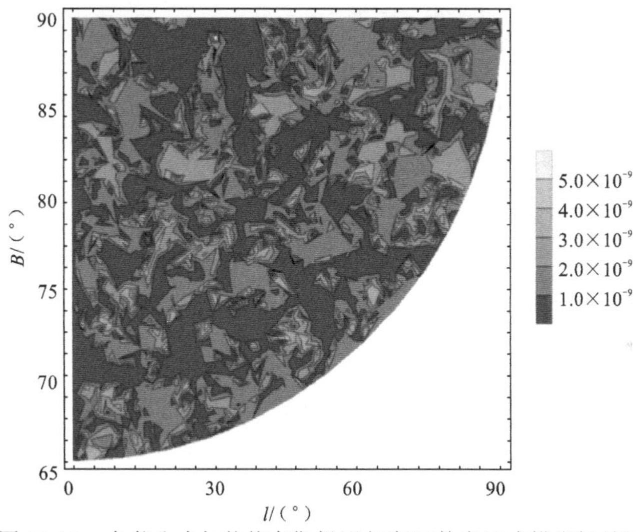

图 12.12　本书公式与传统高斯投影复变函数表示式横坐标差异

第 13 章　常用参考椭球高斯投影复变函数表示系数

我国不同的历史时期采用了不同的椭球，国内目前最常用的参考椭球参数见表 13.1。

表 13.1　4 种常用参考椭球参数

参数	克拉索夫斯基椭球	IUGG1975 椭球	WGS84 椭球	CGCS2000 椭球
a/m	6 378 245	6 378 140	6 378 137	6 378 137
b/m	6 356 863.018 773 047	6 356 755.288 157 528 7	6 356 752.314 245 179 5	6 356 752.314 140 355 8
f	1/298.3	1/298.257	1/298.257 223 563	1/298.257 222 101
e	0.081 813 334 016 93	0.081 819 221 455 523 4	0.081 819 190 842 621 5	0.081 819 191 042 815 2

本章将以上 4 种常用椭球代入相关公式，通过计算列出了高斯投影展开式系数，以方便实际计算。

13.1　三角函数倍角形式表示的高斯投影正解公式

综合前面各章论述，可以直接写出三角函数倍角形式表示的高斯投影正解公式：

$$\begin{cases} \boldsymbol{w} = q + \mathrm{i}l = \operatorname{arctanh}(\sin B) - e\operatorname{arctanh}(e\sin B) + \mathrm{i}l \\ \boldsymbol{\varphi} = \arcsin(\tanh(\boldsymbol{w})) \\ \boldsymbol{z} = x + \mathrm{i}y = a(a_0\boldsymbol{\varphi} + a_2\sin 2\boldsymbol{\varphi} + a_4\sin 4\boldsymbol{\varphi} + a_6\sin 6\boldsymbol{\varphi} + a_8\sin 8\boldsymbol{\varphi} + a_{10}\sin 10\boldsymbol{\varphi}) \end{cases} \tag{13.1.1}$$

式中

$$\begin{cases} a_0 = 1 - \dfrac{1}{4}e^2 - \dfrac{3}{64}e^4 - \dfrac{5}{256}e^6 - \dfrac{175}{16\,384}e^8 - \dfrac{441}{65\,536}e^{10} - \dfrac{43\,659}{65\,536}e^{12} \\ a_2 = \dfrac{1}{8}e^2 - \dfrac{1}{96}e^4 - \dfrac{9}{1\,024}e^6 - \dfrac{901}{184\,320}e^8 - \dfrac{16\,381}{5\,898\,240}e^{10} + \dfrac{2\,538\,673}{4\,587\,520}e^{12} \\ a_4 = \dfrac{13}{768}e^4 + \dfrac{17}{5\,120}e^6 - \dfrac{311}{737\,282}e^8 - \dfrac{18\,931}{20\,643\,840}e^{10} - \dfrac{1\,803\,171}{9\,175\,040}e^{12} \\ a_6 = \dfrac{61}{15\,360}e^6 + \dfrac{899}{430\,080}e^8 + \dfrac{18\,757}{27\,525\,120}e^{10} + \dfrac{461\,137}{20\,643\,840}e^{12} \\ a_8 = \dfrac{49\,561}{41\,287\,680}e^8 + \dfrac{175\,087}{165\,150\,720}e^{10} - \dfrac{869\,251}{20\,643\,840}e^{12} \\ a_{10} = -\dfrac{179\,101}{41\,287\,680}e^{10} - \dfrac{25\,387}{1\,290\,240}e^{12} \end{cases} \tag{13.1.2}$$

将 4 种常用椭球参数代入式（13.1.1）～式（13.1.2）可以得到公式中各系数对应的数值，见表 13.2。

表 13.2　高斯投影正解公式三角函数倍角形式系数在 4 种参考椭球下的数值列表（含量纲）

系数	克拉索夫斯基椭球	IUGG1975 椭球	WGS84 椭球	CGCS2000 椭球
a_0/m	6 367 558.496 9	6 367 452.132 8	6 367 449.145 8	6 367 449.145 8
a_2/m	5 333.541 9	5 334.221 3	5 334.214 8	5 334.214 8
a_4/m	4.843 4	4.844 7	4.844 69	4.844 69
a_6/m	0.007 622 8	0.007 625 97	0.007 625 95	0.007 625 95
a_8/m	0.000 015 458 7	0.000 015 467 4	0.000 015 467 3	0.000 015 467 3
a_{10}/m	$3.603\ 99\times10^{-8}$	$3.606\ 53\times10^{-8}$	$3.606\ 51\times10^{-8}$	$3.606\ 51\times10^{-8}$

也可以将长半轴作为单位长度，计算不含长度量纲的正解公式系数，见表 13.3。

表 13.3　高斯投影正解公式三角函数倍角形式系数在 4 种参考椭球下的数值列表（不含量纲）

系数	克拉索夫斯基椭球	IUGG1975 椭球	WGS84 椭球	CGCS2000 椭球
a_0/a	0.998 325	0.998 324	0.998 324	0.998 324
a_2/a	0.000 836 208	0.000 836 329	0.000 836 328	0.000 836 328
a_4/a	$7.593\ 6\times10^{-7}$	$7.595\ 79\times10^{-7}$	$7.595\ 78\times10^{-7}$	$7.595\ 78\times10^{-7}$
a_6/a	$1.195\ 12\times10^{-9}$	$1.195\ 64\times10^{-9}$	$1.195\ 64\times10^{-9}$	$1.195\ 64\times10^{-9}$
a_8/a	$2.423\ 66\times10^{-12}$	$2.425\ 06\times10^{-12}$	$2.425\ 05\times10^{-12}$	$2.425\ 05\times10^{-12}$
a_{10}/a	$5.650\ 45\times10^{-15}$	$5.654\ 51\times10^{-15}$	$5.654\ 49\times10^{-15}$	$5.654\ 49\times10^{-15}$

13.2　三角函数倍角形式表示的高斯投影反解公式

综合前面各章论述，可以直接写出三角函数倍角形式表示的高斯投影反解公式：

$$\begin{cases}\boldsymbol{\Psi}=\dfrac{x+\mathrm{i}y}{a_0}\\ \boldsymbol{w}=q+\mathrm{i}l=\operatorname{arctanh}(\sin\boldsymbol{\Psi})+b_1\sin\boldsymbol{\Psi}+b_3\sin3\boldsymbol{\Psi}+b_5\sin5\boldsymbol{\Psi}+b_7\sin7\boldsymbol{\Psi}+b_9\sin9\boldsymbol{\Psi}+\cdots\end{cases}\tag{13.2.1}$$

求出复数等量后，尚需一个由等量纬度计算大地纬度的表达式：

$$\begin{cases}\varphi=\arcsin(\tanh q)\\ B=\varphi+c_2\sin2\varphi+c_4\sin4\varphi+c_6\sin6\varphi+c_8\sin8\varphi+c_{10}\sin10\varphi+\cdots\end{cases}\tag{13.2.2}$$

式中各系数与偏心率的具体关系表示为

$$\begin{pmatrix} b_1 \\ b_3 \\ b_5 \\ b_7 \\ b_9 \end{pmatrix} = \begin{pmatrix} -\frac{1}{4}e^2 - \frac{1}{64}e^4 + \frac{1}{3\,072}e^6 + \frac{33}{16\,384}e^8 + \frac{2\,363}{1\,310\,720}e^{10} + \cdots \\ -\frac{1}{96}e^4 - \frac{13}{3\,072}e^6 - \frac{13}{8\,192}e^8 - \frac{1\,057}{1\,966\,080}e^{10} + \cdots \\ -\frac{11}{7\,680}e^6 - \frac{29}{24\,576}e^8 - \frac{2\,897}{3\,932\,160}e^{10} + \cdots \\ -\frac{25}{86\,016}e^8 - \frac{727}{1\,966\,080}e^{10} + \cdots \\ -\frac{53}{737\,280}e^{10} + \cdots \end{pmatrix} \tag{13.2.3}$$

$$\begin{pmatrix} c_2 \\ c_4 \\ c_6 \\ c_8 \\ c_{10} \end{pmatrix} = \begin{pmatrix} \frac{1}{2}e^2 + \frac{5}{24}e^4 + \frac{1}{12}e^6 + \frac{13}{360}e^8 + \frac{3}{160}e^{10} + \cdots \\ \frac{7}{48}e^4 + \frac{29}{240}e^6 + \frac{811}{11\,520}e^8 + \frac{81}{2\,240}e^{10} + \cdots \\ \frac{7}{120}e^6 + \frac{81}{1120}e^8 + \frac{3\,029}{53\,760}e^{10} + \cdots \\ \frac{4\,279}{161\,280}e^8 + \frac{883}{20\,160}e^{10} + \cdots \\ \frac{2\,087}{161\,280}e^{10} + \cdots \end{pmatrix} \tag{13.2.4}$$

将 4 种常用椭球参数代入式（13.2.3）～式（13.2.4），可以计算得到公式中各系数对应的具体数值，见表 13.4、表 13.5。

表 13.4　高斯投影反解公式三角函数倍角形式系数在 4 种参考椭球下的数值列表

系数	克拉索夫斯基椭球	IUGG1975 椭球	WGS84 椭球	CGCS2000 椭球
b_1	−0.001 674 06	−0.001 674 3	−0.001 674 3	−0.001 674 3
b_3	$-4.679\,59\times10^{-7}$	$-4.680\,93\times10^{-7}$	$-4.680\,93\times10^{-7}$	$-4.680\,93\times10^{-7}$
b_5	$-4.318\,91\times10^{-10}$	$-4.320\,78\times10^{-10}$	$-4.320\,77\times10^{-10}$	$-4.320\,77\times10^{-10}$
b_7	$-5.883\,51\times10^{-13}$	$-5.886\,9\times10^{-13}$	$-5.886\,88\times10^{-13}$	$-5.886\,88\times10^{-13}$
b_9	$-9.657\,94\times10^{-16}$	$-9.664\,89\times10^{-16}$	$-9.664\,85\times10^{-16}$	$-9.664\,85\times10^{-16}$

表 13.5　高斯投影反算大地纬度三角函数倍角形式系数在 4 种参考椭球下的数值列表

系数	克拉索夫斯基椭球	IUGG1975 椭球	WGS84 椭球	CGCS2000 椭球
c_2	0.003 356 07	0.003 356 55	0.003 356 55	0.003 356 55
c_4	$6.569\,99\times10^{-6}$	$6.571\,88\times10^{-6}$	$6.571\,87\times10^{-6}$	$6.571\,87\times10^{-6}$
c_6	$1.763\,88\times10^{-8}$	$1.764\,64\times10^{-8}$	$1.764\,64\times10^{-8}$	$1.764\,64\times10^{-8}$
c_8	$5.384\,27\times10^{-11}$	$5.387\,38\times10^{-11}$	$5.387\,37\times10^{-11}$	$5.387\,37\times10^{-11}$
c_{10}	$1.738\,53\times10^{-13}$	$1.739\,78\times10^{-13}$	$1.739\,78\times10^{-13}$	$1.739\,78\times10^{-13}$

13.3 三角函数指数形式表示的高斯投影正解公式

三角函数倍角形式表示的高斯投影正反解公式，具有形式简单、分析方便的优点，但不同的倍角，需要计算不同倍角的三角函数，导致在大批量计算时，效率比较低。更高效的计算公式是把倍角的计算转换成三角函数指数的计算。本节将在 13.2 节基础上略去推导，直接写出三角函数指数形式表示的高斯投影正解公式：

$$\begin{cases} q = \tanh^{-1}(\sin B) - e \cdot \tanh^{-1}(e \sin B) \\ \boldsymbol{w} = q + \mathrm{i}l \\ \boldsymbol{\varphi} = \arcsin(\tanh(\boldsymbol{w})) \\ \boldsymbol{z} = x + \mathrm{i}y = \alpha_0 \boldsymbol{\varphi} + \cos\boldsymbol{\varphi}(\alpha_1 \sin\boldsymbol{\varphi} + \alpha_3 \sin^3\boldsymbol{\varphi} + \alpha_5 \sin^5\boldsymbol{\varphi} + \alpha_7 \sin^7\boldsymbol{\varphi} + \alpha_9 \sin^9\boldsymbol{\varphi} + \cdots) \end{cases} \tag{13.3.1}$$

$$\begin{pmatrix} \alpha_0 \\ \alpha_1 \\ \alpha_3 \\ \alpha_3 \\ \alpha_7 \\ \alpha_9 \end{pmatrix} = a \cdot \begin{pmatrix} 1 - \frac{1}{4}e^2 - \frac{3}{64}e^4 - \frac{5}{256}e^6 - \frac{175}{16\,384}e^8 - \frac{441}{65\,536}e^{10} + \cdots \\ \frac{1}{4}e^2 + \frac{3}{64}e^4 + \frac{5}{256}e^6 + \frac{175}{16\,384}e^3 + \frac{441}{65\,536}e^{10} + \cdots \\ -\frac{13}{96}e^4 - \frac{59}{384}e^6 - \frac{1\,307}{8\,192}e^8 - \frac{15\,943}{98\,304}e^{10} + \cdots \\ \frac{61}{480}e^6 + \frac{609}{2\,048}e^8 + \frac{20\,627}{40\,960}e^{10} + \cdots \\ -\frac{49\,561}{322\,560}e^8 - \frac{104\,393}{184\,320}e^{10} + \cdots \\ \frac{34\,729}{161\,280}e^{10} + \cdots \end{pmatrix} \tag{13.3.2}$$

将不同椭球参数代入式（13.3.1）～式（13.3.2），可以计算出对应系数的具体数值，见表 13.6。

表 13.6 高斯投影正解公式三角函数指数形式系数在 4 种参考椭球下的数值列表（含量纲）

系数	克拉索夫斯基椭球	IUGG1975 椭球	WGS84 椭球	CGCS2000 椭球
α_0/m	6 367 558.496 9	6 367 452.132 8	6 367 449.145 8	6 367 449.145 8
α_1/m	10 686.503 1	10 687.867 2	10 687.854 2	10 687.854 2
α_3/m	−38.992 3	−39.002 9	−39.002 8	−39.002 8
α_5/m	0.246 922	0.247 025	0.247 024	0.247 024
α_7/m	−0.002 015 62	−0.002 016 75	−0.002 016 75	−0.002 016 75
α_9/m	0.000 018 452 4	0.000 018 465 4	0.000 018 465 3	0.000 018 465 3

同样地，也可以将长半轴作为单位长度，计算不含长度量纲的正解公式系数，见表 13.7。

表 13.7　高斯投影正解公式三角函数指数形式系数在 4 种参考椭球下的数值列表（不含量纲）

系数	克拉索夫斯基椭球	IUGG1975 椭球	WGS84 椭球	CGCS2000 椭球
α_0/a	0.998 325	0.998 324	0.998 324	0.998 324
α_1/a	0.001 675 46	0.001 675 7	0.001 675 7	0.001 675 7
α_3/a	$-6.113\,32\times10^{-6}$	$-6.115\,09\times10^{-6}$	$-6.115\,08\times10^{-6}$	$-6.115\,08\times10^{-6}$
α_5/a	$3.871\,31\times10^{-8}$	$3.872\,99\times10^{-8}$	$3.872\,98\times10^{-8}$	$3.872\,98\times10^{-8}$
α_7/a	$-3.160\,15\times10^{-10}$	$-3.161\,98\times10^{-10}$	$-3.161\,97\times10^{-10}$	$-3.161\,97\times10^{-10}$
α_9/a	$2.893\,03\times10^{-12}$	$2.895\,11\times10^{-12}$	$2.895\,1\times10^{-12}$	$2.895\,1\times10^{-12}$

13.4　三角函数指数形式表示的高斯投影反解公式

类似地，本节在三角函数倍角公式，略去推导，直接写出三角函数指数形式表示的高斯投影反解公式：

$$\begin{cases}\boldsymbol{\Psi}=\dfrac{x+\mathrm{i}y}{a_0}\\ \boldsymbol{w}=q+\mathrm{i}l=\operatorname{arctanh}(\sin\boldsymbol{\Psi})+\beta_1\sin\boldsymbol{\Psi}+\beta_3\sin^3\boldsymbol{\Psi}+\beta_5\sin^5\boldsymbol{\Psi}+\beta_7\sin^7\boldsymbol{\Psi}+\beta_9\sin^9\boldsymbol{\Psi}+\cdots\end{cases}\tag{13.4.1}$$

$$\begin{cases}\varphi=\arcsin(\tanh q)\\ B=\varphi+\cos\varphi(\gamma_1\sin\varphi+\gamma_3\sin^3\varphi+\gamma_5\sin^5\varphi+\gamma_7\sin^7\varphi+\gamma_9\sin^9\varphi+\cdots)\end{cases}\tag{13.4.2}$$

$$\begin{pmatrix}\beta_1\\ \beta_3\\ \beta_5\\ \beta_7\\ \beta_9\end{pmatrix}=\begin{pmatrix}-\dfrac{1}{4}e^2-\dfrac{3}{64}e^4-\dfrac{5}{256}e^6-\dfrac{175}{16\,384}e^8-\dfrac{441}{65\,536}e^{10}+\cdots\\ \dfrac{1}{24}e^4+\dfrac{35}{768}e^6+\dfrac{71}{1\,536}e^8+\dfrac{3\,029}{65\,536}e^{10}+\cdots\\ -\dfrac{11}{480}e^6-\dfrac{79}{1\,536}e^8-\dfrac{20\,707}{245\,760}e^{10}+\cdots\\ \dfrac{25}{1\,344}e^8+\dfrac{1\,999}{30\,720}e^{10}+\cdots\\ -\dfrac{53}{2\,880}e^{10}+\cdots\end{pmatrix}\tag{13.4.3}$$

$$
\begin{pmatrix} \gamma_1 \\ \gamma_3 \\ \gamma_5 \\ \gamma_7 \\ \gamma_9 \end{pmatrix} = \begin{pmatrix} e^2 + e^4 + e^6 + e^8 + e^{10} + \cdots \\ -\dfrac{7}{6}e^4 - \dfrac{17}{6}e^6 - 5e^8 - \dfrac{23}{3}e^{10} + \cdots \\ \dfrac{28}{15}e^6 + \dfrac{889}{120}e^8 + \dfrac{2\,269}{120}e^{10} + \cdots \\ -\dfrac{4\,279}{1\,260}e^8 - \dfrac{132}{7}e^{10} + \cdots \\ \dfrac{2\,087}{315}e^{10} + \cdots \end{pmatrix} \tag{13.4.4}
$$

将不同椭球参数代入式（13.4.3）～式（13.4.4），同样可以计算出对应系数的具体数值，见表 13.8、表 13.9。

表 13.8　高斯投影反解公式三角函数指数形式系数在 4 种参考椭球下的数值列表

系数	克拉索夫斯基椭球	IUGG1975 椭球	WGS84 椭球	CGCS2000 椭球
β_1	−0.001 675 46	−0.001 675 7	−0.001 675 7	−0.001 675 7
β_3	$1.880\,51\times10^{-6}$	$1.881\,05\times10^{-6}$	$1.881\,05\times10^{-6}$	$1.881\,05\times10^{-6}$
β_5	$-6.976\,57\times10^{-9}$	$-6.979\,6\times10^{-9}$	$-6.979\,58\times10^{-9}$	$-6.979\,58\times10^{-9}$
β_7	$3.821\,07\times10^{-11}$	$3.823\,29\times10^{-11}$	$3.823\,27\times10^{-11}$	$3.823\,27\times10^{-11}$
β_9	$-2.472\,43\times10^{-13}$	$-2.474\,21\times10^{-13}$	$-2.474\,2\times10^{-13}$	$-2.474\,2\times10^{-13}$

表 13.9　高斯投影反算大地纬度三角函数指数形式系数在 4 种参考椭球下的数值列表

系数	克拉索夫斯基椭球	IUGG1975 椭球	WGS84 椭球	CGCS2000 椭球
γ_1	0.006 738 53	0.006 739 5	0.006 739 5	0.006 739 5
γ_3	−0.000 053 128 7	−0.000 053 144 1	−0.000 053 144	−0.000 053 144
γ_5	$5.748\,96\times10^{-7}$	$5.751\,47\times10^{-7}$	$5.751\,45\times10^{-7}$	$5.751\,45\times10^{-7}$
γ_7	$-7.069\,9\times10^{-9}$	-7.074×10^{-9}	$-7.073\,98\times10^{-9}$	$-7.073\,98\times10^{-9}$
γ_9	$8.901\,29\times10^{-11}$	$8.907\,69\times10^{-11}$	$8.907\,66\times10^{-11}$	$8.907\,66\times10^{-11}$

参 考 文 献

边少锋, 张传定, 2001. Gauss 投影的复变函数表示. 测绘学院学报(3): 157-159.

边少锋, 许江宁, 2004. 计算机代数系统与大地测量数学分析. 北京: 国防工业出版社.

边少锋, 纪兵, 2007. 等距离纬度等量纬度和等面积纬度展开式. 测绘学报, 36(2): 218-223.

边少锋, 李厚朴, 2018. 大地测量计算机代数分析. 北京: 科学出版社.

边少锋, 柴洪洲, 金际航, 2005. 大地坐标系与大地基准. 北京: 国防工业出版社.

边少锋, 李忠美, 李厚朴, 2014. 极区非奇异高斯投影复变函数表示. 测绘学报, 43(4): 348-352, 359.

边少锋, 纪兵, 李厚朴, 2016. 卫星导航系统概论. 2 版. 北京: 测绘出版社.

边少锋, 李厚朴, 李忠美, 2017. 地图投影计算机代数分析研究进展. 测绘学报, 46(10): 1557-1569.

边少锋, 李厚朴, 金立新, 等, 2018. 地图投影论文集. 西安: 西安地图出版社.

卞鸿巍, 刘文超, 温朝江, 等, 2020. 极区导航. 北京: 科学出版社.

陈成, 2015. 极区海图投影及其变换研究. 武汉: 海军工程大学.

陈成, 边少锋, 李厚朴, 2015. 一种解算椭球大地测量学反问题的方法及应用. 海洋测绘, 35(6): 8-13.

陈成, 金立新, 边少锋, 等, 2019. 辅助纬度与大地纬度间的无穷展开. 测绘学报, 48(4): 422-430.

陈健, 晁定波, 1989. 椭球大地测量学. 北京: 测绘出版社.

陈俊勇, 1981. 椭球参数的精密计算公式. 测绘学报, 10(3): 161-171.

陈玉福, 张智勇, 2020. 计算机代数. 北京: 科学出版社.

程鹏飞, 成英燕, 文汉江, 等, 2008. 2000 国家大地坐标系实用宝典. 北京: 测绘出版社.

程阳, 1985. 复变函数与等角投影. 测绘学报, 14(1): 51-60.

丁大正, 2013. Mathematica 基础与应用. 北京: 电子工业出版社.

鄂栋臣, 2018. 极地测绘遥感信息学. 北京: 科学出版社.

方俊, 1957. 地图投影学. 北京: 科学出版社.

方炳炎, 1978. 地图投影学. 北京: 地图出版社.

高俊, 2012. 地图学寻迹: 高俊院士文集. 北京: 测绘出版社.

龚健雅, 2007. 对地观测数据处理与分析研究进展. 武汉: 武汉大学出版社.

郭仁忠, 2001. 空间分析. 2 版. 北京: 高等教育出版社.

过家春, 2020. 基于微分几何和流形映射原理的几何大地测量与地图投影分析及应用. 武汉: 武汉大学.

过家春, 赵秀侠, 吴艳兰, 2014. 空间直角坐标与大地坐标转换的拉格朗日反演方法. 测绘学报, 43(10): 998-1004.

过家春, 李厚朴, 庄云玲, 等, 2016. 依不同纬度变量的子午线弧长正反解公式的级数展开. 测绘学报, 45(5): 560-565.

洪维恩, 魏宝琛, 2002. 数学运算大师 Mathematica 4. 北京: 人民邮电出版社.

胡鹏, 游涟, 杨传勇, 等, 2006. 地图代数. 武汉: 武汉大学出版社.

胡毓钜, 龚剑文, 黄伟, 1981. 地图投影. 北京: 测绘出版社.

华棠, 1985. 海图数学基础. 天津: 中国人民解放军海军司令部航海保证部.

华棠, 丁佳波, 边少锋, 等, 2018. 地图海图投影学. 西安: 西安地图出版社.

金立新, 付宏平, 2012. 法截面子午线椭球高斯投影理论. 西安: 西安地图出版社.

金立新, 付宏平, 2017. 法截面子午线椭球工程应用研究. 西安: 西安地图出版社.
金立新, 付宏平, 陈向阳, 2013. 法截面子午线椭球空间几何理论. 西安: 西安地图出版社.
孔祥元, 郭际明, 刘宗泉, 2005. 大地测量学基础. 武汉: 武汉大学出版社.
李德仁, 王树良, 李德毅, 2019. 空间数据挖掘理论与应用. 3 版. 北京: 科学出版社.
李国藻, 杨启和, 胡定荃, 1993. 地图投影. 北京: 解放军出版社.
李厚朴, 边少锋, 2007. 等量纬度展开式的新解法. 海洋测绘, 27(4): 6-10.
李厚朴, 边少锋, 2008. 辅助纬度反解公式的 Hermite 插值法新解. 武汉大学学报(信息科学版), 33(6): 623-626.
李厚朴, 边少锋, 2012. 不同变形性质正轴圆柱投影和正轴圆锥投影间的直接变换. 测绘学报, 41(4): 536-542.
李厚朴, 王瑞, 边少锋, 2009. 复变函数表示的高斯投影非迭代公式. 海洋测绘, 29(6): 17-20.
李厚朴, 边少锋, 陈良友, 2011. 等面积纬度函数和等量纬度变换的直接解算公式. 武汉大学学报(信息科学版), 36(7): 843-846.
李厚朴, 边少锋, 刘敏, 2013. 地图投影中三种纬度间变换直接展开式. 武汉大学学报(信息科学版), 38(2): 217-220.
李厚朴, 边少锋, 钟斌, 2015. 地理坐标系计算机代数精密分析理论. 北京: 国防工业出版社.
李厚朴, 李海波, 唐庆辉, 2019. 椭球情形下等角和等面积正圆柱投影间的直接变换. 海洋技术学报, 38(5): 15-20.
李厚朴, 边少锋, 刘强, 等, 2017. 常用极区海图投影直接变换的闭合公式. 海洋测绘, 37(2): 32-34, 38.
李忠美, 2013. 墨卡托投影数学分析. 武汉: 海军工程大学.
李忠美, 边少锋, 孔海英, 2013. 符号迭代法解算椭球大地测量学反问题. 海洋测绘, 33(1): 27-29, 33.
李忠美, 李厚朴, 边少锋, 2014. 常用纬度差异极值符号表达式. 测绘学报, 43(2): 214-220.
李忠美, 边少锋, 金立新, 等, 2017. 极区不分带高斯投影的正反解表达式. 测绘学报, 46(6): 780-788.
刘强, 2016. 海图投影理论及其在航海导航中的应用. 武汉: 海军工程大学.
刘大海, 2012. 高斯投影复变换的数值计算方法. 测绘科学技术学报, 29(1): 9-11.
刘佳奇, 2018. 中小比例尺地图投影计算机代数设计与优化. 武汉: 海军工程大学.
闾国年, 汤国安, 赵军, 等, 2019. 地理信息科学导论. 北京: 科学出版社.
吕晓华, 李少梅, 2016. 地图投影原理与方法. 北京: 测绘出版社.
吕志平, 乔书波, 2010. 大地测量学基础. 北京: 测绘出版社.
马玉晓, 2018. 大地测量学基础. 成都: 西南交通大学出版社.
宁津生, 陈俊勇, 李德仁, 等, 2016. 测绘学概论. 3 版. 武汉: 武汉大学出版社.
庞小平, 2016. 遥感制图与应用. 北京: 测绘出版社.
任留成, 2003. 空间投影理论及其在遥感技术中的应用. 北京: 科学出版社.
任留成, 2013. 空间地图投影原理. 北京: 测绘出版社.
孙达, 蒲英霞, 2005. 地图投影. 南京: 南京大学出版社.
孙群, 杨启和, 1985. 底点纬度解算以及等量纬度和面积函数反解问题的探讨. 解放军测绘学院学报, 2: 64-75.
田桂娥, 王晓红, 杨久东, 等, 2014. 大地测量学基础. 武汉: 武汉大学出版社.
王家耀, 2011. 地图制图学与地理信息工程学科进展与成就. 北京: 测绘出版社.

王家耀, 孙群, 王光霞, 等, 2006. 地图学原理与方法. 北京: 科学出版社.

王瑞, 李厚朴, 2008. 辅助纬度反解公式的 Lagrange 级数法推演. 海洋测绘, 28(3): 18-23.

吴立新, 邓浩, 赵玲, 等, 2019. 空间数据可视化. 北京: 科学出版社.

吴忠性, 1980. 地图投影. 北京: 测绘出版社.

吴忠性, 1981. 在电子计算机辅助制图情况下地图投影变换的研究. 测绘学报, 10(1): 20-44.

吴忠性, 杨启和, 1989. 数学制图学原理. 北京: 测绘出版社.

武芳, 钱海忠, 邓红艳, 等, 2008. 面向地图自动综合的空间信息智能处理. 北京: 科学出版社.

熊介, 1988. 椭球大地测量学. 北京: 解放军出版社.

闫浩文, 褚衍东, 杨树文, 等, 2007. 计算机地图制图原理与算法基础. 北京: 科学出版社.

杨启和, 1989. 地图投影变换原理与方法. 北京: 解放军出版社.

杨元喜, 2009. 2000 中国大地坐标系. 科学通报, 54(16): 2271-2276.

张宝善, 2007. Mathematica 符号运算与数学实验. 南京: 南京大学出版社.

张立华, 2011. 基于电子海图的航线自动生成理论与方法. 北京: 科学出版社.

张新长, 任伏虎, 郭庆胜, 等, 2015. 地理信息系统工程. 北京: 测绘出版社.

张韵华, 王新茂, 2014. Mathematica 7 实用教程. 2 版. 合肥: 中国科学技术大学出版社.

钟业勋, 2007. 数理地图学: 地图学及其数学原理. 北京: 测绘出版社.

钟业勋, 胡宝清, 朱亚荣, 2010. 地图投影设计中地球椭球基本元素的计算及应用. 桂林理工大学学报, 30(2): 246-249.

钟业勋, 胡宝清, 童新华, 等, 2015. 地图学概念的数学表述研究. 北京: 科学出版社.

周成虎, 裴韬, 等, 2011. 地理信息系统空间分析原理. 北京: 科学出版社.

朱华统, 黄继文, 1993. 椭球大地计算. 北京: 八一出版社.

朱庆, 林珲, 2004. 数码城市地理信息系统. 武汉: 武汉大学出版社.

ADAMS O S, 1921. Latitude developments connected with geodesy and cartography, with tables including a table for lambert equal-area meridional projection. Washington D C: U. S. Government Printing Office.

ALASHAIKH A H, BILANI H M, ALSALMAN A S, 2014. Modified perspective cylindrical map projection. Arabian Journal of Geosciences, 7(4): 1559-1565.

AWANGE J L, GRAFAREND E W, 2005. Solving algebraic computational problems in geodesy and geoinformatics. The answer to modern challenges. Berlin: Springer.

AWANGE J L, GRAFAREND E W, PALÁNCZ B, et al., 2010. Algebraic geodesy and geoinformatics. Berlin: Springer.

BASELGA S, 2018. Fibonacci lattices for the evaluation and optimization of map projections. Computers & Geosciences, 117: 1-8.

BAYER T, 2016. Advanced methods for the estimation of an unknown projection from a map. Geoinformatica, 20(2): 241-284.

BERMEJO-SOLERA M, JESÚS O, 2009. Simple and highly accurate formulas for the computation of transverse Mercator coordinates from longitude and isometric latitude. Journal of Geodesy, 83(1): 1-12.

BIAN S F, CHEN Y B, 2006. Solving an inverse problem of a meridian arc in terms of computer algebra system. Journal of Surveying Engineering, 132(1): 7-10.

BIAN S F, LI H P, 2012. Mathematical analysis in cartography by means of computer algebra system//

CARLOS B. Cartography-a tool for spatial analysis. London: InTechOpen: 1-24.
BILDIRICI I O, IPBUKER C, YANALAK M, 2006. Function matching for Soviet - Era table - based modified polyconic projections. International Journal of Geographical Information Science, 20(7): 769-795.
BOWRING B R, 1990. The transverse Mercator projection: A solution by complex numbers. Survey Review, 30: 325-342.
BUGAYEVSKIY L M, SNYDER J P, 1995. Map projections: A reference manual. London: Taylor & Francis.
COLVOCORESSES A P, 1974. Space oblique Mercator. Photogrammetric Engineering and Remote Sensing, 40(8): 921-926.
DANIEL D S, 2019. A bevy of area-preserving transforms for map projection designers. Cartography & Geographic Information Science, 46(3): 260-276.
DEAKIN R E, 1990. A minimum-error equal-area pseudocylindrical map projection. Cartography & Geographic Information Science, 17(2): 161-167.
GATHEN J, GERHARD J, 2013. Modern computer algebra. 3rd ed. Cambridge: Cambridge University Press.
GRAFAREND E W, SYFFUS R, 1998. The solution of the Korn-Lichtenstein equations of conformal mapping: The direct generation of ellipsoidal Gauß-Krüger conformal coordinates or the transverse Mercator projection. Journal of Geodesy, 72(5): 282-293.
GRAFAREND E W, YOU R J, SYFFUS R, 2014. Map projections: Cartographic information systems. 2nd ed. Berlin: Springer.
GUO J C, SHEN W B, NING J S, 2020. Development of Lee's exact method for Gauss-Krüger projection. Journal of Geodesy, 94(6): 1-16.
HANNA W N, 1996. Vertical perspective projection of the rotational ellipsoid. International Archives of Photogrammetry and Remote Sensing, 31(4):332-336.
IPBUKER C, BILDIRICI I O, 2005. Computer program for the inverse transformation of the Winkel projection. Journal of Surveying Engineering, 131(4): 125-129.
JENNY B, ŠAVRIČ B, PATTERSON T, 2015. A compromise aspect-adaptive cylindrical projection for world maps. International Journal of Geographical Information Systems, 29(6): 935-952.
JUNKINS J L, TURNER J D, 1977. Formalation of a space oblique Mercator map projection. Virginia: University of Virginia.
KARNEY C, 2011. Transverse Mercator with an accuracy of a few nanometers. Journal of Geodesy, 85(8): 475-485.
KAZUSHIGE K, 2011. A general formula for calculating meridian arc length and its application to coordinate conversion in the Gauss-Krüger projection. Bulletin of the Geospatial Information Authority of Japan, 59: 1-13.
KAZUSHIGE K, 2012. Concise derivation of extensive coordinate conversion formulae in the Gauss-Krüger projection. Bulletin of the Geospatial Information Authority of Japan, 60: 1-6.
KLOTZ J, 1993. Eine analytische loesung der Gauss-Krüger abbildung. Zeitschrift für Vermessungswesen, 118(3): 106-115.
LAPAINE M, USERY E L, 2017. Choosing a map projection. Berlin: Springer.

LI H P, BIAN S F, 2018. Mathematical analysis of some typical problems in geodesy by means of computer algebra//Trends in geomatics-an earth science perspective. London: IntechOpen: 67-87.

NYRTSOV M V, FLEIS M E, BORISOV M M, et al., 2015. Equal-area projections of the triaxial ellipsoid: First time derivation and implementation of cylindrical and azimuthal projections for small solar system bodies. The Cartographic Journal, 52(2): 114-124.

NYRTSOV M V, FLEIS M E, BORISOV M M, et al., 2017. Conic projections of the triaxial ellipsoid: The projections for regional mapping of celestial bodies. Cartographica, 52(4): 322-331.

PĘDZICH P, 2017. Equidistant map projections of a triaxial ellipsoid with the use of reduced coordinates. Geodesy & Cartography, 66(2): 271-290.

PETER O, 2013. The Mercator projection. Edinburgh: Edinburgh University Press.

RATNER D A, 1991. An implementation of the Robinson map projection based on cubic splines. Cartography & Geographic Information Systems, 18(2): 104-108.

REN L C, Clarke K C, Zhou C H, et al., 2010. Geometric rectification of satellite imagery with minimal ground control using space oblique Mercator projection theory. Cartography & Geographic Information Science, 37(4): 261-272.

ŠAVRIČ B, JENNY B, 2016. Automating the selection of standard parallels for conic map projections. Computers & Geosciences, 90: 202-212.

SCHUHR P, 1995. Transformationen zwischen ellipsoidischen geographis-chen Konformen Gauss-Krüger bzw. UTM-Koordinaten. Forum, 5: 259-264.

SKOPELITI A, TSOULOS L, 2013. Choosing a suitable projection for navigation in the Arctic. Marine Geodesy, 36(2): 234-259.

SNYDER J P, 1977. Space oblique Mercator projection: Mathematical development. Washington D C: U.S. Government Printing Office.

SNYDER J P, 1987. Map projections-a working manual. Washington D C: U. S. Government Printing Office.

THOMAS P D, 1952. Conformal projections in geodesy and cartography. Washington D C: U. S. Government Printing Office.

TRIPLAT HORVAT M, LAPAINE M, 2015. Determination of definitive standard parallels of normal aspect conic projections equidistant along meridians on an old map. International Journal of Cartography, 1(1): 32-44.

YANG Q H, SNYDER J P, TOBLER W R, 2000. Map projection transformation: Principles and applications. London: Taylor & Francis.

后记和致谢

高斯投影是一种常用的等角投影，广泛应用于大地测量、地理信息系统等领域，是一个比较古老且略显陈旧的话题。传统的高斯投影展开成经差幂级数的实数形式，虽然有直观、容易计算的优点，但是失去了高斯投影与复变函数的内在联系，导致实数公式异常烦琐、带宽受到限制，缺点也是非常明显的，特别是在计算技术高度发达的今天，复数的计算已经非常方便，将实部和虚部合二为一、一并考虑，在理论分析时会带来很多方便，在实际计算时会提高计算的效率。

复变函数作为一种强有力的数学分析方法，在许多科学和工程领域显示了其强大的生命力，复变函数中的解析函数与保角映射有着一种天然的内在联系，其地位和作用是不可替代的。此外，高斯投影涉及大量的数学分析，但由于历史条件的限制，当时许多数学分析过程是由人们手工推导完成的，展开式的阶数和精度都不可能很高，而且间或有一些小的不易发现的错误，尤其是反解时，常常表现为不宜进行数学分析的迭代形式。因此，非常有必要利用先进的计算机代数分析进行必要的改进和革新。

当然，对于这样的问题，业内有一些不同观点也是正常的。我们申请国家自然科学基金相关项目时，有一些人就认为，似乎没有必要再去研究这样一些已经“完全解决”的老问题，但大多数业内人士还是给我们以理解和鼓励，认为利用新的计算机代数技术，从新的视角去解决这些比较古老的问题，很有必要，也非常有意义。

在此情况下，在大地测量新技术日益发展的今天，我们仍然执着于这样一个非常古老的话题，似乎有些不合时宜。但我们仍然认为经过持续的研究，以子午线弧长展开为核心的解析开拓，很大程度上革新了经典高斯投影的数学分析过程。尤其是通过计算机代数分析，简化了许多复杂烦琐的中间步骤，实现了直接转换，极大地提高了分析和计算的效率，效果令人称奇。

借此机会，作者特别鸣谢解放军测绘学院（现中国人民解放军战略支援部队信息工程大学地理空间信息学院）黄维彬教授、武汉大学测绘学院宁津生教授、德国斯图加特大学 Erik W. Grafarend 教授、德国弗莱贝格工业大学 Joachim Menz 教授对我们的培养和支持，感谢国家自然科学基金委员会的资助。

边少锋　李厚朴

2021 年 1 月于海军工程大学